수학 좀 한다면

디딤돌 초등수학 기본+응용 3-1

펴낸날 [초판 1쇄] 2024년 7월 31일 | **펴낸이** 이기열 | **펴낸곳** (주)디딤돌 교육 | **주소** (03972) 서울특별시 마포구 월드컵북로 122 청원선와이즈타워 | **대표전화** 02-3142-9000 | **구입문의** 02-322-8451 | **내용문의** 02-323-9166 | **팩시밀리** 02-338-3231 | **홈페이지** www.didimdol.co.kr | **등록번호** 제10-718호 | 구입한 후에는 철회되지 않으며 잘못 인쇄된 책은 바꾸어 드립니다. 이 책에 실린 모든 삽화 및 편집 형태에 대한 저작권은 (주)디딤돌 교육에 있으므로 무단으로 복사 복제할 수 없습니다. Copyright ⓒ Didimdol Co. [2502290]

내 실력에 딱!
최상위로 가는 '맞춤 학습 플랜'

STEP 1 On-line

나에게 맞는 공부법은?
맞춤 학습 가이드를 만나요.

교재 선택부터 공부법까지! 디딤돌에서 제공하는 시기별 맞춤 학습 가이드를 통해 아이에게 맞는 학습 계획을 세워 주세요. (학습 가이드는 디딤돌 학부모카페 '맘이가'를 통해 상시 공지합니다. cafe.naver.com/didimdolmom)

STEP 2 Book

맞춤 학습 스케줄표
계획에 따라 공부해요.

교재에 첨부된 '맞춤 학습 스케줄표'에 맞춰 공부 목표를 달성합니다.

STEP 3 On-line

이럴 땐 이렇게!
'맞춤 Q&A'로 해결해요.

궁금하거나 모르는 문제가 있다면, '맘이가' 카페를 통해 질문을 남겨 주세요. 디딤돌 수학쌤 및 선배맘님들이 친절히 답변해 드립니다.

STEP 4 Book

다음에는 뭐 풀지?
다음 교재를 추천받아요.

학습 결과에 따라 후속 학습에 사용할 교재를 제시해 드립니다. (교재 마지막 페이지 수록)

 ★ 디딤돌 플래너 만나러 가기

디딤돌 초등수학 기본+응용 3-1

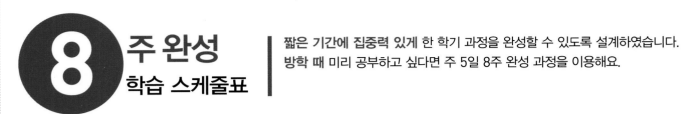

8주 완성 학습 스케줄표

짧은 기간에 집중력 있게 한 학기 과정을 완성할 수 있도록 설계하였습니다.
방학 때 미리 공부하고 싶다면 주 5일 8주 완성 과정을 이용해요.

공부한 날짜를 쓰고 하루 분량 학습을 마친 후, 부모님께 확인 check ☑를 받으세요.

1 덧셈과 뺄셈

1주				2주		
월 일	월 일	월 일	월 일	월 일	월 일	월 일
8~13쪽	14~17쪽	18~23쪽	24~27쪽	28~31쪽	32~34쪽	35~37쪽

3 나눗셈

3주				4주		
월 일	월 일	월 일	월 일	월 일	월 일	월 일
54~57쪽	58~61쪽	62~64쪽	65~67쪽	70~75쪽	76~79쪽	80~85쪽

4 곱셈   **5 길이**

5주				6주		
월 일	월 일	월 일	월 일	월 일	월 일	월 일
98~103쪽	104~107쪽	108~113쪽	114~117쪽	118~120쪽	121~123쪽	126~131쪽

6 분수와 소수

7주					8주	
월 일	월 일	월 일	월 일	월 일	월 일	월 일
146~149쪽	150~152쪽	153~155쪽	158~163쪽	164~167쪽	168~173쪽	174~179쪽

MEMO

효과적인 수학 공부 비법

시켜서 억지로   내가 스스로

억지로 하는 일과 즐겁게 하는 일은 결과가 달라요.
목표를 가지고 스스로 즐기면 능률이 배가 돼요.

가끔 한꺼번에   매일매일 꾸준히

급하게 쌓은 실력은 무너지기 쉬워요.
조금씩이라도 매일매일 단단하게 실력을 쌓아가요.

정답을 몰래   개념을 꼼꼼히

정답   개념

모든 문제는 개념을 바탕으로 출제돼요.
쉽게 풀리지 않을 땐, 개념을 펼쳐 봐요.

채점하면 끝   틀린 문제는 다시

왜 틀렸는지 알아야 다시 틀리지 않겠죠?
틀린 문제와 어림짐작으로 맞힌 문제는
꼭 다시 풀어 봐요.

디딤돌 초등수학 기본＋응용 3-1

12 주 완성 학습 스케줄표

여유를 가지고 깊이 있게 한 학기 과정을 완성할 수 있도록 설계하였습니다.
학기 중 교과서와 함께 공부하고 싶다면 주 5일 12주 완성 과정을 이용해요.

공부한 날짜를 쓰고 하루 분량 학습을 마친 후, 부모님께 확인 check ☑를 받으세요.

1 덧셈과 뺄셈

1주					2주	
월 일	월 일	월 일	월 일	월 일	월 일	월 일
8~11쪽	12~13쪽	14~15쪽	16~19쪽	20~23쪽	24~27쪽	28~29쪽

2 평면도형

3주					4주	
월 일	월 일	월 일	월 일	월 일	월 일	월 일
40~43쪽	44~45쪽	46~47쪽	48~49쪽	50~53쪽	54~57쪽	58~59쪽

3 나눗셈

5주					6주	
월 일	월 일	월 일	월 일	월 일	월 일	월 일
70~73쪽	74~75쪽	76~79쪽	80~82쪽	83~85쪽	86~87쪽	88~89쪽

4 곱셈

7주					8주	
월 일	월 일	월 일	월 일	월 일	월 일	월 일
100~103쪽	104~107쪽	108~110쪽	111~113쪽	114~115쪽	116~117쪽	118~120쪽

9주					10주	
월 일	월 일	월 일	월 일	월 일	월 일	월 일
132~135쪽	136~137쪽	138~141쪽	142~145쪽	146~147쪽	148~149쪽	150~152쪽

11주					12주	
월 일	월 일	월 일	월 일	월 일	월 일	월 일
164~167쪽	168~170쪽	171~173쪽	174~177쪽	178~179쪽	180~182쪽	183~184쪽

효과적인 수학 공부 비법

시켜서 억지로   내가 스스로

억지로 하는 일과 즐겁게 하는 일은 결과가 달라요.
목표를 가지고 스스로 즐기면 능률이 배가 돼요.

가끔 한꺼번에   매일매일 꾸준히

급하게 쌓은 실력은 무너지기 쉬워요.
조금씩이라도 매일매일 단단하게 실력을 쌓아가요.

정답을 몰래   개념을 꼼꼼히

모든 문제는 개념을 바탕으로 출제돼요.
쉽게 풀리지 않을 땐, 개념을 펼쳐 봐요.

채점하면 끝   틀린 문제는 다시

왜 틀렸는지 알아야 다시 틀리지 않겠죠?
틀린 문제와 어림짐작으로 맞힌 문제는
꼭 다시 풀어 봐요.

수학 좀 한다면

디딤돌

초등수학
기본+응용

상위권으로 가는 응용심화 학습서

3
1

기본부터 실력까지 한권으로 끝내는 공부 전략!

1 한눈에 보이는 개념 정리로 개념 이해!

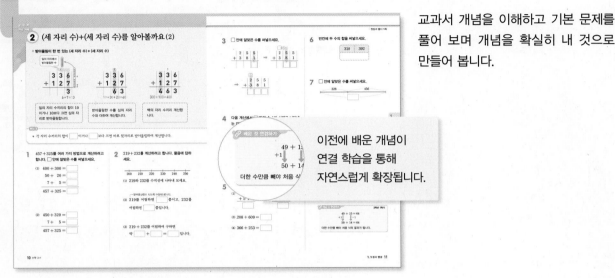

교과서 개념을 이해하고 기본 문제를 풀어 보며 개념을 확실히 내 것으로 만들어 봅니다.

이전에 배운 개념이 연결 학습을 통해 자연스럽게 확장됩니다.

2 개념 대표 문제로 개념 확인!

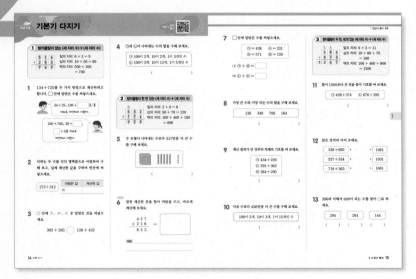

개념별 집중 문제로 교과서, 익힘책은 물론 서술형, 창의형 문제까지 기본 실력에 필요한 모든 문제를 풀어봅니다.

3 응용 문제로 실력 완성!

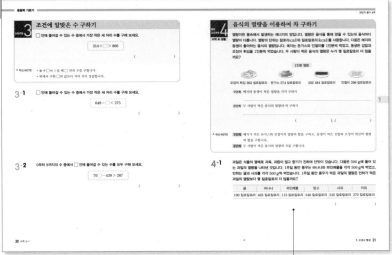

단원별 대표 응용 문제를 풀어보며 실력을 완성해 봅니다.

통합 교과유형 4 수학 + 생활

음식의 열량을 이용하여 차 구하기

열량이란 몸속에서 발생하는 에너지의 양입니다. 열량은 음식을 통해 얻을 수 있는데 음식마다 열량이 다릅니다. 열량의 단위는 칼로리(cal)와 킬로칼로리(kcal)를 사용합니다. 다음은 예지와 동생이 좋아하는 음식의 열량입니다. 예지는 돈가스와 인절미를 1인분씩 먹었고, 동생은 김밥과 오징어 튀김을 1인분씩 먹었습니다. 두 사람이 먹은 음식의 열량은 누가 몇 킬로칼로리 더 많을

통합 교과유형 문제를 통해 문제 해결력과 더불어 추론, 정보 처리 역량까지 완성할 수 있습니다.

---

4 단원 평가로 실력 점검!

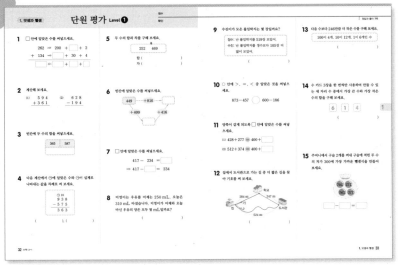

공부한 내용을 마무리하며 틀린 문제나 헷갈렸던 문제는 반드시 개념을 살펴 봅니다.

이 책의 **차례**

1 덧셈과 뺄셈

수가 아무리 커져도 **덧셈과 뺄셈의 계산 방법**은 바뀌지 않아.

같은 자리끼리,
일의 자리부터 계산!

10씩 받아올림하거나 받아내림할 수 있어!

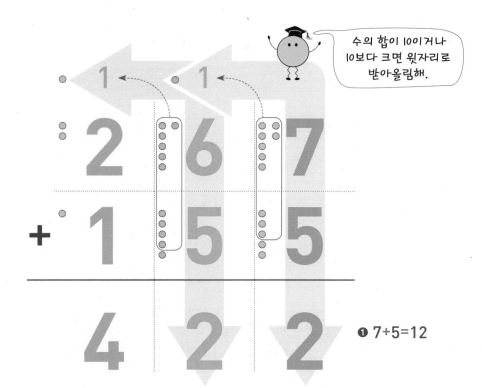

수의 합이 10이거나 10보다 크면 윗자리로 받아올림해.

	2	6	7
+	1	5	5
	4	2	2

❶ 7+5=12

❸ 100+200+100=400 ❷ 10+60+50=120

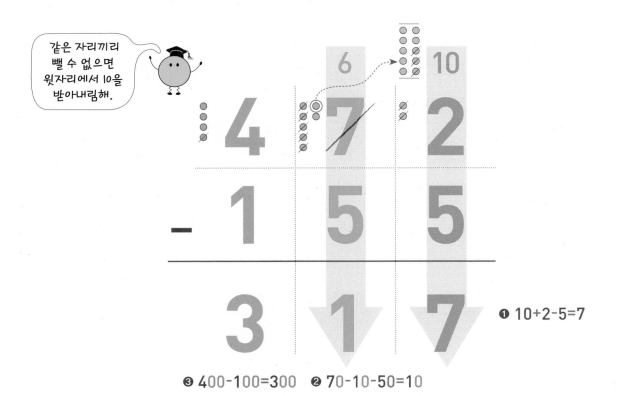

같은 자리끼리 뺄 수 없으면 윗자리에서 10을 받아내림해.

	4	7	2
-	1	5	5
	3	1	7

❶ 10+2-5=7

❸ 400-100=300 ❷ 70-10-50=10

① (세 자리 수)+(세 자리 수)를 알아볼까요(1)

개념
강의

● **받아올림이 없는 (세 자리 수)+(세 자리 수)**

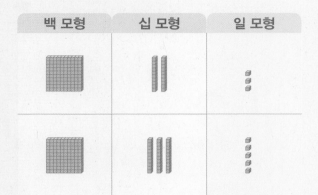

$$\begin{array}{r} 1\ 2\ \mathbf{3} \\ +\ 1\ 3\ \mathbf{5} \\ \hline \mathbf{8} \end{array}$$

$3+5=8$

$$\begin{array}{r} 1\ \mathbf{2}\ 3 \\ +\ 1\ \mathbf{3}\ 5 \\ \hline \mathbf{5}\ 8 \end{array}$$

$20+30=50$

$$\begin{array}{r} \mathbf{1}\ 2\ 3 \\ +\ \mathbf{1}\ 3\ 5 \\ \hline \mathbf{2}\ 5\ 8 \end{array}$$

$100+100=200$

각 자리 수를 맞추어 쓰고 일의 자리 수끼리 계산합니다.	십의 자리 수끼리 계산합니다.	백의 자리 수끼리 계산합니다.

1 321+564를 여러 가지 방법으로 계산하려고 합니다. ☐ 안에 알맞은 수를 써넣으세요.

(1) $300 + 500 =$ ☐
$20 + 60 =$ ☐
$1 + 4 =$ ☐
$321 + 564 =$ ☐

(2) $300 + 500 =$ ☐
$21 + 64 =$ ☐
$321 + 564 =$ ☐

2 313+336을 계산하려고 합니다. 물음에 답하세요.

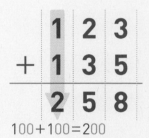

(1) 313과 336을 수직선에 나타내 보세요.

⌐ • 몇백몇십쯤이 되도록 어림해 봅니다.

(2) 313을 어림하면 ☐ 쯤이고, 336을 어림하면 ☐ 쯤입니다.

⌐ • 계산 결과를 예상할 수 있습니다.

(3) 313 + 336을 어림하여 구하면

약 ☐ + ☐ = ☐ 입니다.

3 수 모형을 보고 계산해 보세요.

백 모형	십 모형	일 모형

$$\begin{array}{r} 4\,0\,3 \\ +\ 2\,5\,1 \\ \hline \end{array}$$

4 ☐ 안에 알맞은 수를 써넣으세요.

(1)
135	⮕	100	+	30	+	5
+ 624	⮕	600	+	20	+	4

☐ ⬅ ☐ + ☐ + ☐

(2)
213	⮕	200	+	10	+	3
+ 361	⮕	300	+	60	+	1

☐ ⬅ ☐ + ☐ + ☐

5 세로로 쓰고 덧셈을 해 보세요.

304 + 251

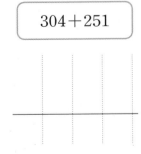

6 계산해 보세요.

(1)
$$\begin{array}{r} 4\,6\,0 \\ +\ 3\,1\,8 \\ \hline \end{array}$$

(2)
$$\begin{array}{r} 2\,2\,4 \\ +\ 4\,0\,4 \\ \hline \end{array}$$

(3) $713 + 123 =$ ☐

(4) $324 + 250 =$ ☐

7 ◯ 안에 >, =, < 중 알맞은 것을 써넣으세요.

(1) $300 + 219$ ◯ 500

(2) $112 + 203$ ◯ 310

(3) $241 + 458$ ◯ 700

8 계산해 보세요.

$243 + 115 =$ ☐

$243 + 215 =$ ☐

$243 + 315 =$ ☐

> 🖈 **배운 것 연결하기**　　　　　**1학년 2학기**
>
> $17 + 10 = 27$
> $17 + 20 = 37$
> $17 + 30 = 47$
>
> 같은 수에 10씩 커지는 수를 더하면 합도 10씩 커집니다.

2 (세 자리 수)+(세 자리 수)를 알아볼까요(2)

● **받아올림이 한 번 있는 (세 자리 수) + (세 자리 수)**

```
    1
  3 3 6
+ 1 2 7
─────────
      3
```
6+7=13

```
    1
  3 3 6
+ 1 2 7
─────────
    6 3
```
10+30+20=60

```
    1
  3 3 6
+ 1 2 7
─────────
  4 6 3
```
300+100=400

> 일의 자리 수끼리의 합이 10
> 이거나 10보다 크면 십의 자
> 리로 받아올림합니다.

> 받아올림한 수를 십의 자리
> 수와 더하여 계산합니다.

> 백의 자리 수끼리 계산합
> 니다.

확인!

● 각 자리 수끼리의 합이 ☐ 이거나 ☐ 보다 크면 바로 윗자리로 받아올림하여 계산합니다.

---

1 457＋325를 여러 가지 방법으로 계산하려고 합니다. ☐ 안에 알맞은 수를 써넣으세요.

(1)
$$400 + 300 = \boxed{}$$
$$50 + 20 = \boxed{}$$
$$7 + 5 = \boxed{}$$
$$457 + 325 = \boxed{}$$

(2)
$$450 + 320 = \boxed{}$$
$$7 + 5 = \boxed{}$$
$$457 + 325 = \boxed{}$$

2 219＋232를 계산하려고 합니다. 물음에 답하세요.

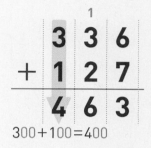

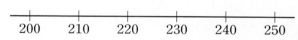

200 210 220 230 240 250

(1) 219와 232를 수직선에 나타내 보세요.

┌ 몇백몇십쯤이 되도록 어림해 봅니다.

(2) 219를 어림하면 ☐ 쯤이고, 232를 어림하면 ☐ 쯤입니다.

(3) 219 ＋ 232를 어림하여 구하면
약 ☐ ＋ ☐ = ☐ 입니다.

3 ☐ 안에 알맞은 수를 써넣으세요.

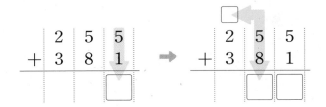

$$
\begin{array}{r}
2\ 5\ 5 \\
+\ 3\ 8\ 1 \\
\hline
\end{array}
$$

4 다음 계산에서 ☐ 안의 수 1이 실제로 나타내는 값은 얼마일까요?

$$
\begin{array}{r}
\boxed{1} \\
1\ 0\ 7 \\
+\ 3\ 4\ 7 \\
\hline
4\ 5\ 4
\end{array}
$$

(   )

5 계산해 보세요.

(1)
$$
\begin{array}{r}
2\ 5\ 7 \\
+\ 5\ 1\ 8 \\
\hline
\end{array}
$$

(2)
$$
\begin{array}{r}
3\ 9\ 0 \\
+\ 3\ 3\ 2 \\
\hline
\end{array}
$$

(3) $208 + 609 = \boxed{}$

(4) $366 + 253 = \boxed{}$

6 빈칸에 두 수의 합을 써넣으세요.

310	392

7 ☐ 안에 알맞은 수를 써넣으세요.

328   456

8 계산해 보세요.

$471 + 151 = \boxed{}$

$471 + 161 = \boxed{}$

$471 + 171 = \boxed{}$

9 390+563을 계산하려고 합니다. ☐ 안에 알맞은 수를 써넣으세요.

$$390 + 563 = \boxed{}$$
$$+10 \downarrow \qquad \downarrow -10$$
$$400 + 553 = \boxed{}$$

> 🔗 배운 것 연결하기   **2학년 1학기**
>
> $$49 + 15 = 64$$
> $$+1 \downarrow \qquad \downarrow -1$$
> $$50 + 14 = 64$$
>
> 더한 수만큼 빼야 처음 식의 결과가 됩니다.

3 (세 자리 수)+(세 자리 수)를 알아볼까요(3)

● **받아올림이 두 번, 세 번 있는 (세 자리 수)+(세 자리 수)**

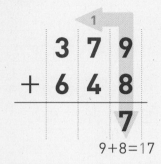

$$
\begin{array}{r}
3\ 7\ 9 \\
+\ 6\ 4\ 8 \\
\hline
7
\end{array}
$$

9+8=17

일의 자리 수끼리의 합이 10
이거나 10보다 크면 십의 자
리로 받아올림합니다.

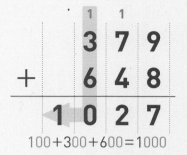

$$
\begin{array}{r}
3\ 7\ 9 \\
+\ 6\ 4\ 8 \\
\hline
2\ 7
\end{array}
$$

10+70+40=120

십의 자리 수끼리의 합이 10
이거나 10보다 크면 백의 자
리로 받아올림합니다.

$$
\begin{array}{r}
3\ 7\ 9 \\
+\ 6\ 4\ 8 \\
\hline
1\ 0\ 2\ 7
\end{array}
$$

100+300+600=1000

백의 자리 수끼리의 합이 10
이거나 10보다 크면 천의 자
리에 1을 씁니다.

확인!

● 일 모형 10개는 십 모형 ☐ 개로 바꿀 수 있습니다.

● 십 모형 10개는 백 모형 ☐ 개로 바꿀 수 있습니다.

● 백 모형 10개는 천 모형 ☐ 개로 바꿀 수 있습니다.

1 268+374를 여러 가지 방법으로 계산하려고
합니다. ☐ 안에 알맞은 수를 써넣으세요.

(1)
$$200 + 300 = \boxed{}$$
$$60 + \ 70 = \boxed{}$$
$$8 + \ \ 4 = \boxed{}$$
$$\overline{268 + 374 = \boxed{}}$$

(2)
$$8 + \ \ 4 = \boxed{}$$
$$60 + \ 70 = \boxed{}$$
$$200 + 300 = \boxed{}$$
$$\overline{268 + 374 = \boxed{}}$$

2 372+399를 계산하려고 합니다. 물음에 답하
세요.

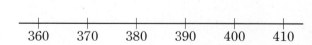

360　370　380　390　400　410

(1) 372와 399를 수직선에 나타내 보세요.

┌→ 몇백몇십쯤이 되도록 어림해 봅니다.

(2) 372를 어림하면 ☐ 쯤이고, 399를
어림하면 ☐ 쯤입니다.

(3) 372 + 399를 어림하여 구하면
약 ☐ + ☐ = ☐ 입니다.

3 수 모형을 보고 계산해 보세요.

백 모형	십 모형	일 모형

$$
\begin{array}{r}
4\ 2\ 4 \\
+\ 1\ 7\ 9 \\
\hline
\end{array}
$$

4 ☐ 안에 알맞은 수를 써넣으세요.

(1)
$$
\begin{array}{r}
☐\ ☐\ \\
2\ 5\ 9 \\
+\ 4\ 5\ 5 \\
\hline
\end{array}
$$

(2)
$$
\begin{array}{r}
☐\ ☐\ \\
6\ 5\ 8 \\
+\ 8\ 5\ 7 \\
\hline
\end{array}
$$

5 다음 계산에서 ㉠에 알맞은 수와 ㉠이 실제로 나타내는 값을 차례로 써 보세요.

$$
\begin{array}{r}
㉠\ 1\ \\
8\ 9\ 5 \\
+\ 3\ 2\ 6 \\
\hline
1\ 2\ 2\ 1 \\
\end{array}
$$

(   ), (   )

6 계산해 보세요.

(1)
$$
\begin{array}{r}
6\ 6\ 8 \\
+\ 5\ 2\ 4 \\
\hline
\end{array}
$$

(2)
$$
\begin{array}{r}
5\ 5\ 9 \\
+\ 2\ 7\ 1 \\
\hline
\end{array}
$$

(3) $542 + 269 =$ ☐

(4) $387 + 964 =$ ☐

7 빈칸에 알맞은 수를 써넣으세요.

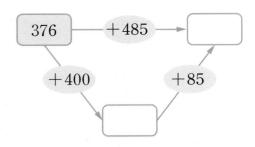

8 $149 + 151$을 계산하려고 합니다. ☐ 안에 알맞은 수를 써넣으세요.

$$149 + 151 = \boxed{}$$
$$+1 \downarrow \qquad \downarrow -1$$
$$150 + 150 = \boxed{}$$

9 빈칸에 알맞은 수를 써넣으세요.

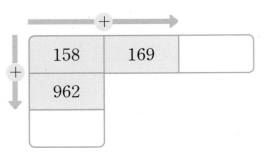

기본기 다지기

1 받아올림이 없는 (세 자리 수)＋(세 자리 수)

$$\begin{array}{r} 5\ 1\ 6 \\ +\ 2\ 5\ 3 \\ \hline 7\ 6\ 9 \end{array}$$

일의 자리: $6 + 3 = 9$
십의 자리: $10 + 50 = 60$
백의 자리: $500 + 200$
　　　　　　$= 700$

1 134＋725를 두 가지 방법으로 계산하려고 합니다. ☐ 안에 알맞은 수를 써넣으세요.

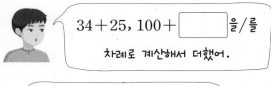

$34 + 25$, $100 + \boxed{}$ 을/를
차례로 계산해서 더했어.

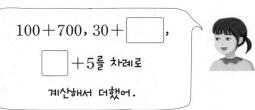

$100 + 700$, $30 + \boxed{}$,
$\boxed{} + 5$ 를 차례로
계산해서 더했어.

2 더하는 두 수를 각각 몇백쯤으로 어림하여 구해 보고, 실제 계산한 값을 구하여 빈칸에 써넣으세요.

273＋312	어림한 값	계산한 값
	약	

3 ◯ 안에 ＞, ＝, ＜ 중 알맞은 것을 써넣으세요.

$$302 + 265 \bigcirc 126 + 432$$

4 ㉠과 ㉡이 나타내는 수의 합을 구해 보세요.

> ㉠ 100이 2개, 10이 2개, 1이 3개인 수
> ㉡ 100이 3개, 10이 12개, 1이 5개인 수

(　　　　　　　)

2 받아올림이 한 번 있는 (세 자리 수)＋(세 자리 수)

$$\begin{array}{r} {}^{1}\ \ \\ 4\ 5\ 2 \\ +\ 1\ 7\ 6 \\ \hline 6\ 2\ 8 \end{array}$$

일의 자리: $2 + 6 = 8$
십의 자리: $50 + 70 = 120$
백의 자리: $100 + 400 + 100$
　　　　　　$= 600$

5 수 모형이 나타내는 수보다 317만큼 더 큰 수를 구해 보세요.

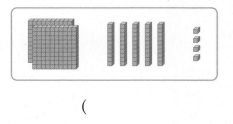

(　　　　　　　)

서술형
6 잘못 계산한 곳을 찾아 까닭을 쓰고, 바르게 계산해 보세요.

$$\begin{array}{r} 4\ 2\ 7 \\ +\ 2\ 3\ 6 \\ \hline 6\ 5\ 3 \end{array}$$ ➡

까닭 ....

7 ☐ 안에 알맞은 수를 써넣으세요.

> ㉠ = 438   ㉡ = 231
> ㉢ = 571   ㉣ = 159

(1) ㉠ + ㉣ = ☐

(2) ㉡ + ㉢ = ☐

8 가장 큰 수와 가장 작은 수의 합을 구해 보세요.

> 136   349   708   184

(   )

9 계산 결과가 큰 것부터 차례로 기호를 써 보세요.

> ㉠ 434+226
> ㉡ 291+362
> ㉢ 384+295

(   )

10 다음 수보다 436만큼 더 큰 수를 구해 보세요.

> 100이 5개, 10이 3개, 1이 15개인 수

(   )

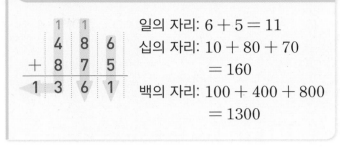

3 받아올림이 두 번, 세 번 있는 (세 자리 수)+(세 자리 수)

일의 자리: 6 + 5 = 11
십의 자리: 10 + 80 + 70
= 160
백의 자리: 100 + 400 + 800
= 1300

11 합이 1000보다 큰 것을 찾아 기호를 써 보세요.

> ㉠ 428+574   ㉡ 676+295

(   )

12 같은 것끼리 이어 보세요.

336+695	•	•	1081
527+534	•	•	1031
718+363	•	•	1061

13 396과 더해서 600이 되는 수를 찾아 ○표 하세요.

> 294   204   144

(   )   (   )   (   )

14 빈칸에 알맞은 수를 써넣으세요.

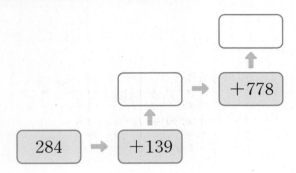

15 지호와 세빈이의 멀리뛰기 기록입니다. 두 사람이 뛴 거리를 합하면 몇 cm일까요?

멀리뛰기 기록
지호: 227 cm
세빈: 279 cm

( )

16 다음 수 중에서 두 수를 골라 합이 가장 큰 식을 만들어 계산해 보세요.

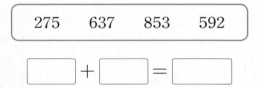

| 275 | 637 | 853 | 592 |

☐ + ☐ = ☐

창의 ➕

17 한 번 충전으로 800 m까지 갈 수 있는 로봇이 있습니다. 이 로봇이 한 번 충전으로 약수터에서 출발하여 전망대까지 가려고 합니다. 갈 수 있는 길을 찾아 기호를 써 보세요.

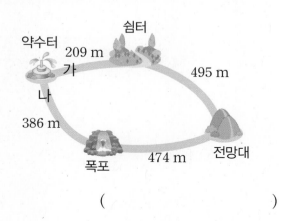

( )

---

4 세 수의 덧셈

세 수의 덧셈은 앞에서부터 두 수씩 차례로 계산합니다.

$$257 + 148 + 203 = 405 + 203 = 608$$

18 계산해 보세요.

(1) $135 + 451 + 231 =$ ☐

(2) $509 + 263 + 240 =$ ☐

19 빈칸에 알맞은 수를 써넣으세요.

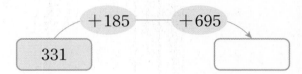

5 덧셈의 활용

합을 구하는 상황은 덧셈식을 이용합니다.

■개보다 ▲개 더 많다.
■ cm보다 ▲ cm 더 길다. ➡ ■ + ▲
■개와 ▲개는 모두 몇 개이다.

20 준서네 과수원에서 배를 어제는 345개, 오늘은 217개 땄습니다. 준서네 과수원에서 어제와 오늘 딴 배는 모두 몇 개일까요?

( )

21 노란색 끈의 길이는 415 cm이고 초록색 끈의 길이는 노란색 끈보다 146 cm 더 깁니다. 초록색 끈의 길이는 몇 cm일까요?

( )

22 민경이네 학교 어린이날 행사에서 글짓기에 참여한 학생은 284명이고, 그림그리기에 참여한 학생은 글짓기에 참여한 학생보다 131명 더 많습니다. 그림그리기에 참여한 학생은 몇 명일까요?

( )

창의＋
23 민지가 1100원으로 간식을 사려고 합니다. 간식 꾸러미 중 어느 것을 골라야 하는지 어림해 보고, 어림한 결과가 맞는지 확인해 보세요.

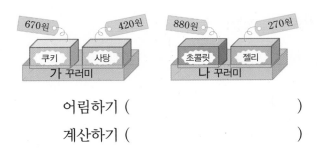

어림하기 ( )

계산하기 ( )

24 박물관에 어제 입장한 관람객 수는 643명이었고, 오늘 입장한 관람객 수는 어제보다 154명 더 많았습니다. 박물관에 어제와 오늘 입장한 관람객은 모두 몇 명일까요?

( )

25 주머니에서 구슬 2개를 꺼내 구슬에 적힌 두 수의 합이 500에 가장 가까운 덧셈식을 만들어 보세요.

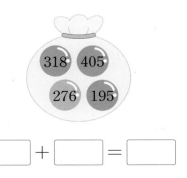

☐ ＋ ☐ ＝ ☐

6 약속한 기호대로 계산하기

$$㉠ ▲ ㉡ = ㉠ + ㉡ + ㉠$$

• 257 ▲ 148의 계산
① 주어진 약속대로 쓰기
257 ▲ 148 = 257 + 148 + 257
② 앞에서부터 차례로 계산하기
257 + 148 + 257 = 405 + 257
= 662

26 기호 ◉에 대하여 ㉠ ◉ ㉡ = ㉠ + ㉡ + ㉡이라고 약속할 때 다음을 계산해 보세요.

395 ◉ 124

( )

27 두 수를 입력하면 다음과 같은 규칙으로 결과가 나오는 기계가 있습니다. 197 ◈ 665를 입력하면 계산 결과는 얼마가 될까요?

$$㉠ ◈ ㉡ = ㉠ + ㉡ + ㉠$$

( )

4 (세 자리 수)−(세 자리 수)를 알아볼까요(1)

개념
강의

● 받아내림이 없는 (세 자리 수) − (세 자리 수)

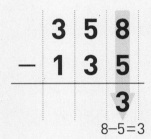

	3	5	8
−	1	3	5
			3

8−5=3

각 자리 수를 맞추어 쓰고 일의 자리 수끼리 계산합니다.

	3	5	8
−	1	3	5
		2	3

50−30=20

십의 자리 수끼리 계산합니다.

	3	5	8
−	1	3	5
	2	2	3

300−100=200

백의 자리 수끼리 계산합니다.

1 836−214를 여러 가지 방법으로 계산하려고 합니다. ☐ 안에 알맞은 수를 써넣으세요.

(1) 800 − 200 = ☐
　　　30 − 10 = ☐
　　　 6 − 4 = ☐
　　836 − 214 = ☐

(2) 830 − 210 = ☐
　　　 6 − 4 = ☐
　　836 − 214 = ☐

2 589−311을 계산하려고 합니다. 물음에 답하세요.

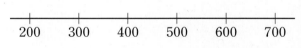

(1) 589와 311을 수직선에 나타내 보세요.

┌ 몇백쯤이 되도록 어림해 봅니다.

(2) 589를 어림하면 ☐ 쯤이고, 311을 어림하면 ☐ 쯤입니다.

┌ 계산 결과를 예상할 수 있습니다.

(3) 589−311을 어림하여 구하면 약 ☐ − ☐ = ☐ 입니다.

3 수 모형을 /로 지워가며 수 모형이 나타내는 수보다 217만큼 더 작은 수를 구해 보세요.

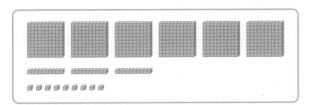

$$
\begin{array}{r}
6\ 3\ 9 \\
-\ 2\ 1\ 7 \\
\hline

\end{array}
$$

4 ☐ 안에 알맞은 수를 써넣으세요.

(1)
$$
\begin{array}{r}
389 \\
-\ 136
\end{array}
\Rightarrow
\begin{array}{r}
300\ +\ 80\ +\ 9 \\
-\ 100\ -\ 30\ -\ 6
\end{array}
$$

☐ ← ☐ + ☐ + ☐

(2)
$$
\begin{array}{r}
798 \\
-\ 634
\end{array}
\Rightarrow
\begin{array}{r}
700\ +\ 90\ +\ 8 \\
-\ 600\ -\ 30\ -\ 4
\end{array}
$$

☐ ← ☐ + ☐ + ☐

5 세로로 쓰고 뺄셈을 해 보세요.

$976-352$

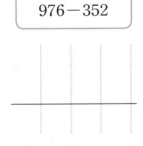

6 계산해 보세요.

(1)
$$
\begin{array}{r}
6\ 7\ 9 \\
-\ 1\ 5\ 4 \\
\hline

\end{array}
$$

(2)
$$
\begin{array}{r}
8\ 8\ 8 \\
-\ 5\ 0\ 0 \\
\hline

\end{array}
$$

(3) $763-440=$ ☐

(4) $578-105=$ ☐

7 ○ 안에 >, =, < 중 알맞은 것을 써넣으세요.

(1) $858-116$ ◯ 740

(2) $659-217$ ◯ 450

(3) $426-102$ ◯ 320

8 계산해 보세요.

$787-216=$ ☐

$787-216=$ ☐

$797-216=$ ☐

🔗 배운 것 연결하기　　　　**1학년 2학기**

$27-10=17$
$37-10=27$
$47-10=37$

10씩 커지는 수에서 같은 수를 빼면 차도 10씩 커집니다.

1. 덧셈과 뺄셈 **19**

5 (세 자리 수)−(세 자리 수)를 알아볼까요 (2)

● 받아내림이 한 번 있는 (세 자리 수) − (세 자리 수)

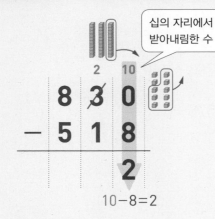

십의 자리에서
받아내림한 수

$$10-8=2$$

$$30-10-10=10$$

$$800-500=300$$

일의 자리 수끼리 뺄 수 없으면 십의 자리에서 받아내림하여 계산합니다.

받아내림한 수를 십의 자리에서 뺀 후 십의 자리 수끼리 계산합니다.

백의 자리 수끼리 계산합니다.

확인!

● 일의 자리 수끼리 뺄 수 없으면 □의 자리에서 받아내림하여 계산합니다.

● 십의 자리 수끼리 뺄 수 없으면 □의 자리에서 받아내림하여 계산합니다.

---

1 591−236을 여러 가지 방법으로 계산하려고 합니다. □ 안에 알맞은 수를 써넣으세요.

(1)
$$500 - 200 = \boxed{}$$
$$91 - 36 = \boxed{}$$
$$591 - 236 = \boxed{}$$

(2)
$$11 - 6 = \boxed{}$$
$$580 - 230 = \boxed{}$$
$$591 - 236 = \boxed{}$$

2 718−673을 계산하려고 합니다. 물음에 답하세요.

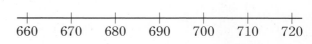

(1) 718과 673을 수직선에 나타내 보세요.

· 몇백몇십쯤이 되도록 어림해 봅니다.

(2) 718을 어림하면 □쯤이고, 673을 어림하면 □쯤입니다.

(3) 718−673을 어림하여 구하면
약 □ − □ = □ 입니다.

3 □ 안에 알맞은 수를 써넣으세요.

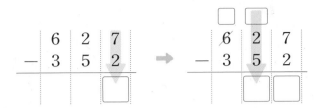

$$
\begin{array}{r}
6\ 2\ 7 \\
-\ 3\ 5\ 2 \\
\hline
\end{array}
$$

4 다음 계산에서 □ 안의 수 7이 실제로 나타내는 값은 얼마일까요?

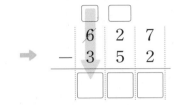

$$
\begin{array}{r}
\boxed{7}\ 10 \\
8\ 1\ 9 \\
-\ 2\ 7\ 4 \\
\hline
5\ 4\ 5
\end{array}
$$

(   )

5 계산해 보세요.

(1)
$$
\begin{array}{r}
7\ 6\ 2 \\
-\ 5\ 9\ 1 \\
\hline
\end{array}
$$

(2)
$$
\begin{array}{r}
9\ 4\ 6 \\
-\ 3\ 7\ 0 \\
\hline
\end{array}
$$

(3) $483 - 175 =$

(4) $628 - 354 =$

6 빈칸에 두 수의 차를 써넣으세요.

268	528

7 □ 안에 알맞은 수를 써넣으세요.

8 계산해 보세요.

$685 - 107 =$

$685 - 108 =$

$685 - 109 =$

9 □ 안에 알맞은 수를 써넣으세요.

$724 - 384 =$

➡ $\boxed{} + 384 = 724$

배운 것 연결하기   **2학년 1학기**

덧셈과 뺄셈의 관계

■ − ● = ▲

▲ + ● = ■

6 (세 자리 수)−(세 자리 수)를 알아볼까요(3)

● 받아내림이 두 번 있는 (세 자리 수) − (세 자리 수)

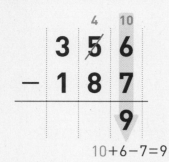

$$10+6-7=9$$

일의 자리 수끼리 뺄 수 없으면 십의 자리에서 받아내림하여 계산합니다.

$$100+50-10-80=60$$

십의 자리 수끼리 뺄 수 없으면 백의 자리에서 받아내림하여 계산합니다.

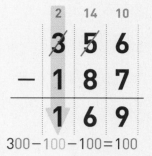

$$300-100-100=100$$

받아내림한 수를 백의 자리에서 뺀 후 백의 자리 수끼리 계산합니다.

확인!

● 백 모형 1개는 십 모형 [ ]개로 바꿀 수 있습니다.

● 십 모형 1개는 일 모형 [ ]개로 바꿀 수 있습니다.

---

1 652−285를 여러 가지 방법으로 계산하려고 합니다. □ 안에 알맞은 수를 써넣으세요.

(1)

$$500 - 200 = \boxed{}$$
$$152 - 85 = \boxed{}$$
$$652 - 285 = \boxed{}$$

(2)

$$12 - 5 = \boxed{}$$
$$140 - 80 = \boxed{}$$
$$500 - 200 = \boxed{}$$
$$652 - 285 = \boxed{}$$

2 602−384를 계산하려고 합니다. 물음에 답하세요.

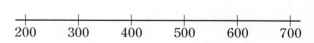

(1) 602와 384를 수직선에 나타내 보세요.

┌• 몇백쯤이 되도록 어림해 봅니다.

(2) 602를 어림하면 [ ]쯤이고, 384를 어림하면 [ ]쯤입니다.

(3) 602−384를 어림하여 구하면
약 [ ] − [ ] = [ ]입니다.

3 수 모형을 보고 523－256을 계산해 보세요.

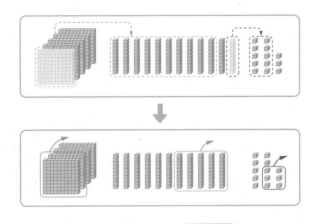

$$523-256=\boxed{}$$

4 다음 계산에서 ㉠에 알맞은 수와 ㉠이 실제로 나타내는 값을 차례로 써 보세요.

$$
\begin{array}{r}
5\ \raisebox{0.5ex}{\small㉠}\ 10\\
\cancel{6}\ \cancel{4}\ 4\\
-\ 2\ 5\ 7\\
\hline
3\ 8\ 7
\end{array}
$$

(   ), (   )

5 계산해 보세요.

(1)
$$
\begin{array}{r}
9\ 5\ 4\\
-\ 8\ 6\ 6\\
\hline
\end{array}
$$

(2)
$$
\begin{array}{r}
4\ 3\ 1\\
-\ 2\ 5\ 8\\
\hline
\end{array}
$$

(3) $816-527=\boxed{}$

(4) $740-164=\boxed{}$

6 빈칸에 알맞은 수를 써넣으세요.

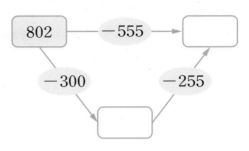

7 빈칸에 알맞은 수를 써넣으세요.

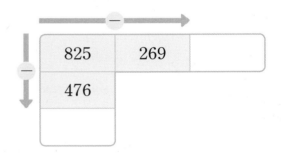

8 ○ 안에 ＞, ＝, ＜ 중 알맞은 것을 써넣으세요.

(1) $755-296$ ◯ $801-296$

(2) $953-478$ ◯ $953-578$

9 길이가 5 m인 철사 중에서 346 cm를 사용했습니다. 남은 철사는 몇 cm일까요?

(   )

> 🔗 **배운 것 연결하기**   **2학년 1학기**
>
> 100 cm는 1 m와 같습니다. 1 m는 1미터라고 읽습니다.
>
> $$100\,\text{cm}=1\,\text{m}$$

---

7 받아내림이 없는 (세 자리 수)－(세 자리 수)

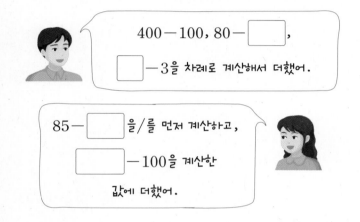

$$\begin{array}{r} 5\ 2\ 9 \\ -\ 2\ 1\ 5 \\ \hline 3\ 1\ 4 \end{array}$$

일의 자리: $9 - 5 = 4$
십의 자리: $20 - 10 = 10$
백의 자리: $500 - 200$
$= 300$

---

28 $485 - 123$을 두 가지 방법으로 계산하려고 합니다. ☐ 안에 알맞은 수를 써넣으세요.

$400 - 100$, $80 - $ ☐ ,

☐ $- 3$을 차례로 계산해서 더했어.

$85 - $ ☐ 을/를 먼저 계산하고,

☐ $- 100$을 계산한

값에 더했어.

---

29 두 수를 각각 몇백몇십쯤으로 어림하여 구해 보고, 실제 계산한 값을 구하여 빈칸에 써넣으세요.

569－247	어림한 값	계산한 값
	약	

---

30 정우가 두 수를 골라 **뺄셈식**을 만들어 계산해 보니 668이 되었습니다. 정우가 고른 두 수를 어림하여 찾아 **뺄셈식**을 완성해 보세요.

| 301 | 354 | 969 |

☐ $-$ ☐ $= 668$

---

31 집에서 학교까지의 거리와 집에서 병원까지의 거리는 다음과 같습니다. 집에서 학교와 병원 중 어느 곳이 몇 m 더 먼지 구해 보세요.

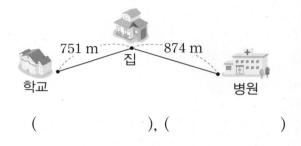

751 m   집   874 m
학교   병원

(   ), (   )

---

8 받아내림이 한 번 있는 (세 자리 수)－(세 자리 수)

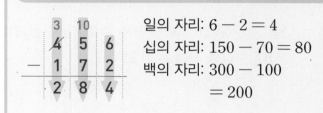

$$\begin{array}{r} \overset{3}{\cancel{4}}\ \overset{10}{5}\ 6 \\ -\ 1\ 7\ 2 \\ \hline 2\ 8\ 4 \end{array}$$

일의 자리: $6 - 2 = 4$
십의 자리: $150 - 70 = 80$
백의 자리: $300 - 100$
$= 200$

---

32 빈칸에 알맞은 수를 써넣으세요.

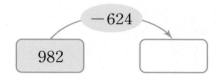

-624

982 → ☐

---

33 732보다 281만큼 더 작은 수를 구해 보세요.

(   )

---

34 계산을 바르게 한 것을 찾아 기호를 써 보세요.

㉠ $542 - 236 = 316$
㉡ $429 - 193 = 236$

(   )

35 계산 결과가 바르게 되도록 선을 그어 보세요.

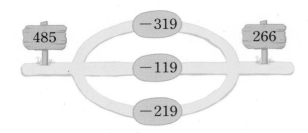

36 ⬜ 안에 들어갈 수 있는 수 중에서 가장 큰 세 자리 수를 구해 보세요.

$$672 - 348 > ⬜$$

( )

37 다음 수 중에서 두 수를 골라 차가 가장 큰 식을 만들어 계산해 보세요.

412	853	261	171

⬜ − ⬜ = ⬜

38 수 카드를 한 번씩만 사용하여 만들 수 있는 가장 큰 세 자리 수와 461의 차를 구해 보세요.

3   5   7

( )

---

9 받아내림이 두 번 있는 (세 자리 수)―(세 자리 수)

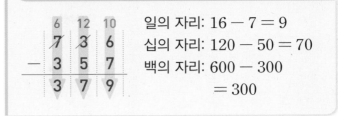

일의 자리: $16 - 7 = 9$
십의 자리: $120 - 50 = 70$
백의 자리: $600 - 300$
         $= 300$

서술형
39 잘못 계산한 곳을 찾아 까닭을 쓰고, 바르게 계산해 보세요.

$$\begin{array}{r} 9\;5\;3 \\ -\;3\;6\;7 \\ \hline 5\;9\;6 \end{array}$$ ➡

까닭 _____

40 계산 결과가 더 작은 것에 ○표 하세요.

$536 - 137$	$624 - 266$
( )	( )

41 ㉠과 ㉡이 나타내는 수의 차를 구해 보세요.

㉠ 100이 7개, 10이 4개인 수
㉡ 이백칠십일

( )

42 ☐ 안에 알맞은 수를 써넣으세요.

$$571 - \boxed{} = 194$$

43 다음 수 중에서 두 수를 골라 차가 가장 작은 식을 만들어 계산해 보세요.

| 359 | 586 | 900 | 620 |

$$\boxed{} - \boxed{} = \boxed{}$$

창의 +

44 민지네 학교는 학생 472명에게 연필을 한 자루씩 나누어 주려고 합니다. 연필을 상자로만 살 수 있다면 ☐ 안에 알맞은 수를 써넣으세요.

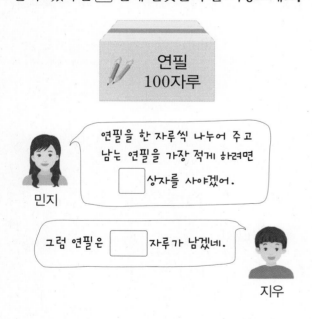

연필
100자루

연필을 한 자루씩 나누어 주고 남는 연필을 가장 적게 하려면 ☐ 상자를 사야겠어.

민지

그럼 연필은 ☐ 자루가 남겠네.

지우

---

10 세 수의 뺄셈

세 수의 뺄셈은 앞에서부터 두 수씩 차례로 계산합니다.

$$568 - 142 - 249 = 426 - 249 = 177$$

45 계산해 보세요.

(1) $712 - 364 - 135 = \boxed{}$

(2) $846 - 197 - 273 = \boxed{}$

46 빈칸에 알맞은 수를 써넣으세요.

516 $\xrightarrow{-197}$ $\xrightarrow{-251}$ $\boxed{}$

47 가장 큰 수에서 나머지 두 수를 뺀 값을 구해 보세요.

| 291 | 756 | 308 |

( )

48 기호 ◈에 대하여 ㉠◈㉡ = ㉠ − ㉡ − ㉡이라고 약속할 때 다음을 계산해 보세요.

$$964 \diamondsuit 113$$

( )

11 뺄셈의 활용

차를 구하는 상황은 뺄셈식을 이용합니다.

- ■개보다 ▲개 더 적다.
- ■ cm보다 ▲ cm 더 짧다. ➡ ■ ― ▲
- ■개에서 ▲개를 사용하고 남았다.

49 분홍색 털실의 길이는 251 cm이고 하늘색 털실의 길이는 196 cm입니다. 분홍색 털실의 길이는 하늘색 털실보다 몇 cm 더 길까요?

( )

50 상자에 사탕이 511개, 젤리가 762개 들어 있습니다. 그중에서 사탕을 165개, 젤리를 398개 먹었습니다. 상자에는 사탕과 젤리 중 어느 것이 몇 개 더 많이 남았을까요?

( ), ( )

51 세 사람의 이야기를 읽고 윤지는 줄넘기를 몇 번 했는지 구해 보세요.

> 세연: 난 줄넘기를 348번 했어.
> 동호: 난 세연이보다 156번 더 많이 했어.
> 윤지: 난 동호보다 217번 더 적게 했어.

( )

12 어떤 수 구하기

① 어떤 수를 □라고 하여 식 세우기
② 덧셈과 뺄셈의 관계를 이용하여 어떤 수 구하기

□ + ▲ = ● ➡ □ = ● ― ▲
▲ + □ = ● ➡ □ = ● ― ▲
● ― □ = ▲ ➡ □ = ● ― ▲
□ ― ● = ▲ ➡ □ = ▲ + ●

52 어떤 수에 213을 더해야 할 것을 잘못하여 뺐더니 579가 되었습니다. 바르게 계산하면 얼마일까요?

( )

서술형
53 354에 어떤 수를 더했더니 742가 되었습니다. 어떤 수에서 199를 뺀 값은 얼마인지 풀이 과정을 쓰고 답을 구해 보세요.

풀이 ....

....

....

답 ....

54 종이 2장에 세 자리 수를 한 개씩 써 놓았는데 한 장이 찢어져서 백의 자리 숫자만 보입니다. 두 수의 합이 653일 때 찢어진 종이에 적힌 세 자리 수를 구해 보세요.

| 435 | 2 |

( )

심화유형 1 □ 안에 알맞은 수 구하기

□ 안에 알맞은 수를 써넣으세요.

(1)
```
    □ 4 □
  + 2 □ 8
  ─────────
    6 1 3
```

(2)
```
    7 4 6
  - □ 9 □
  ─────────
    3 □ 9
```

● 핵심 NOTE
• 덧셈에서 각 자리 수끼리의 계산 결과가 더하는 수보다 작으면 받아올림이 있는 것입니다.
• 뺄셈에서 각 자리 수끼리의 계산 결과가 빼지는 수보다 크면 받아내림이 있는 것입니다.

1-1 □ 안에 알맞은 수를 써넣으세요.

(1)
```
    5 □ 2
  + 9 4 □
  ─────────
  1 □ 3 0
```

(2)
```
    □ 0 □
  - 2 □ 5
  ─────────
    5 5 7
```

1-2 두 수의 합과 차를 나타낸 것입니다. 세 자리 수인 두 수를 각각 구해 보세요.

```
    □ 5 □
  + □ □ 6
  ─────────
    8 3 0
```

```
    □ 5 □
  - □ □ 6
  ─────────
    4 7 8
```

(   ), (   )

심화유형 2 수 카드로 만든 두 수의 합과 차 구하기

수 카드를 한 번씩 사용하여 세 자리 수를 만들 때 가장 큰 수와 가장 작은 수의 합과 차를 각각 구해 보세요.

5 9 2

합 (   )

차 (   )

● 핵심 NOTE
• 가장 큰 수를 만들 때는 높은 자리부터 큰 수를 차례로 놓습니다.
• 가장 작은 수를 만들 때는 높은 자리부터 작은 수를 차례로 놓습니다.

2-1

수 카드를 한 번씩 사용하여 세 자리 수를 만들 때 가장 큰 수와 둘째로 작은 수의 합과 차를 각각 구해 보세요.

합 (   )

차 (   )

2-2

수 카드를 한 번씩 사용하여 십의 자리 숫자가 0인 세 자리 수를 만들려고 합니다. 만들 수 있는 가장 큰 수와 둘째로 작은 수의 차를 구해 보세요.

(   )

심화유형 3 조건에 알맞은 수 구하기

□ 안에 들어갈 수 있는 수 중에서 가장 작은 세 자리 수를 구해 보세요.

$$314+\square > 800$$

(   )

● 핵심 NOTE
- ●＋□＝▲일 때 □ 안의 수를 구합니다.
- 위에서 구한 □의 값보다 커야 식이 성립합니다.

3-1 □ 안에 들어갈 수 있는 수 중에서 가장 작은 세 자리 수를 구해 보세요.

$$649-\square < 275$$

(   )

3-2 0부터 9까지의 수 중에서 □ 안에 들어갈 수 있는 수를 모두 구해 보세요.

$$70\square-439 > 267$$

(   )

음식의 열량을 이용하여 차 구하기

통합 교과유형 **4**
수학 ➕ 생활

열량이란 몸속에서 발생하는 에너지의 양입니다. 열량은 음식을 통해 얻을 수 있는데 음식마다 열량이 다릅니다. 열량의 단위는 칼로리(cal)와 킬로칼로리(kcal)를 사용합니다. 다음은 예지와 동생이 좋아하는 음식의 열량입니다. 예지는 돈가스와 인절미를 1인분씩 먹었고, 동생은 김밥과 오징어 튀김을 1인분씩 먹었습니다. 두 사람이 먹은 음식의 열량은 누가 몇 킬로칼로리 더 많을까요?

1인분 열량

오징어 튀김 262 킬로칼로리

돈가스 574 킬로칼로리

김밥 484 킬로칼로리

인절미 298 킬로칼로리

1단계 예지와 동생이 먹은 열량을 각각 구하기

_____

2단계 두 사람이 먹은 음식의 열량의 차 구하기

_____

(   ), (   )

● **핵심 NOTE**   **1단계** 예지가 먹은 돈가스와 인절미의 열량의 합을 구하고, 동생이 먹은 김밥과 오징어 튀김의 열량의 합을 구합니다.

            2단계 두 사람이 먹은 음식의 열량의 차를 구합니다.

4-1

과일은 식물의 열매로 과육, 과즙이 많고 향기가 진하며 단맛이 있습니다. 다음은 500 g에 들어 있는 과일의 열량을 나타낸 것입니다. 1주일 동안 종우는 바나나와 파인애플을 각각 500 g씩 먹었고, 민하는 귤과 사과를 각각 500 g씩 먹었습니다. 1주일 동안 종우가 먹은 과일의 열량은 민하가 먹은 과일의 열량보다 몇 킬로칼로리 더 많을까요?

귤	바나나	파인애플	망고	사과	키위
190 킬로칼로리	465 킬로칼로리	115 킬로칼로리	340 킬로칼로리	245 킬로칼로리	270 킬로칼로리

(   )

단원 평가 Level ❶

1 ☐ 안에 알맞은 수를 써넣으세요.

$$262 \Rightarrow 200 + \boxed{} + 2$$
$$+ \ 134 \Rightarrow \boxed{} + 30 + 4$$
$$\boxed{} \Leftarrow \boxed{} + \boxed{} + \boxed{}$$

2 계산해 보세요.

(1)   5 9 4
    + 3 6 1

(2)   6 2 8
    − 1 9 4

3 빈칸에 두 수의 합을 써넣으세요.

365	587

4 다음 계산에서 ㉠에 알맞은 수와 ㉠이 실제로 나타내는 값을 차례로 써 보세요.

```
      ㉠ 10
      9̸ 3 8
    − 5 7 5
    ─────────
      3 6 3
```

(   ), (   )

5 두 수의 합과 차를 구해 보세요.

252	469

합 (   )

차 (   )

6 빈칸에 알맞은 수를 써넣으세요.

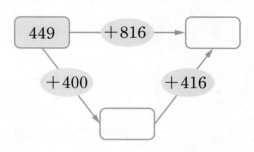

7 ☐ 안에 알맞은 수를 써넣으세요.

$$417 - 234 = \boxed{}$$
$$\Rightarrow 417 - \boxed{} = 234$$

8 미영이는 우유를 어제는 250 mL, 오늘은 310 mL 마셨습니다. 미영이가 어제와 오늘 마신 우유의 양은 모두 몇 mL일까요?

(   )

9 수진이가 모은 붙임딱지는 몇 장일까요?

> 정수: 난 붙임딱지를 519장 모았어.
> 수진: 난 붙임딱지를 정수보다 105장 더 많이 모았어.

(   )

10 ○ 안에 >, =, < 중 알맞은 것을 써넣으세요.

$$873 - 457 \bigcirc 600 - 186$$

11 양쪽이 같게 되도록 □ 안에 알맞은 수를 써넣으세요.

(1) $428 + 277 = 400 + \boxed{}$

(2) $512 + 374 = 400 + \boxed{}$

12 집에서 도서관으로 가는 길 중 더 짧은 길을 찾아 기호를 써 보세요.

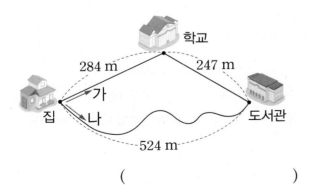

(   )

13 다음 수보다 246만큼 더 작은 수를 구해 보세요.

100이 4개, 10이 12개, 1이 6개인 수

(   )

14 수 카드 3장을 한 번씩만 사용하여 만들 수 있는 세 자리 수 중에서 가장 큰 수와 가장 작은 수의 합을 구해 보세요.

6   1   4

(   )

15 주머니에서 구슬 2개를 꺼내 구슬에 적힌 두 수의 차가 300에 가장 가까운 뺄셈식을 만들어 보세요.

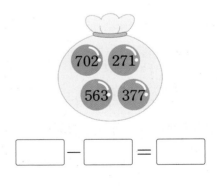

$$\boxed{} - \boxed{} = \boxed{}$$

16 ⓛ에서 ⓒ까지의 거리는 몇 m일까요?

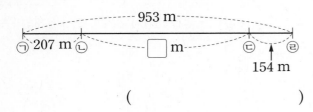

(   )

17 같은 모양은 같은 수를 나타냅니다. ●와 ♥에 알맞은 수를 각각 구해 보세요.

$$
\begin{array}{r}
6\ 7\ 8 \\
+\ ♥\ ♥\ ● \\
\hline
1\ 5\ ●\ 4
\end{array}
$$

● (   )

♥ (   )

18 다음 세 수를 이용하여 계산 결과가 가장 큰 식을 만들어 계산해 보세요.

| 204   531   458 |

☐ + ☐ − ☐ = ☐

19 어느 영화관에서 오늘 상영하는 가족 영화를 예매한 관객은 549명, 만화 영화를 예매한 관객은 381명입니다. 이 중 168명이 예매를 취소하였다면 취소하지 않은 관객은 몇 명인지 풀이 과정을 쓰고 답을 구해 보세요.

풀이 _____

답 _____

20 다음을 읽고 바르게 계산한 값은 얼마인지 구하려고 합니다. 풀이 과정을 쓰고 답을 구해 보세요.

> 지호: 성현아, 내가 이 문제를 왜 틀렸는지 모르겠어.
> 성현: 어떤 수에서 252를 빼야 하는데 더해서 715가 되었네.

풀이 _____

답 _____

단원 평가 Level ❷

1 547−218을 계산한 것입니다. ☐ 안에 알맞은 수를 써넣으세요.

$$500-200=\boxed{}$$

$$47-\ \ 18=\boxed{}$$

$$547-218=\boxed{}$$

2 계산해 보세요.

(1) $489+352$

(2) $513-246$

3 잘못 계산한 곳을 찾아 바르게 계산해 보세요.

$$\begin{array}{r} 7\ 6\ 4 \\ +\ 5\ 4\ 8 \\ \hline 1\ 2\ 1\ 2 \end{array}$$ ➡ ☐

4 197+413을 계산하려고 합니다. ☐ 안에 알맞은 수를 써넣으세요.

$$197+413=\boxed{}$$

$+3\downarrow$　$\downarrow-3$

$$200+410=\boxed{}$$

5 어림하여 구하기 위한 식을 찾아 ○표 하세요.

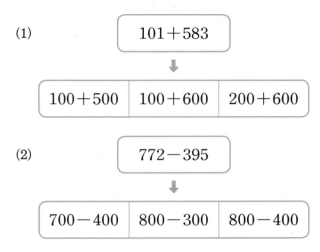

(1)

| $101+583$ |

| $100+500$ | $100+600$ | $200+600$ |

(2)

| $772-395$ |

| $700-400$ | $800-300$ | $800-400$ |

6 계산 결과가 같은 것끼리 이어 보세요.

| $379+257$ | • | • | $971-425$ |
| $128+418$ | • | • | $819-183$ |

[7~8] 미술관에 지난 주말 입장한 관람객 수입니다. 물음에 답하세요.

	토요일	일요일
남자	223명	359명
여자	371명	287명

7 미술관에 토요일에 입장한 관람객은 몇 명일까요?

(　　　　　　　)

8 미술관에 지난 주말 입장한 여자 관람객은 몇 명일까요?

(　　　　　　　)

9 합이 525가 되는 두 수를 찾아 ○표 하세요.

| 274 | 386 | 139 | 261 |

10 다음 수보다 654만큼 더 큰 수를 구해 보세요.

100이 3개, 10이 6개, 1이 17개인 수

( )

11 □ 안에 알맞은 수를 써넣으세요.

$$804 - \boxed{} = 519$$

12 재민이네 학교 도서관 방문자가 어제는 174명이었고, 오늘은 어제보다 156명 더 많았습니다. 어제와 오늘 이틀 동안의 도서관 방문자는 모두 몇 명일까요?

( )

13 기호 ♥에 대하여 ㉠♥㉡=㉠+㉡+㉠이라고 약속할 때 다음을 계산해 보세요.

572 ♥ 281

( )

14 종이 2장에 세 자리 수를 한 개씩 써 놓았는데 한 장이 찢어져서 일의 자리 숫자만 보입니다. 두 수의 합이 625일 때 찢어진 종이에 적힌 세 자리 수를 구해 보세요.

169　　6

( )

15 다음 식은 받아올림이 2번 있습니다. 1부터 9까지의 수 중에서 □ 안에 들어갈 수 있는 수를 모두 구해 보세요.

$$\begin{array}{r} 5\,3\,8 \\ +\,\square\,6\,5 \\ \hline \end{array}$$

( )

16 집에서 도서관을 지나 학교까지 가는 길은 집에서 문구점을 지나 학교까지 가는 길과 거리가 같습니다. 집에서 문구점까지의 거리는 몇 m일까요?

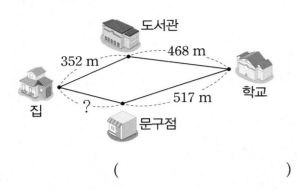

(   )

17 ☐ 안에 들어갈 수 있는 수 중에서 가장 큰 세 자리 수를 구해 보세요.

$$410 - \square > 296$$

(   )

18 두 수의 합과 차를 나타낸 것입니다. ☐ 안에 알맞은 수를 써넣으세요.

$$\begin{array}{r} 6\ \square\ 3 \\ +\ \square\ 8\ \square \\ \hline 9\ \square\ 2 \end{array}$$

$$\begin{array}{r} 6\ \square\ 3 \\ -\ \square\ 8\ \square \\ \hline \square\ 5\ 4 \end{array}$$

19 어떤 수에 153을 더해야 할 것을 잘못하여 **뺐**더니 788이 되었습니다. 바르게 계산한 값은 얼마인지 풀이 과정을 쓰고 답을 구해 보세요.

풀이 _____

_____

_____

답 _____

20 ㉠은 몇 cm인지 풀이 과정을 쓰고 답을 구해 보세요.

293 cm   349 cm

㉠   257 cm

풀이 _____

_____

_____

답 _____

2 평면도형

삼각형과 사각형에는 있지만
원에는 없는 것은?

직각이 들어간 도형은?

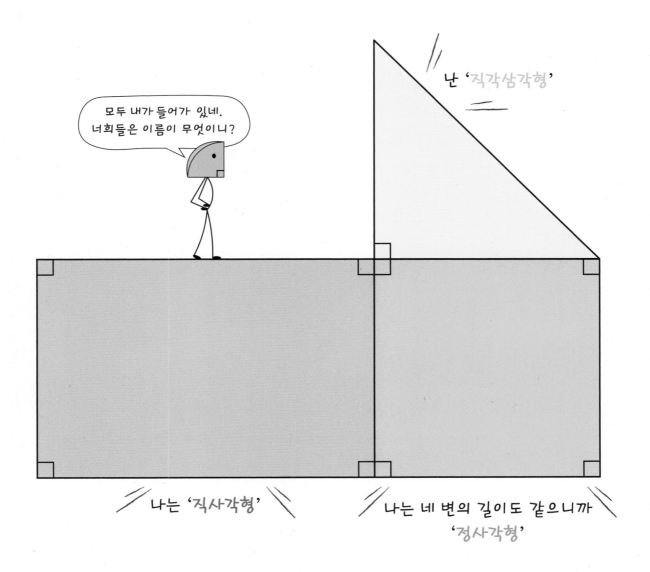

① 선의 종류를 알아볼까요

개념
강의
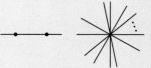

● 선분, 직선, 반직선 알아보기

- **선분**: 두 점을 곧게 이은 선

  ㄱ   ㄴ

  ➡ 선분 ㄱㄴ 또는 선분 ㄴㄱ

- **직선**: 선분을 양쪽으로 끝없이 늘인 곧은 선

  ㄱ   ㄴ

  ➡ 직선 ㄱㄴ 또는 직선 ㄴㄱ

- **반직선**: 한 점에서 시작하여 한쪽으로 끝없이 늘인 곧은 선

  ㄱ   ㄴ   ㄱ   ㄴ

  점 ㄱ에서 시작하여 점 ㄴ을 지나는 반직선   점 ㄴ에서 시작하여 점 ㄱ을 지나는 반직선

  ➡ 반직선 ㄱㄴ   ➡ 반직선 ㄴㄱ

  └─ 시작하는 점부터 읽습니다. ─┘

● 선분, 직선, 반직선의 특징

선분	직선	반직선
• 두 점 사이의 가장 짧은 길이입니다. • 선분의 양쪽에는 시작점과 끝점이 있습니다. • 선분은 직선의 일부분입니다.	• 양쪽으로 늘어나므로 시작점과 끝점이 없습니다.	• 한쪽으로만 늘어나므로 시작점만 있습니다. • 반직선은 직선의 일부분입니다.

+

도형에서의 선분
도형에서의 선분을 변이라고 합니다.

점을 지나는 직선

두 점을 지나는 직선은 하나이고, 한 점을 지나는 직선은 무수히 많습니다.

확인!

- 직선 ㄱㄴ과 직선 ㄴㄱ은 (같습니다 , 같지 않습니다).

- 반직선 ㄱㄴ과 반직선 ㄴㄱ은 (같습니다 , 같지 않습니다).

---

1 곧은 선과 굽은 선으로 분류하여 기호를 써 보세요.

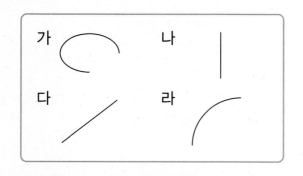

곧은 선	굽은 선

2 선분을 찾아 ○표 하세요.

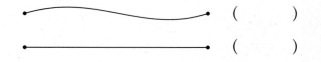

(   )

(   )

3 그림과 같이 선분을 양쪽으로 끝없이 늘인 곧은 선을 무엇이라고 할까요?

(   )

4 다음 중 반직선 ㄱㄴ은 어느 것일까요?

(   )

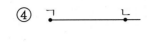

5 선분, 직선, 반직선을 각각 찾아 써 보세요.

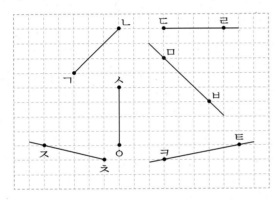

선분 (   )
직선 (   )
반직선 (   )

6 다음 도형이 선분 ㄱㄴ이 아닌 까닭을 써 보세요.

까닭 ....

....

[7~9] 점을 이용하여 그어 보세요.

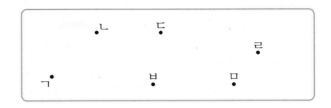

7 선분 ㄴㄱ을 그어 보세요.

8 직선 ㅁㅂ을 그어 보세요.

9 반직선 ㄷㄹ을 그어 보세요.

10 설명이 맞으면 ○표, 틀리면 ✕표 하세요.

(1) 선분은 시작점이 있지만 반직선은 시작점이 없습니다.   ☐

(2) 반직선은 한쪽으로만 늘어나지만 직선은 양쪽으로 늘어납니다.   ☐

(3) 선분은 끝이 있지만 직선은 끝이 없습니다.   ☐

2 각과 직각을 알아볼까요

● 각 알아보기

• **각**: 한 점에서 그은 두 반직선으로 이루어진 도형

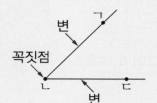

꼭짓점이 가운데 오도록 읽습니다.

각의 이름	각 ㄱㄴㄷ 또는 각 ㄷㄴㄱ
각의 꼭짓점	점 ㄴ
각의 변	변 ㄴㄱ과 변 ㄴㄷ

반직선 ㄴㄱ과 반직선 ㄴㄷ을 각의 변이라 하고, 이 변을 변 ㄴㄱ과 변 ㄴㄷ이라고 합니다.

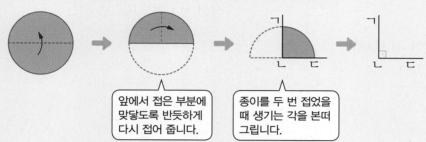

● 직각 알아보기

• **직각**: 그림과 같이 종이를 반듯하게 두 번 접었을 때 생기는 각

앞에서 접은 부분에 맞닿도록 반듯하게 다시 접어 줍니다.

종이를 두 번 접었을 때 생기는 각을 본떠 그립니다.

직각 ㄱㄴㄷ을 나타낼 때는 꼭짓점 ㄴ에 └ 표시를 합니다.

각은 시계 반대 방향(◯)으로 읽는 것이 일반적이지만 시계 방향(◯)으로도 읽을 수 있습니다. 단, 꼭짓점이 가운데에 오도록 읽습니다.

일반적으로 각의 크기를 나타낼 때는 ∠ 표시를 하지만 직각일 때는 └ 표시를 합니다.

확인 !

• 한 점에서 그은 두 반직선으로 이루어진 도형을 ▢(이)라고 합니다.

• 오른쪽과 같이 삼각자를 대었을 때 꼭 맞게 겹쳐지는 각을 ▢(이)라고 합니다.

1 ▢ 안에 알맞은 말을 써넣으세요.

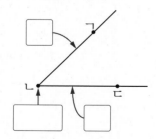

2 각이 있는 도형을 모두 찾아 기호를 써 보세요.

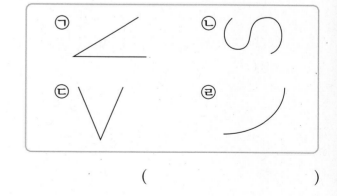

( )

3 각 ㄷㄹㅁ을 찾아 기호를 써 보세요.

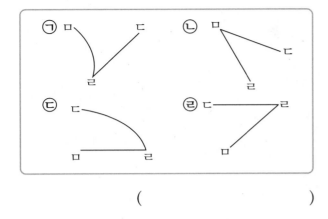

(   )

4 삼각자를 사용하여 그린 각입니다. 각과 변을 읽어 보세요.

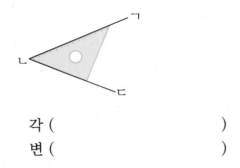

각 (   )
변 (   )

5 보기 와 같이 직각을 모두 찾아 ⌐ 로 나타내 보세요.

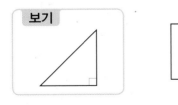

6 각 ㄱㄴㄷ을 그려 보세요.

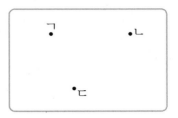

7 삼각자를 사용하여 점 ㄴ을 꼭짓점으로 하는 직각을 그려 보세요.

(1)

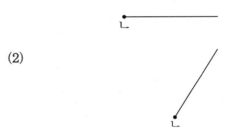

(2)

8 도형에서 직각이 몇 개인지 구해 보세요.

(1)   (2)

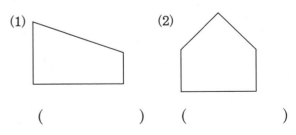

(   ) (   )

1 선분, 직선, 반직선 알아보기

· **선분**: 두 점을 곧게 이은 선

· **직선**: 선분을 양쪽으로 끝없이 늘인 곧은 선

· **반직선**: 한 점에서 시작하여 한쪽으로 끝없이 늘인 곧은 선

1 보기 에서 도형의 이름을 찾아 써 보세요.

보기

선분   직선   반직선

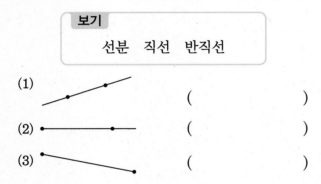

(1) (   )

(2) (   )

(3) (   )

2 도형의 이름을 써 보세요.

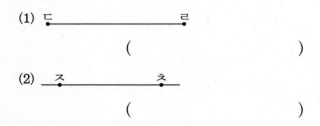

(1) ㄷ   ㄹ

(   )

(2) ㅈ   ㅊ

(   )

3 도형에서 찾을 수 있는 선분은 모두 몇 개일까요?

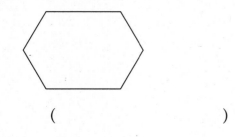

(   )

4 잘못 말한 사람의 이름을 써 보세요.

> 윤지: 선분은 한 점에서 시작하여 한쪽으로 끝없이 늘인 곧은 선이야.
>
> 선재: 직선은 양쪽 끝이 없어.
>
> 주혁: 반직선의 이름은 시작하는 점에서 끝없이 늘인 방향으로 읽어야 해.

(   )

서술형

5 다음 도형은 반직선 ㄱㄴ이 아닙니다. 그 까닭을 쓰고, 도형의 이름을 써 보세요.

ㄱ   ㄴ

까닭

....

....

....

도형의 이름 ....

6 점 3개 중에서 2개를 이어 그을 수 있는 반직선은 모두 몇 개일까요?

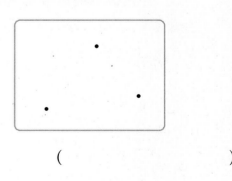

(   )

2 각 알아보기

• 각: 한 점에서 그은 두 반직선으로 이루어진 도형

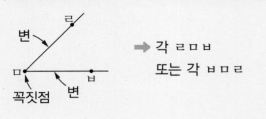

➡ 각 ㄹㅁㅂ
또는 각 ㅂㅁㄹ

7 각이 없는 도형은 어느 것일까요? ( )

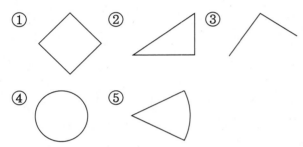

8 다음 점들을 선분으로 모두 연결하여 사각형을 만들 때 찾을 수 있는 각은 모두 몇 개일까요?

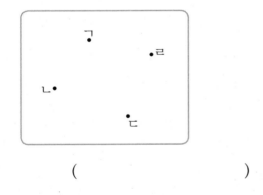

( )

9 각을 1개 그리고, 그린 각의 꼭짓점과 변을 써 보세요.

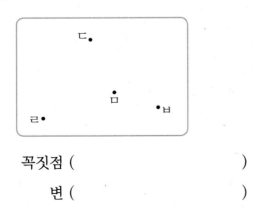

꼭짓점 ( )

변 ( )

10 각의 수가 가장 많은 도형은 어느 것일까요?

( )

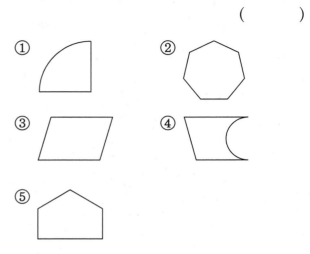

서술형
11 다음 도형이 각이 아닌 까닭을 써 보세요.

까닭 ....

12 도형에서 점 ㄹ을 꼭짓점으로 하는 각을 모두 찾아 써 보세요.

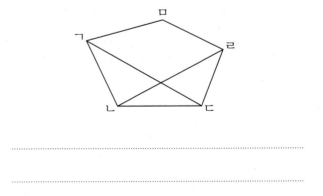

....

3 직각 알아보기

삼각자를 대었을 때 꼭 맞게 겹쳐지는 각은 **직각**입니다.

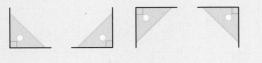

13 도형에서 직각을 모두 찾아 └┘ 로 나타내 보세요.

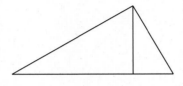

14 도형에서 직각이 많은 것부터 차례로 기호를 써 보세요.

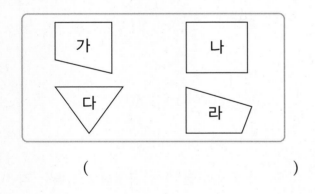

(   )

15 주어진 선분을 한 변으로 하는 직각을 그려 보세요.

(1)    (2)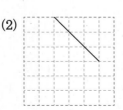

16 직각을 모두 찾아 읽어 보세요.

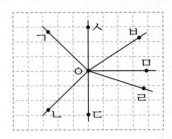

17 시계의 긴바늘과 짧은바늘이 이루는 작은 쪽의 각이 직각인 시각을 모두 찾아 ○표 하세요.

11시   3시   6시   9시   12시

18 도형에서 찾을 수 있는 직각은 모두 몇 개일까요?

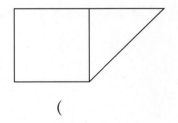

(   )

창의➕

19 출발점에서 시작하여 다음 점으로 이을 때 이은 방향과 직각이 되는 방향으로 이으려고 합니다. 도착점까지 모든 점을 이어 보세요.

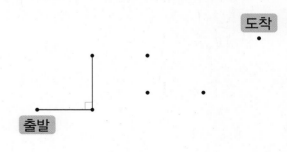

4 크고 작은 각의 수 구하기

◉ 도형에서 찾을 수 있는 크고 작은 각의 수 구하기

작은 각 1개짜리: 2개
작은 각 2개짜리: 1개
➡ (크고 작은 각의 수)
　　＝ 2 ＋ 1 ＝ 3(개)

20 도형에서 찾을 수 있는 크고 작은 각은 모두 몇 개인지 구하려고 합니다. 물음에 답하세요.

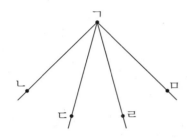

(1) 작은 각 1개로 이루어진 각은 몇 개일까요?

(　　　　　　　)

(2) 작은 각 2개로 이루어진 각은 몇 개일까요?

(　　　　　　　)

(3) 작은 각 3개로 이루어진 각은 몇 개일까요?

(　　　　　　　)

(4) 도형에서 찾을 수 있는 크고 작은 각은 모두 몇 개일까요?

(　　　　　　　)

21 도형에서 찾을 수 있는 크고 작은 각은 모두 몇 개인지 구해 보세요.

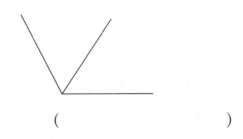

(　　　　　　　)

5 점을 이어 각 그리기

한 점을 기준으로 두 반직선을 그으면 각이 생깁니다.

22 점 3개를 반직선으로 이어 그릴 수 있는 각은 모두 몇 개일까요?

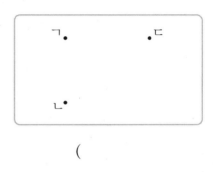

(　　　　　　　)

23 점 5개 중에서 3개를 반직선으로 이어 각을 그릴 때 점 ㄷ을 꼭짓점으로 하는 각은 모두 몇 개일까요?

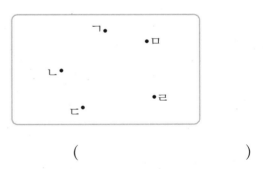

(　　　　　　　)

24 점 4개 중에서 3개를 반직선으로 이어 그릴 수 있는 각은 모두 몇 개일까요?

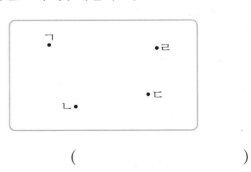

(　　　　　　　)

3 직각삼각형을 알아볼까요

개념
강의

● 직각삼각형 알아보기

직각삼각형: 한 각이 직각인 삼각형

직각인지 확인할 때는
삼각자를 대어 봅니다.

두 각이 직각이면 두 변이 만
나지 않으므로 삼각형을 그릴
수 없습니다.

● 직각삼각형의 특징

① 변이 3개입니다.

② 꼭짓점이 3개입니다.

③ 세 각 중 한 각이 직각입니다.

직각삼각형도 삼각형이므로
변과 꼭짓점이 각각 3개입니다.

● 색종이를 접고 잘라서 직각삼각형 만들기

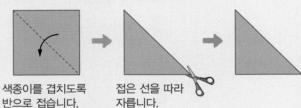

색종이를 겹치도록
반으로 접습니다.

접은 선을 따라
자릅니다.

칠교판에서 직각삼각형 찾기

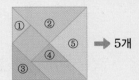

➡ 5개

---

1 도형을 보고 물음에 답하세요.

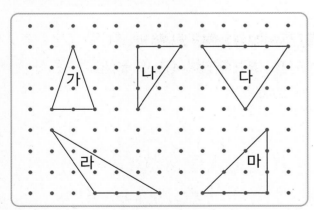

(1) 한 각이 직각인 삼각형을 모두 찾아 기호
를 써 보세요.

( )

(2) (1)과 같이 한 각이 직각인 삼각형을 무엇
이라고 할까요?

( )

2 직각삼각형을 찾아 기호를 써 보세요.

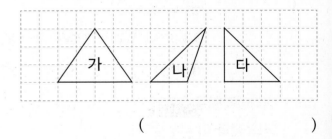

( )

🔗 배운 것 연결하기
2학년 1학기

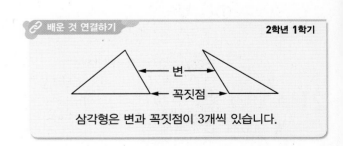

삼각형은 변과 꼭짓점이 3개씩 있습니다.

3 점 종이에 왼쪽과 같은 직각삼각형을 그려 보세요.

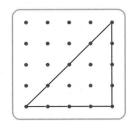 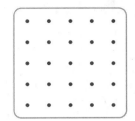

4 모눈종이에 모양과 크기가 다른 직각삼각형을 2개 그려 보세요.

5 직각삼각형을 그리려고 합니다. 점 ㄴ과 점 ㄷ을 어느 점과 이어야 할까요? ( )

① ② ③ ④ ⑤
• • • • •

ㄴ   ㄷ

6 직각삼각형에 대한 설명으로 옳은 것을 모두 찾아 기호를 써 보세요.

> ㉠ 각이 3개 있습니다.
> ㉡ 직각이 3개 있습니다.
> ㉢ 꼭짓점이 1개 있습니다.
> ㉣ 3개의 선분으로 둘러싸여 있습니다.

( )

7 삼각자를 사용하여 주어진 선분을 한 변으로 하는 직각삼각형을 그려 보세요.

8 도형에서 찾을 수 있는 직각삼각형은 모두 몇 개일까요?

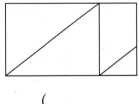

( )

9 다음 도형이 직각삼각형이 아닌 까닭을 써 보세요.

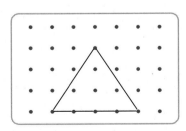

까닭 한 각이 [ ]인 삼각형이 아닙니다.

4 직사각형을 알아볼까요

• 직각사각형이라고 하지 않습니다.

● 직사각형 알아보기

직사각형: 네 각이 모두 직각인 사각형

모양과 크기가 달라도 네 각이 모두 직각인 사각형은 직사각형입니다.

● 직사각형의 특징

① 변이 4개입니다.
② 꼭짓점이 4개입니다.
③ 네 각이 모두 직각입니다.
④ 마주 보는 두 변의 길이가 같습니다.

두 변의 길이가 ● cm, ■ cm 인 직사각형의 네 변의 길이의 합은 (●+■+●+■)cm입니다.

● 원 모양 종이를 접어서 직사각형 만들기

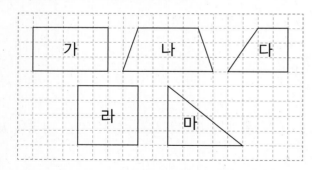

반듯하게 접습니다. → 접은 부분에 맞춰 직각이 생기도록 반듯하게 접습니다. → 나머지 부분도 직각이 생기도록 반듯하게 접습니다.

---

1 도형을 보고 물음에 답하세요.

 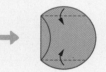

(1) 네 각이 모두 직각인 사각형을 모두 찾아 기호를 써 보세요.

(   )

(2) (1)과 같이 네 각이 모두 직각인 사각형을 무엇이라고 할까요?

(   )

2 직사각형 모양의 물건을 모두 찾아 ○표 하세요.

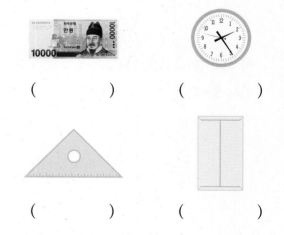

(   )   (   )

(   )   (   )

🔗 배운 것 연결하기   **2학년 1학기**

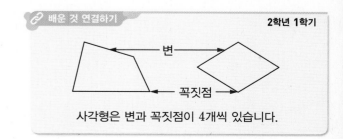

사각형은 변과 꼭짓점이 4개씩 있습니다.

3 직사각형이 아닌 것을 모두 찾아 색칠해 보세요.

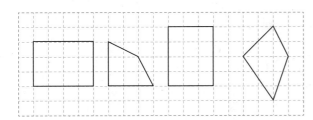

4 그림과 같이 직사각형 모양의 종이를 접었다가 펼친 다음 접은 선을 따라 잘랐습니다. 직사각형이 몇 개 생길까요?

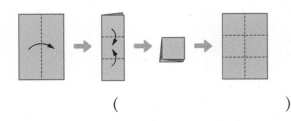

(   )

5 점 종이에 모양과 크기가 다른 직사각형을 2개 그려 보세요.

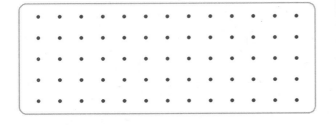

6 모눈종이에 주어진 선분을 한 변으로 하는 직사각형을 그려 보세요.

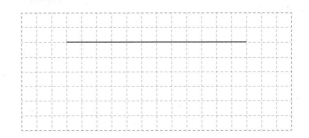

7 직사각형에 대한 설명으로 틀린 것은 어느 것일까요? (   )

① 변이 4개 있습니다.
② 꼭짓점이 4개 있습니다.
③ 각이 4개 있습니다.
④ 마주 보는 두 변의 길이가 같지 않습니다.
⑤ 모든 각이 직각입니다.

8 직사각형입니다. ☐ 안에 알맞은 수를 써넣으세요.

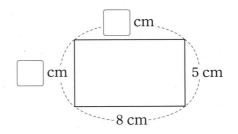

9 다음 도형이 직사각형이 아닌 까닭을 써 보세요.

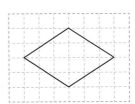

까닭

5 정사각형을 알아볼까요

● **정사각형 알아보기**

정사각형: 네 각이 모두 직각이고 네 변의 길이가 모두 같은 사각형

● **정사각형의 특징**

① 변이 4개입니다.
② 꼭짓점이 4개입니다.
③ 네 각이 모두 직각입니다.
④ 네 변의 길이가 모두 같습니다.

● **직사각형 모양의 색종이를 접고 잘라서 정사각형 만들기**

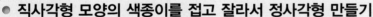

두 변이 맞닿도록   접은 부분을   자른 부분을 펼칩니다.
접습니다.   따라 자릅니다.

- 네 변의 길이가 모두 같아도 네 각이 모두 직각이 아니면 정사각형이 아닙니다.

- **직사각형과 정사각형의 관계**
정사각형은 네 각이 모두 같으므로 직사각형이라고 할 수 있습니다.
직사각형은 네 변의 길이가 모두 같은 것은 아니므로 정사각형이라고 할 수 없습니다.

정사각형 ⇄ 직사각형

---

1 그림을 보고 □ 안에 알맞은 말을 써넣으세요.

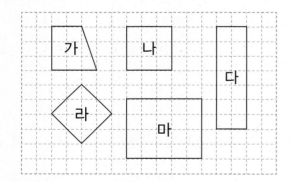

(1) 네 각이 모두 직각인 직사각형은

□, □, □, □ 입니다.

(2) 직사각형 중 네 변의 길이가 모두 같은 사각형은 □, □ 입니다.

(3) (2)와 같은 사각형을 □ (이)라고 합니다.

2 그림과 같이 직사각형 모양의 종이를 접고 자른 다음 펼쳤습니다. 펼친 도형의 이름을 써 보세요.

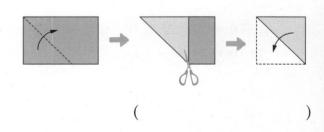

(   )

🔗 **배울 것 연결하기**   **4학년 2학기**

다각형: 선분으로만 둘러싸인 도형

모양	(오각형)	(육각형)
변의 수	5개	6개
이름	오각형	육각형

3 정사각형을 찾아 기호를 써 보세요.

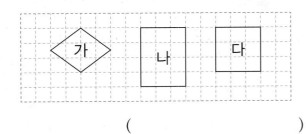

(   )

4 점 종이에 크기가 다른 정사각형을 2개 그려 보세요.

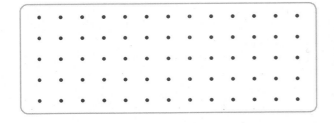

5 정사각형을 그리려고 합니다. 두 선분을 어느 점과 이어야 할까요?

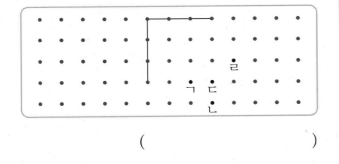

(   )

6 모눈종이에 주어진 선분을 한 변으로 하는 정사각형을 그려 보세요.

7 정사각형에 대한 설명으로 틀린 것은 어느 것일까요? (   )

① 네 각이 모두 직각입니다.
② 네 변의 길이가 모두 같습니다.
③ 마주 보는 두 변의 길이가 서로 같습니다.
④ 모든 정사각형의 크기는 같습니다.
⑤ 직사각형이라고 할 수 있습니다.

8 정사각형입니다. ☐ 안에 알맞은 수를 써넣으세요.

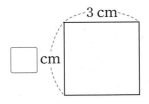

9 다음 도형이 정사각형이 아닌 까닭을 써 보세요.

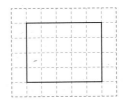

까닭 ....

....

기본기 다지기

6 직각삼각형

· **직각삼각형**: 한 각이 직각인 삼각형

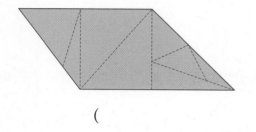

25 종이를 점선을 따라 자르면 직각삼각형은 모두 몇 개가 생기는지 구해 보세요.

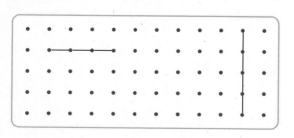

(   )

26 직각삼각형에 대한 설명으로 맞으면 ○표, 틀리면 ×표 하세요.

(1) 꼭짓점이 3개 있습니다.   (   )

(2) 직각이 2개 있습니다.   (   )

(3) 변이 1개 있습니다.   (   )

27 점 종이에 주어진 선분을 한 변으로 하는 직각삼각형을 2개 그려 보세요.

28 점 종이에 그려진 삼각형의 한 꼭짓점을 옮겨서 직각삼각형을 그려 보세요.

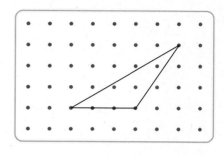

서술형
29 정우가 도형판에 만든 도형이 직각삼각형이 아닌 까닭을 써 보세요.

까닭 _____

_____

_____

30 종이 위에 선을 2개 긋고 그 선을 따라 자르려고 합니다. 직각삼각형 3개가 만들어지도록 선을 2개 그어 보세요.

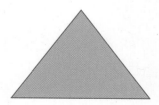

7 직사각형

- 직사각형: 네 각이 모두 직각인 사각형

31 직사각형을 모두 찾아 색칠해 보세요.

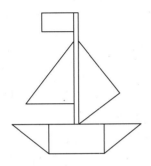

32 점 종이에 주어진 선분을 한 변으로 하는 직사 각형을 2개 그려 보세요.

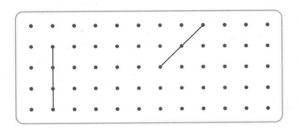

33 도형을 한 번만 잘라서 가장 큰 직사각형을 만 들려고 합니다. 잘라야 하는 곳에 선분을 그어 보세요.

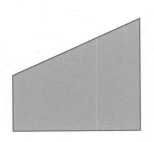

34 두 도형에 있는 직각은 모두 몇 개일까요?

직각삼각형   직사각형

(   )

35 직사각형입니다. ☐ 안에 알맞은 수를 써넣으 세요.

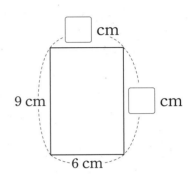

36 직사각형의 네 변의 길이의 합은 몇 cm일까요?

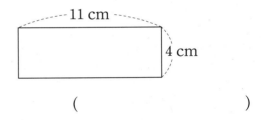

(   )

창의➕
37 이탈리아 국기에서 찾을 수 있는 크고 작은 직 사각형은 모두 몇 개인지 구해 보세요.

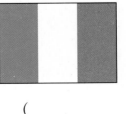

(   )

8 정사각형

• 정사각형: 네 각이 모두 직각이고 네 변의 길이가 모두 같은 사각형

[38~39] 도형을 보고 물음에 답하세요.

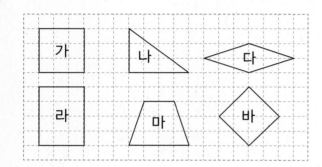

38 직사각형을 모두 찾아 기호를 써 보세요.

(   )

39 정사각형을 모두 찾아 기호를 써 보세요.

(   )

40 정사각형을 그리려고 합니다. 두 선분을 어느 점과 이어야 할까요?

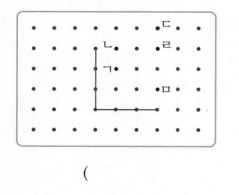

(   )

서술형
41 인혜가 도형판에 만든 도형이 정사각형이 아닌 까닭을 써 보세요.

까닭

42 그림과 같이 직사각형 모양의 종이를 접고 자른 다음 펼쳤습니다. 펼친 도형의 한 변의 길이는 몇 cm일까요?

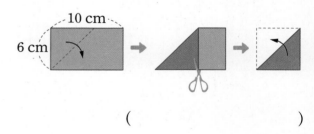

(   )

43 한 변의 길이가 9 cm인 정사각형의 네 변의 길이의 합은 몇 cm일까요?

9 cm

(   )

9 직사각형과 정사각형의 관계

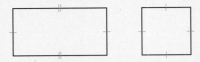

- 직사각형은 네 변의 길이가 모두 같은 것은 아니므로 정사각형이라고 할 수 없습니다.
- 정사각형은 네 각이 모두 같으므로 직사각형이라고 할 수 있습니다.

44 오른쪽 도형의 이름이 될 수 있는 것을 모두 찾아 기호를 써 보세요.

> ㉠ 직사각형   ㉡ 직각삼각형   ㉢ 정사각형

(   )

45 직사각형과 정사각형의 같은 점을 모두 찾아 기호를 써 보세요.

> ㉠ 네 각이 모두 직각입니다.
> ㉡ 네 변의 길이가 모두 같습니다.
> ㉢ 꼭짓점이 4개입니다.

(   )

서술형
46 직사각형과 정사각형의 관계를 바르게 말한 사람의 이름을 쓰고, 그 까닭을 써 보세요.

(   )

까닭 _____

10 도형의 변의 길이 구하기

예 정사각형의 네 변의 길이의 합이 8 cm일 때 한 변의 길이 구하기
➡ 정사각형은 네 변의 길이가 모두 같습니다.
$2 + 2 + 2 + 2 = 8$이므로 한 변의 길이는 2 cm입니다.

47 정사각형의 네 변의 길이의 합이 32 cm일 때 □ 안에 알맞은 수를 구해 보세요.

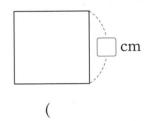

(   )

48 직사각형의 네 변의 길이의 합이 20 cm일 때 □ 안에 알맞은 수를 구해 보세요.

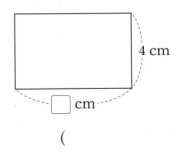

(   )

49 다음 도형은 직사각형과 정사각형을 겹치지 않게 이어 붙인 것입니다. 정사각형 나의 네 변의 길이의 합이 28 cm일 때 직사각형 가의 네 변의 길이의 합을 구해 보세요.

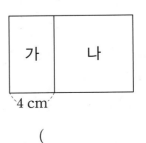

(   )

응용력 기르기

심화유형 1 그을 수 있는 선분, 직선, 반직선의 수 구하기

점 6개 중에서 2개를 이어 그을 수 있는 직선은 모두 몇 개일까요?

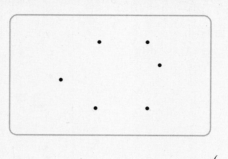

(   )

● 핵심 NOTE • 점 2개를 지나는 직선은 한 개뿐입니다.

1-1 점 5개 중에서 2개를 이어 그을 수 있는 반직선은 모두 몇 개일까요?

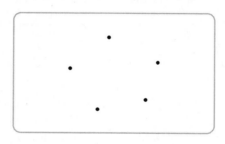

(   )

1-2 점 7개 중에서 2개를 이어 그을 수 있는 선분은 모두 몇 개일까요?

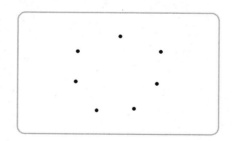

(   )

심화유형 2 크고 작은 도형의 수 구하기

도형에서 찾을 수 있는 크고 작은 직각삼각형은 모두 몇 개일까요?

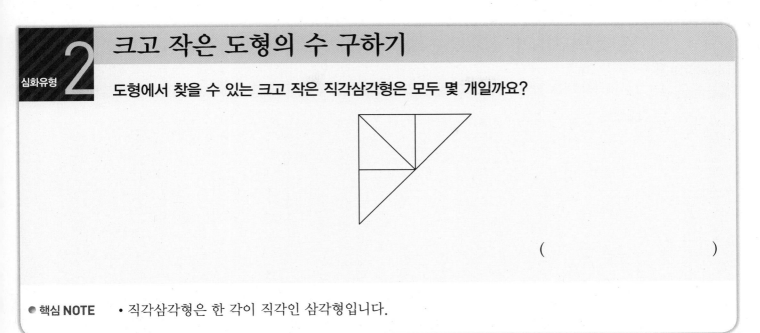

(   )

● 핵심 NOTE   • 직각삼각형은 한 각이 직각인 삼각형입니다.

2-1 도형에서 찾을 수 있는 크고 작은 직사각형은 모두 몇 개일까요?

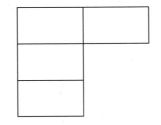

(   )

2-2 도형에서 찾을 수 있는 크고 작은 정사각형은 모두 몇 개일까요?

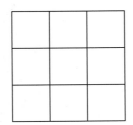

(   )

도형의 변의 길이 구하기

심화유형 3

직사각형 가와 정사각형 나의 네 변의 길이의 합이 같을 때 정사각형 나의 한 변의 길이를 구해 보세요.

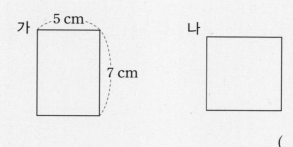

(   )

● 핵심 NOTE

• 먼저 직사각형 가의 네 변의 길이의 합을 구합니다.

3-1 철사를 사용하여 정사각형 가를 만들었습니다. 이 철사를 펴서 모두 사용하여 직사각형 나를 만들었을 때 ☐ 안에 알맞은 수를 구해 보세요.

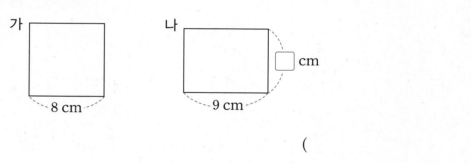

(   )

3-2 끈을 사용하여 다음과 같은 도형을 만들려고 합니다. 필요한 끈은 몇 cm일까요?

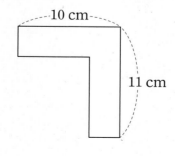

(   )

여러 조각으로 만든 모양에서 정사각형 찾기

통합 교과유형

수학 ✚ 사회

칠교놀이는 정사각형 모양을 잘라 만든 7개의 조각을 이용한 놀이입니다. 중국에서 처음 시작되었으며 탱그램이란 이름으로 불리기도 합니다. 이 칠교 조각으로 여러 가지 사물뿐 아니라 동물, 다양한 동작의 사람까지 만들 수 있습니다. 다음 칠교 조각으로 만든 모양에서 찾을 수 있는 크고 작은 정사각형은 모두 몇 개인지 구해 보세요.(단, 아래의 칠교 조각을 이동시킬 수는 없습니다.)

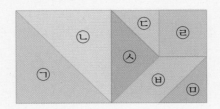

1단계 칠교 조각 7개 중 정사각형의 수 구하기

⋯⋯⋯⋯⋯⋯⋯⋯⋯⋯⋯⋯⋯⋯⋯⋯⋯⋯⋯⋯⋯⋯⋯⋯⋯⋯⋯⋯

2단계 칠교 조각을 붙여서 만들 수 있는 정사각형의 수 구하기

⋯⋯⋯⋯⋯⋯⋯⋯⋯⋯⋯⋯⋯⋯⋯⋯⋯⋯⋯⋯⋯⋯⋯⋯⋯⋯⋯⋯

3단계 크고 작은 정사각형의 수 구하기

⋯⋯⋯⋯⋯⋯⋯⋯⋯⋯⋯⋯⋯⋯⋯⋯⋯⋯⋯⋯⋯⋯⋯⋯⋯⋯⋯⋯

(   )

● **핵심 NOTE**   **1단계** 칠교 조각 7개 중에서 정사각형을 찾습니다.

                 2단계 칠교 조각을 붙여서 만들 수 있는 정사각형을 찾습니다.

                 3단계 크고 작은 정사각형의 수를 구합니다.

4-1 유라가 여러 조각으로 만든 사각형입니다. 찾을 수 있는 크고 작은 정사각형은 모두 몇 개일까요?

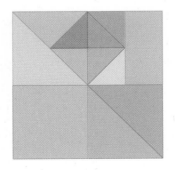

(   )

단원 평가 Level 1

점수

확인

1 □ 안에 알맞은 말을 써넣으세요.

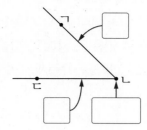

2 직각을 찾아 기호를 써 보세요.

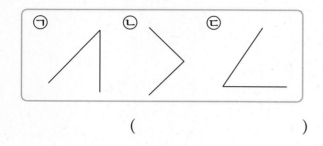

( )

3 선분을 찾아 읽어 보세요.

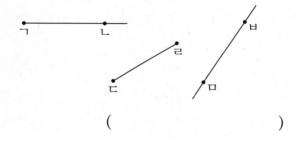

( )

4 각이 가장 많은 도형을 찾아 기호를 써 보세요.

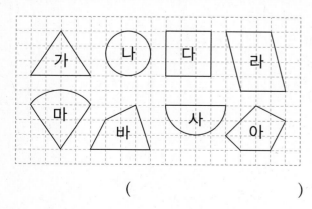

( )

5 직각삼각형을 모두 찾아 색칠해 보세요.

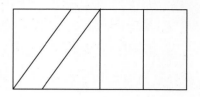

6 각을 보고 잘못 설명한 것을 찾아 기호를 써 보세요.

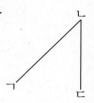

⊙ 한 점에서 그은 두 직선으로 이루어진 도형입니다.
ⓒ 각 ㄱㄴㄷ 또는 각 ㄷㄴㄱ이라고 합니다.
ⓒ 변은 반직선 ㄴㄱ과 반직선 ㄴㄷ입니다.

( )

[7~8] 도형을 보고 물음에 답하세요.

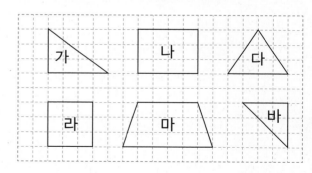

7 직각삼각형을 모두 찾아 기호를 써 보세요.

( )

8 직사각형을 모두 찾아 기호를 써 보세요.

( )

9 모눈종이에 주어진 선분을 한 변으로 하는 직사각형을 그려 보세요.

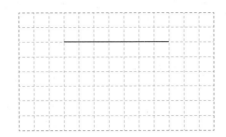

10 직사각형 모양의 종이를 점선을 따라 자르면 정사각형은 모두 몇 개가 생기는지 구해 보세요.

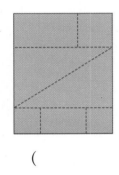

( )

11 다음 도형에 있는 직각은 모두 몇 개일까요?

| 직각삼각형 | 직사각형 | 정사각형 |

( )

12 잘못 설명한 사람을 찾아 이름을 써 보세요.

다연: 두 점 사이의 가장 짧은 길이의 선은 선분이야.

민후: 직선의 길이는 잴 수 없지만 반직선의 길이는 잴 수 있어.

( )

13 종이 위에 선을 4개 긋고 그 선을 따라 자르려고 합니다. 직사각형 8개가 만들어지도록 선을 4개 그어 보세요.

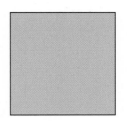

14 점 4개 중에서 2개를 이어 그을 수 있는 직선은 모두 몇 개일까요?

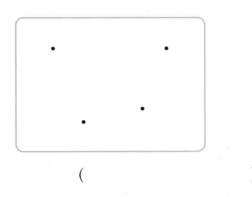

( )

15 일기에 나오는 시각 중에서 시계의 긴바늘과 짧은바늘이 이루는 작은 쪽의 각이 직각인 시각을 모두 찾아 써 보세요.

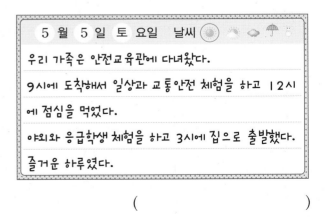

( )

16 직각은 모두 몇 개일까요?

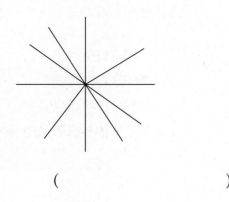

(   )

17 도형에서 찾을 수 있는 크고 작은 직각삼각형은 모두 몇 개일까요?

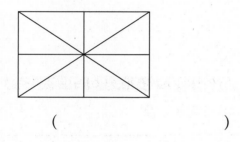

(   )

18 정사각형 2개를 겹치지 않게 이어 붙여 만든 도형입니다. 빨간색 선의 길이는 몇 cm일까요?

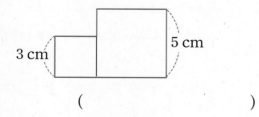

(   )

19 각 ㄱㄴㄷ을 그린 것입니다. 잘못 그린 까닭을 쓰고 바르게 그려 보세요.

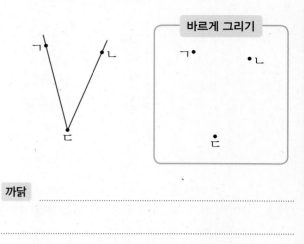

까닭 ....

....

....

20 직사각형을 정사각형 3개로 나눈 것입니다. ☐ 안에 알맞은 수는 얼마인지 풀이 과정을 쓰고 답을 구해 보세요.

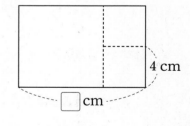

풀이 ....

....

....

....

답 ....

단원 평가 Level ❷

1 도형에 대한 설명으로 잘못 말한 사람은 누구일까요?

> 재호: 양쪽 끝이 정해져 있는 선분이야.
> 윤아: 선분 ㄱㄴ과 선분 ㄴㄱ은 같아.
> 선우: 두 점을 이은 선분이 항상 1개인 것은 아니야.

( )

2 두 점을 지나는 직선은 몇 개 그을 수 있을까요?

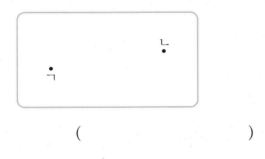

( )

3 두 도형에는 각이 모두 몇 개 있을까요?

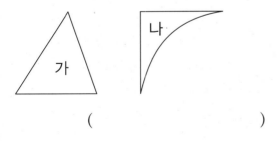

( )

4 각이 많은 도형부터 차례로 기호를 써 보세요.

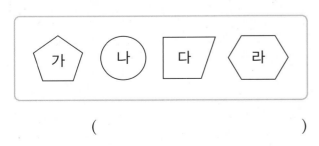

( )

5 직각이 있는 도형을 모두 찾아 기호를 써 보세요.

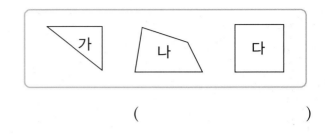

( )

6 도형에 대한 설명으로 옳지 않은 것을 모두 찾아 기호를 써 보세요.

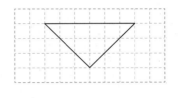

> ㉠ 직각이 3개입니다.
> ㉡ 각이 3개입니다.
> ㉢ 직사각형입니다.
> ㉣ 변이 3개입니다.

( )

7 모눈종이에 주어진 선분을 한 변으로 하는 정사각형을 그려 보세요.

8 모눈종이에 그려진 삼각형의 한 꼭짓점을 옮겨서 직각삼각형을 그려 보세요.

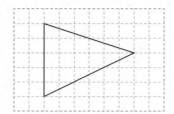

9 오른쪽 도형이 정사각형이 아닌 까닭을 바르게 설명한 것은 어느 것일까요? (   )

① 변이 4개입니다.

② 네 변의 길이가 모두 같지는 않습니다.

③ 직각이 4개입니다.

④ 마주 보는 두 변의 길이가 같습니다.

⑤ 네 각이 모두 직각이 아닙니다.

10 도형의 이름이 될 수 있는 것을 모두 찾아 ○표 하세요.

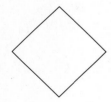

삼각형	정사각형
직사각형	직각삼각형

11 점 5개 중에서 2개를 이어 그을 수 있는 선분은 모두 몇 개일까요?

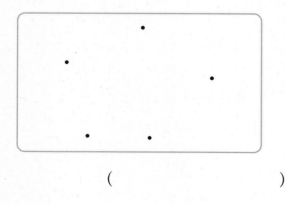

(   )

12 직사각형과 정사각형의 공통점을 모두 찾아 기호를 써 보세요.

⊙ 변이 4개, 각이 4개입니다.

ⓛ 마주 보는 두 변의 길이만 같습니다.

ⓒ 네 각의 크기가 모두 같습니다.

ⓔ 네 변의 길이가 모두 같습니다.

(   )

13 도형에서 찾을 수 있는 직각은 모두 몇 개일까요?

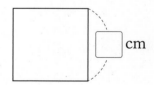

(   )

14 정사각형의 네 변의 길이의 합이 20 cm일 때 ☐ 안에 알맞은 수를 써넣으세요.

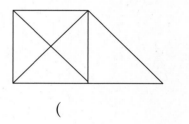

15 그림과 같은 직사각형 모양의 종이를 잘라서 가장 큰 정사각형을 만들려고 합니다. 만든 정사각형의 한 변의 길이는 몇 cm일까요?

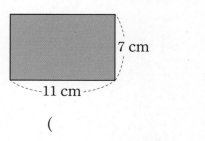

(   )

16 한 변의 길이가 6 cm인 정사각형 3개로 그림과 같은 직사각형을 만들었습니다. 이 직사각형의 네 변의 길이의 합은 몇 cm일까요?

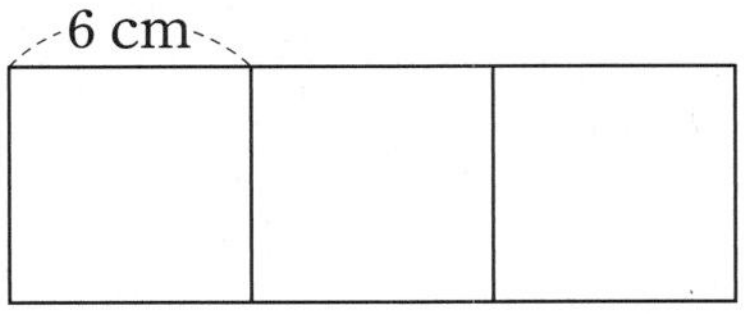

6 cm

( )

17 그림과 같이 색종이를 접었다가 펼친 다음 접힌 선을 따라 잘랐습니다. 어떤 도형이 몇 개 생길까요?

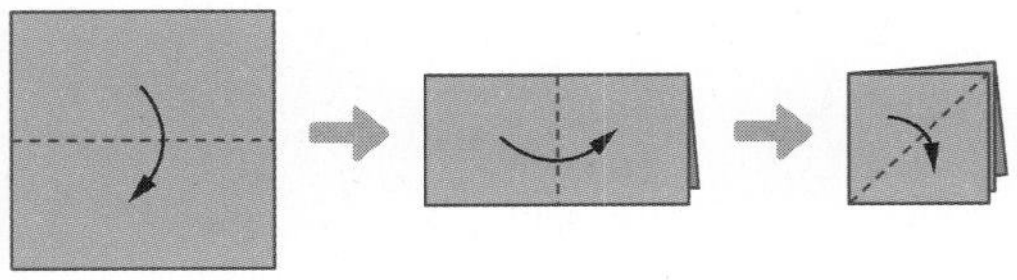

( ), ( )

18 도형에서 찾을 수 있는 크고 작은 직사각형은 모두 몇 개일까요?

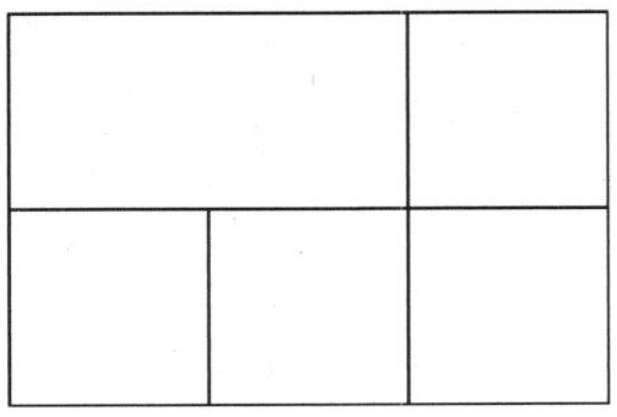

( )

19 직사각형과 정사각형의 같은 점과 다른 점을 한 가지씩 써 보세요.

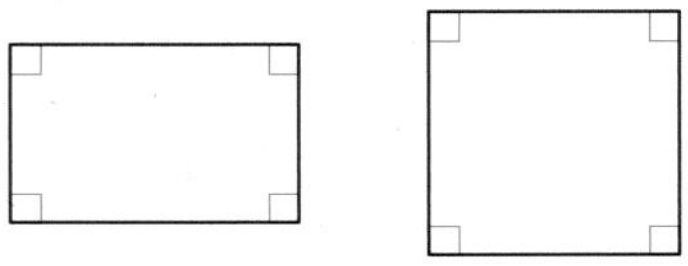

같은 점 _____

_____

다른 점 _____

_____

20 정사각형 가와 직사각형 나의 네 변의 길이의 합이 같습니다. ☐ 안에 알맞은 수는 얼마인지 풀이 과정을 쓰고 답을 구해 보세요.

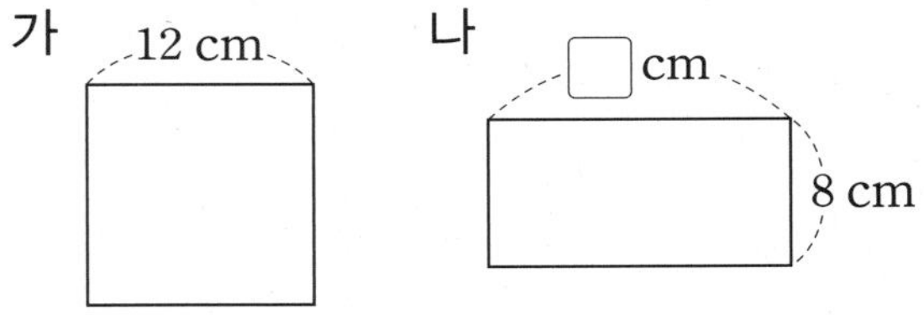

가 12 cm   나 ☐ cm   8 cm

풀이 _____

_____

_____

답 _____

3 나눗셈

언제까지 뺄 거야? 이제 나눠야지.

나눗셈은 결국 뺄셈을 간단히 한 거야!

15개를 5군데로 똑같이 나누면 3개씩 놓입니다.

$$15 \div 5 = 3$$

15개를 5개씩 덜어 내려면 3묶음으로 묶어야 합니다.

$$15 - 5 - 5 - 5 = 0 \quad \rightarrow \quad 15 \div 5 = 3$$

5씩

3번

① 똑같이 나누어 볼까요 (1)

개념
강의

● **사과 10개를 접시 5개에 똑같이 나누기** ── ● 접시 5개에 사과를 1개씩 번갈아 가며 놓습니다.

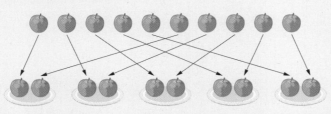

쿠키 **4개**를 접시 **2개**에 똑같이
나누기

• 1개씩 놓을 때

사과 **10**개를 접시 **5**개에 똑같이 나누면 접시 한 개에 **2**개씩 놓을 수 있습니다.

● **나눗셈 알아보기**

10을 5로 나누는 것과 같은 계산을 나눗셈이라 하고, 10÷5라고 씁니다.
10을 5로 나누면 2가 됩니다.

• 2개씩 놓을 때

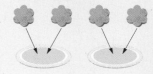

나눗셈식 **10 ÷ 5 = 2**
나누어지는 수 나누는 수 몫

읽기 **10** 나누기 **5**는 **2**와 같습니다.

확인 !

나눗셈식 36÷9 = ☐

읽기 36 나누기 ☐ 은/는 ☐ 와/과 같습니다.

---

1 연필 9자루를 3명이 똑같이 나누어 가지려고
합니다. 물음에 답하세요.

(1) 연필 9자루를 3묶음으로 똑같이 나누면
한 묶음은 ☐ 자루입니다.

(2) 나눗셈식으로 나타내 보세요.

9÷3 = ☐

(3) 한 사람이 연필을 ☐ 자루씩 가질 수 있
습니다.

2 구슬 16개를 4명이 똑같이 나누어 가지려고 합
니다. 물음에 답하세요.

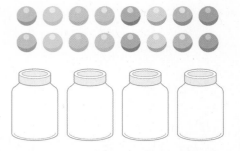

(1) 한 병에 구슬을 몇 개씩 담을 수 있는지 ○
를 그려 보세요.

(2) 나눗셈식으로 나타내 보세요.

16÷4 = ☐

(3) 한 사람이 구슬을 ☐ 개씩 가질 수 있습
니다.

3 나눗셈식을 보고 빈칸에 알맞은 수를 써넣으세요.

$$30 \div 6 = 5$$

나누어지는 수	나누는 수	몫

4 나눗셈식으로 나타내 보세요.

45 나누기 9는 5와 같습니다.

나눗셈식 ....

5 나눗셈식을 읽어 보세요.

$$63 \div 7 = 9$$

읽기 ....

6 ☐ 안에 알맞은 수를 써넣어 나눗셈식을 완성해 보세요.

색종이 27장을 9명에게 똑같이 나누어 주면 한 사람에게 3장씩 줄 수 있습니다.

나눗셈식 ☐ ÷ ☐ = ☐

7 ○를 그려 야구공 20개를 바구니 4개에 똑같이 나누어 담고, 나눗셈식으로 나타내 보세요.

$$20 \div \boxed{} = \boxed{}$$

8 여러 칸으로 나누어진 상자가 있습니다. 초콜릿 18개를 각 칸에 똑같이 나누어 담으려고 합니다. 어느 상자에 담아야 하는지 ○표 하세요.

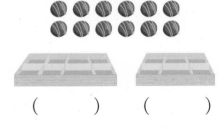

(   )   (   )

9 딸기 21개를 3명에게 똑같이 나누어 주려고 합니다. 한 사람이 딸기를 몇 개씩 가지게 될까요?

나눗셈식 ....

답 ....

2 똑같이 나누어 볼까요(2)

● 사과 **10**개를 접시에 **5**개씩 덜어 내면서 나누기 ── • 사과를 5개씩 묶어 봅니다.

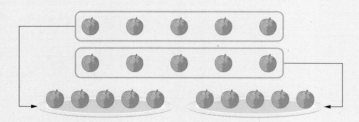

사과 **10**개를 **5**개씩 덜어 내면 접시 **2**개가 필요합니다.

● 나눗셈을 뺄셈식으로 알아보기

10에서 5씩 2번 빼면 0입니다.

뺄셈식   **10 − 5 − 5 = 0**
2번

나눗셈식   **10 ÷ 5 = 2**

● 나눗셈을 수직선으로 알아보기

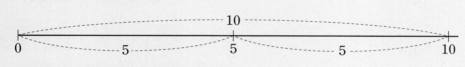

➡ 10이 될 때까지 5씩 2번 뛰어 셉니다.

쿠키 **4**개를 **2**개씩 접시에 담기

• 몇 번 덜어 내면 0이 되는지
뺄셈식으로 나타내면
$4 - 2 - 2 = 0$입니다.
2번

• 2개의 접시가 필요합니다.

• 나눗셈식으로 나타내면
$4 ÷ 2 = 2$입니다.

---

1 사탕 12개를 한 사람에게 3개씩 주려고 합니다. 물음에 답하세요.

(1) 사탕 12개를 3개씩 묶으면 ☐ 묶음이 됩니다.

(2) 나눗셈식으로 나타내 보세요.

$12 ÷ ☐ = ☐$

(3) 사탕을 ☐ 명에게 나누어 줄 수 있습니다.

2 도토리 16개를 8개씩 덜어 내려고 합니다. 물음에 답하세요.

(1) 도토리를 8개씩 묶어 보세요.

(2) 도토리를 8개씩 몇 번 덜어 내면 0이 되는지 뺄셈식으로 나타내 보세요.

$16 - ☐ - ☐ = ☐$

(3) 나눗셈식으로 나타내 보세요.

$16 ÷ ☐ = ☐$

3 풍선이 28개 있습니다. 한 사람에게 풍선을 4개씩 주려고 합니다. 몇 명에게 나누어 줄 수 있을까요?

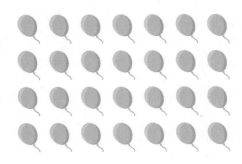

(1) 나눗셈식으로 나타내 보세요.

$$28 \div \boxed{} = \boxed{}$$

(2) 풍선을 몇 명에게 나누어 줄 수 있을까요?

(   )

4 수직선을 보고 뺄셈식을 나눗셈식으로 나타내 보세요.

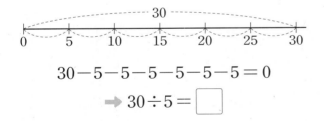

$$30 - 5 - 5 - 5 - 5 - 5 - 5 = 0$$
$$\Rightarrow 30 \div 5 = \boxed{}$$

5 다음은 $45 \div 9 = 5$를 뺄셈식으로 나타낸 것입니다. 바르게 나타낸 것에 ○표 하세요.

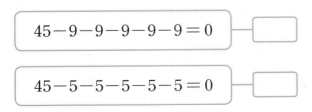

6 구슬 48개를 6개씩 묶고, 나눗셈식으로 나타내 보세요.

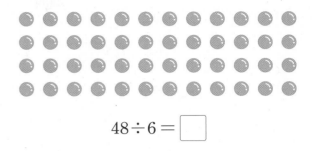

$$48 \div 6 = \boxed{}$$

7 농구공 24개를 한 바구니에 4개씩 담으려고 합니다. 필요한 바구니는 몇 개일까요?

나눗셈식 _____

답 _____

8 56쪽짜리 책을 하루에 7쪽씩 매일 읽으려고 합니다. 이 책을 모두 읽으려면 며칠이 걸릴까요?

나눗셈식 _____

답 _____

3 곱셈과 나눗셈의 관계를 알아볼까요

$$2 \times 5 = 10$$
$$10 \div 2 = 5$$

$$5 \times 2 = 10$$
$$10 \div 5 = 2$$

곱셈식을 나눗셈식으로 바꾸기

$$\blacksquare \times \blacktriangle = \bullet \begin{cases} \bullet \div \blacksquare = \blacktriangle \\ \bullet \div \blacktriangle = \blacksquare \end{cases}$$

나눗셈식을 곱셈식으로 바꾸기

$$\bigstar \div \heartsuit = \blacklozenge \begin{cases} \heartsuit \times \blacklozenge = \bigstar \\ \blacklozenge \times \heartsuit = \bigstar \end{cases}$$

세 수를 이용하여 곱셈식과
나눗셈식 만들기

곱셈식
$5 \times 6 = 30,\ 6 \times 5 = 30$

나눗셈식
$30 \div 5 = 6,\ 30 \div 6 = 5$

곱셈식을 나눗셈식 2개로, 나눗셈식을 곱셈식 2개로 나타낼 수 있습니다.

$$2 \times 5 = 10 \begin{cases} 10 \div 2 = 5 \\ 10 \div 5 = 2 \end{cases}$$

$$10 \div 2 = 5 \begin{cases} 2 \times 5 = 10 \\ 5 \times 2 = 10 \end{cases}$$

두 수를 바꾸어 곱해도 결과는 같습니다.

확인 !

 $7 \times 2 = 14 \begin{cases} 14 \div \boxed{} = 7 \\ 14 \div \boxed{} = \boxed{} \end{cases}$

1 그림을 보고 ☐ 안에 알맞은 수를 써넣으세요.

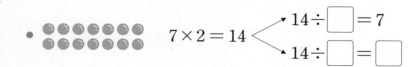

(1) 구슬은 모두 몇 개인지 곱셈식으로 나타내
보세요.

$$6 \times \boxed{} = 24$$

(2) 구슬을 6개씩 묶으면 몇 묶음인지 나눗셈
식으로 나타내 보세요.

$$24 \div \boxed{} = \boxed{}$$

2 그림을 보고 ☐ 안에 알맞은 수를 써넣으세요.

(1)

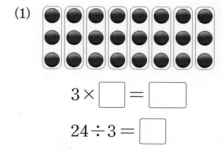

$$3 \times \boxed{} = \boxed{}$$

$$24 \div 3 = \boxed{}$$

(2)

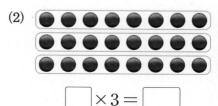

$$\boxed{} \times 3 = \boxed{}$$

$$24 \div \boxed{} = 3$$

3 곱셈식을 나눗셈식으로 나타내 보세요.

$$7 \times 5 = 35$$

(1) 초콜릿 35개를 5명이 똑같이 나누어 먹으면 한 사람이 몇 개씩 먹을 수 있을까요?

$$35 \div \boxed{} = \boxed{}$$

(2) 초콜릿 35개를 한 사람이 7개씩 먹으면 몇 명이 나누어 먹을 수 있을까요?

$$35 \div \boxed{} = \boxed{}$$

4 곱셈식을 나눗셈식으로 나타내 보세요.

$$8 \times 6 = 48 \begin{cases} 48 \div \boxed{} = \boxed{} \\ 48 \div \boxed{} = \boxed{} \end{cases}$$

🔗 **배운 것 연결하기**   **2학년 1학기**

- 덧셈식을 뺄셈식으로 나타내기

$$14 + 17 = 31 \begin{cases} 31 - 17 = 14 \\ 31 - 14 = 17 \end{cases}$$

- 뺄셈식을 덧셈식으로 나타내기

$$21 - 15 = 6 \begin{cases} 15 + 6 = 21 \\ 6 + 15 = 21 \end{cases}$$

---

5 나눗셈식을 곱셈식으로 나타내 보세요.

$$56 \div 7 = 8 \begin{cases} 7 \times \boxed{} = \boxed{} \\ \boxed{} \times \boxed{} = \boxed{} \end{cases}$$

---

6 $9 \times 4 = 36$을 보고 만들 수 있는 나눗셈을 모두 찾아 기호를 써 보세요.

┌─────────────────────┐
│ ㉠ $36 \div 9 = 4$ │
│ ㉡ $36 \div 6 = 6$ │
│ ㉢ $36 \div 4 = 9$ │
└─────────────────────┘

(   )

7 그림을 보고 물음에 답하세요.

(1) 테니스 공이 9개씩 3줄로 놓여 있습니다. 테니스 공은 모두 몇 개일까요?

곱셈식 ....

답 ....

(2) 테니스 공 27개를 3상자에 똑같이 나누어 담으려고 합니다. 한 상자에 테니스 공을 몇 개씩 담아야 할까요?

나눗셈식 ....

답 ....

(3) 테니스 공 27개를 한 상자에 9개씩 담으려고 합니다. 상자는 몇 상자 필요할까요?

나눗셈식 ....

답 ....

8 수 카드 3장을 한 번씩만 사용하여 나눗셈을 완성해 보세요.

┌─┐ ┌─┐ ┌─┐
│8│ │2│ │7│
└─┘ └─┘ └─┘

나눗셈식 $\boxed{}\boxed{} \div \boxed{} = 9$

4 나눗셈의 몫을 곱셈식으로 구해 볼까요

● **21÷3의 몫 구하기**

21÷3의 몫은 3×7 = 21을 이용하여 구할 수 있습니다.

$$21 \div 3 = \boxed{7}$$

$$3 \times \boxed{7} = 21 \leftarrow$$

$$3 \times 1 = 3$$
$$3 \times 2 = 6$$
$$\vdots$$
$$3 \times \boxed{7} = 21$$

➡ 21÷3의 몫은 7입니다.

나눗셈식을 곱셈식으로 바꾸어 몫을 구합니다.

$$6 \div 3 = ②$$
$$3 \times ② = 6$$

---

1 축구공 32개를 8개씩 묶으면 몇 묶음이 되는지 알아보려고 합니다. 물음에 답하세요.

(1) 나눗셈식으로 나타내 보세요.

$$32 \div 8 = \boxed{}$$

(2) 축구공 32개를 8개씩 묶고 곱셈식으로 나타내면 $8 \times \boxed{} = 32$입니다.

(3) 축구공은 $\boxed{}$ 묶음이 됩니다.

---

2 단추 15개를 3상자에 똑같이 나누어 담으려면 한 상자에 몇 개씩 담아야 하는지 알아보려고 합니다. 물음에 답하세요.

(1) 나눗셈식으로 나타내 보세요.

$$15 \div 3 = \boxed{}$$

(2) 단추 15개를 3묶음으로 묶고 곱셈식으로 나타내면 $\boxed{} \times 3 = 15$입니다.

(3) 한 상자에 단추를 $\boxed{}$ 개씩 담아야 합니다.

3 ☐ 안에 알맞은 수를 써넣으세요.

(1) $20 \div 5 = \boxed{}$

↓ ↑

$5 \times \boxed{} = 20$

(2) $64 \div 8 = \boxed{}$

↓ ↑

$8 \times \boxed{} = 64$

4 ☐ 안에 알맞은 수를 써넣으세요.

(1) $8 \times \boxed{} = 56 \Rightarrow 56 \div 8 = \boxed{}$

(2) $9 \times \boxed{} = 27 \Rightarrow 27 \div 9 = \boxed{}$

5 나눗셈의 몫을 곱셈식을 이용하여 구하려고 합니다. 관계있는 것끼리 이어 보세요.

| 나눗셈식 | $36 \div 6 = \boxed{}$ | $36 \div 9 = \boxed{}$ |

•   •

•   •

| 곱셈식 | $9 \times \boxed{} = 36$ | $6 \times \boxed{} = 36$ |

•   •

•   •

| 몫 | $\boxed{} = 4$ | $\boxed{} = 6$ |

6 그림을 보고 나눗셈의 몫을 곱셈식으로 구해 보세요.

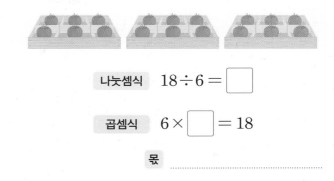

나눗셈식 $18 \div 6 = \boxed{}$

곱셈식 $6 \times \boxed{} = 18$

몫 ....

7 현서네 반 학생은 28명입니다. 학생들을 4모둠으로 똑같이 나누면 한 모둠의 학생은 몇 명일까요?

나눗셈식 $28 \div 4 = \boxed{}$

곱셈식 $\boxed{} \times 4 = 28$

답 ....

8 바나나 72개를 한 봉지에 8개씩 담으면 몇 봉지에 나누어 담을 수 있을까요?

나눗셈식 $72 \div 8 = \boxed{}$

곱셈식 $8 \times \boxed{} = 72$

답 ....

5 나눗셈의 몫을 곱셈구구로 구해 볼까요

● 곱셈표를 이용하여 $30 \div 6 = \square$ 의 몫 구하기

×	1	2	3	4	③5	①6	7	8	9
1	1	2	3	4	5	6	7	8	9
2	2	4	6	8	10	12	14	16	18
3	3	6	9	12	15	18	21	24	27
4	4	8	12	16	20	24	28	32	36
③5	5	10	15	20	25	②30	35	40	45
①6	6	12	18	24	②30	36	42	48	54
7	7	14	21	28	35	42	49	56	63
8	8	16	24	32	40	48	56	64	72
9	9	18	27	36	45	54	63	72	81

① 나누는 수가 6이므로 6단 곱셈구구를 이용합니다.

② 나누어지는 수가 30이므로 6단 곱셈구구에서 곱이 30이 되는 수를 찾습니다.

③ $6 \times \boxed{5} = 30$ 에서 곱하는 수는 5이므로 몫은 5입니다.

$$30 \div 6 = \boxed{5}$$

$$6 \times \boxed{5} = 30$$

└ 6단 곱셈구구에서 곱이 30이 되는 수를 찾습니다.

확인!

● $20 \div 5 = \blacksquare$ 의 몫은 5단 곱셈구구에서 곱이 $\boxed{}$ 이/가 되는 수를 찾습니다.

$5 \times \blacksquare = 20$ 이므로 몫은 $\blacksquare = \boxed{}$ 입니다.

1 곱셈표를 이용하여 $30 \div 5$ 의 몫을 구하려고 합니다. 물음에 답하세요.

×	4	5	6	7	8
4	16	20	24	28	32
5	20	25	30	35	40
6	24	30	36	42	48

(1) $30 \div 5$ 의 몫을 구하려면 $\boxed{}$ 단 곱셈구구를 이용합니다.

(2) 5단 곱셈구구에서 곱이 30인 곱셈식을 찾아 써 보세요.

곱셈식 $5 \times \boxed{} = 30$

(3) $30 \div 5$ 의 몫은 $\boxed{}$ 입니다.

2 곱셈표를 보고 나눗셈의 몫을 구해 보세요.

×	3	4	5	6	7	8	9
3	9	12	15	18	21	24	27
4	12	16	20	24	28	32	36
5	15	20	25	30	35	40	45
6	18	24	30	36	42	48	54
7	21	28	35	42	49	56	63
8	24	32	40	48	56	64	72
9	27	36	45	54	63	72	81

$24 \div 3 = \boxed{}$

$48 \div 6 = \boxed{}$

$72 \div 9 = \boxed{}$

3 21÷3의 몫을 곱셈구구를 이용하여 구하려고 합니다. 물음에 답하세요.

(1) 3단 곱셈구구표를 완성해 보세요.

×	1	2	3	4	5	6	7	8	9
3	3	6	9						

(2) 21÷3의 몫을 구해 보세요.

(   )

4 빈칸에 알맞은 수를 써넣으세요.

●	4	8	12	16
●÷1		8		16
●÷2			6	

5 7단 곱셈구구를 이용하여 나눗셈의 몫을 구해 보세요.

$$28÷7 = \boxed{}$$

$$35÷7 = \boxed{}$$

$$42÷7 = \boxed{}$$

6 곱셈구구를 이용하여 나눗셈의 몫을 구해 보세요.

(1) $54÷6 = \boxed{}$ (2) $40÷8 = \boxed{}$

[7～9] 곱셈표를 이용하여 나눗셈의 몫을 구하려고 합니다. 물음에 답하세요.

×	2	3	4	5	6	7
2	4	6	8	10	12	14
3	6	9	12	15	18	21
4	8	12	16	20	24	28
5	10	15	20	25	30	35
6	12	18	24	30	36	42
7	14	21	28	35	42	49

7 과자 25개를 5명이 똑같이 나누어 먹으려고 합니다. 한 사람이 과자를 몇 개씩 먹을 수 있을까요?

식 ....

답 ....

8 색종이 한 장으로 종이학 4개를 만들 수 있습니다. 종이학 12개를 만들려면 색종이는 몇 장 필요할까요?

식 ....

답 ....

9 책 18권을 책꽂이 3칸에 똑같이 나누어 꽂으려고 합니다. 한 칸에 책을 몇 권씩 꽂을 수 있을까요?

식 ....

답 ....

기본기 다지기

1 **똑같이 나누기** (1)

- 귤 6개를 3접시에 똑같이 나누어 담기

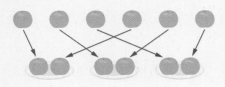

나눗셈식 $6 \div 3 = 2$ ·······•몫

읽기 6 나누기 3은 2와 같습니다.

1 쿠키 8개를 민우와 지아가 똑같이 나누어 먹으려고 합니다. 물음에 답하세요.

(1) 민우와 지아가 쿠키를 나누는 방법을 그림으로 그려 보세요.

| 민우 | 지아 |

(2) ☐ 안에 알맞은 수를 써넣으세요.

$8 \div 2 = $ ☐ 이므로 ☐ 개씩 먹으면 됩니다.

2 장미 32송이를 꽃병 4개에 똑같이 나누어 꽂으려고 합니다. 꽃병 한 개에 몇 송이씩 꽂아야 할까요?

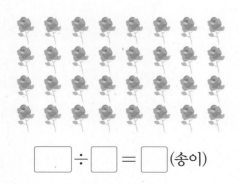

☐ $\div$ ☐ $=$ ☐ (송이)

3 나눗셈식 $35 \div 7 = 5$에 대해 잘못 설명한 사람을 찾아 이름을 써 보세요.

> 인혜: '35 나누기 7은 5와 같습니다.'라고 읽어.
>
> 진우: 7은 5를 35로 나눈 몫이야.
>
> 은수: 나누어지는 수는 35, 나누는 수는 7이야.

( )

4 사탕을 모양이 같은 접시에 똑같이 나누어 놓으려고 합니다. 접시의 모양에 따라 놓을 수 있는 사탕의 수를 구해 보세요.

▱ 에 놓을 때: 한 접시에 ☐ 개

⬭ 에 놓을 때: 한 접시에 ☐ 개

서술형
5 귤 18개를 바구니 2개에 똑같이 나누어 담고, 한 바구니에 담은 귤을 접시 3개에 똑같이 나누어 담았습니다. 접시 한 개에는 귤을 몇 개 담았는지 풀이 과정을 쓰고 답을 구해 보세요.

풀이

답

2 똑같이 나누기 (2)

· 사탕 8개를 2개씩 나누기

뺄셈식 $8 - 2 - 2 - 2 - 2 = 0$
          4번

나눗셈식 $8 \div 2 = 4$

6 $20 \div 4$의 몫을 뺄셈식을 이용하여 구해 보세요.

뺄셈식 _____

몫 _____

7 찐빵을 한 봉지에 6개씩 담으려고 합니다. 물음에 답하세요.

(1) 24에서 6을 몇 번 빼면 0이 될까요?

( )

(2) 나눗셈식으로 나타내 보세요.

나눗셈식 _____

8 공깃돌 35개를 한 사람에게 7개씩 주려고 합니다. 몇 명에게 나누어 줄 수 있을까요?

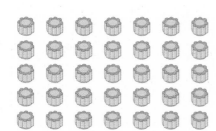

식 _____

답 _____

9 나눗셈식으로 나타냈을 때 몫이 더 큰 것을 찾아 기호를 써 보세요.

┌─────────────────────────────────┐
│ ㉠ 36에서 9를 4번 빼면 0이 됩니다.   │
│ ㉡ 27에서 9를 3번 빼면 0이 됩니다.   │
└─────────────────────────────────┘

( )

10 팽이 18개를 한 상자에 3개씩 담으려고 합니다. 몇 상자가 필요한지 두 가지 방법으로 구해 보세요.

뺄셈식 _____

나눗셈식 _____

답 _____

창의 ✚

11 서아는 햄버거를 만들려고 합니다. 다른 재료는 충분할 때 빵 16개로 만들 수 있는 햄버거는 몇 개인지 구해 보세요.

햄버거를 한 개 만드는 데 필요한 재료				
빵 2개	패티 1장	치즈 1장	양상추 2장	토마토 3조각

( )

3 **곱셈과 나눗셈의 관계**

• 곱셈식을 나눗셈식으로 바꾸기

$$6 \times 2 = 12 \begin{cases} 12 \div 6 = 2 \\ 12 \div 2 = 6 \end{cases}$$

• 나눗셈식을 곱셈식으로 바꾸기

$$12 \div 6 = 2 \begin{cases} 6 \times 2 = 12 \\ 2 \times 6 = 12 \end{cases}$$

12 그림을 보고 곱셈식을 나눗셈식으로 나타내 보세요.

$$6 \times 5 = 30$$

(1) 밤 30개를 6명에게 똑같이 나누어 주면 한 사람에게 ⬚ 개씩 줄 수 있습니다.

$$30 \div 6 = \boxed{}$$

(2) 밤 30개를 한 사람에게 ⬚ 개씩 나누어 주면 6명에게 줄 수 있습니다.

$$30 \div \boxed{} = 6$$

13 그림을 보고 곱셈식과 나눗셈식을 각각 2개씩 만들어 보세요.

곱셈식 _____ ,

나눗셈식 _____ ,

14 곱셈식을 보고 ⬚ 안에 알맞은 수를 써넣으세요.

(1) $2 \times 9 = 18 \Rightarrow 18 \div 2 = \boxed{}$

(2) $8 \times 5 = 40 \Rightarrow 40 \div \boxed{} = 8$

15 6봉지에 꽈배기가 7개씩 담겨 있습니다. 이 꽈배기를 7봉지에 똑같이 나누어 담는다면 한 봉지에 몇 개씩 담아야 할까요?

$$6 \times 7 = \boxed{} \Rightarrow \boxed{} \div 7 = \boxed{}$$

(_____)

16 수 카드를 한 번씩 사용하여 곱셈식과 나눗셈식을 각각 2개씩 만들어 보세요.

$$\boxed{7} \quad \boxed{56} \quad \boxed{8}$$

곱셈식 _____ ,

나눗셈식 _____ ,

17 ⬚ 안의 두 수를 곱하면 35가 됩니다. ⬚ 안에 알맞은 한 자리 수를 써넣고, 삼각형 안에 있는 수와 ×, ÷를 이용하여 곱셈식과 나눗셈식을 각각 2개씩 만들어 보세요.

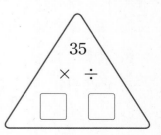

곱셈식 _____ ,

나눗셈식 _____ ,

4 나눗셈의 몫을 곱셈식으로 구하기

$18 \div 6 = 3 \ \Rightarrow \ 6 \times 3 = 18$

$72 \div 9 = 8 \ \Rightarrow \ 9 \times 8 = 72$

18 그림을 보고 나눗셈의 몫을 곱셈식으로 구해 보세요.

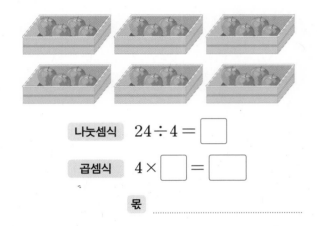

나눗셈식 $24 \div 4 = \boxed{}$

곱셈식 $4 \times \boxed{} = \boxed{}$

몫 _____

19 서아가 곱셈식을 이용하여 $14 \div 2$의 몫을 구하는 방법을 설명한 것입니다. □ 안에 알맞은 수를 써넣으세요.

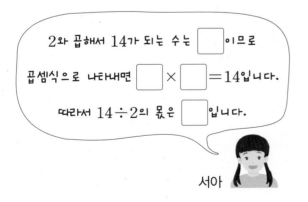

2와 곱해서 14가 되는 수는 $\boxed{}$이므로

곱셈식으로 나타내면 $\boxed{} \times \boxed{} = 14$입니다.

따라서 $14 \div 2$의 몫은 $\boxed{}$입니다.

서아

20 $45 \div 5$의 몫을 구할 때 필요한 곱셈식을 찾아 ○표 하세요.

| $5 \times 7 = 35$ | $5 \times 9 = 45$ | $9 \times 6 = 54$ |
| ( ) | ( ) | ( ) |

21 □ 안에 알맞은 수를 써넣으세요.

(1) $27 \div 9 = \boxed{} \ \Leftarrow \ 9 \times \boxed{} = 27$

(2) $48 \div 6 = \boxed{} \ \Leftarrow \ \boxed{} \times 6 = 48$

22 동호는 만두 4상자를 샀습니다. 동호가 산 만두가 모두 24개일 때 한 상자에 만두가 몇 개씩 들어 있는지 나눗셈식으로 나타내고 곱셈식으로 바꿔 구해 보세요.

$24 \div \boxed{} = \boxed{} \ \Leftarrow \ \boxed{} \times \boxed{} = 24$

( )

서술형
23 초콜릿 49개를 친구들에게 7개씩 나누어 주려고 합니다. 몇 명에게 나누어 줄 수 있는지 풀이 과정을 쓰고 답을 구해 보세요.

풀이 _____

_____

답 _____

창의＋
24 지하철 5호선 노선도입니다. 아차산에서 청구까지 16분이 걸렸습니다. 한 구간을 이동하는 데 걸리는 시간이 똑같다면 한 구간을 이동하는 데 걸리는 시간은 몇 분일까요?

( )

5 나눗셈의 몫을 곱셈구구로 구하기

• $24 \div 3$의 몫 구하기

×	1	2	3
7	7	14	21
8	8	16	24
9	9	18	27

$24 \div 3$의 몫은 3단 곱셈구구에서 곱이 24가 되는 수를 찾습니다.

➡ $3 \times 8 = 24$이므로 몫은 8입니다.

25 곱셈표를 이용하여 나눗셈의 몫을 구해 보세요.

×	1	2	3	4	5	6	7	8	9
1	1	2	3	4	5	6	7	8	9
2	2	4	6	8	10	12	14	16	18
3	3	6	9	12	15	18	21	24	27
4	4	8	12	16	20	24	28	32	36
5	5	10	15	20	25	30	35	40	45
6	6	12	18	24	30	36	42	48	54
7	7	14	21	28	35	42	49	56	63
8	8	16	24	32	40	48	56	64	72
9	9	18	27	36	45	54	63	72	81

(1) $20 \div 4 = \boxed{}$　　(2) $72 \div 9 = \boxed{}$

26 나눗셈의 몫의 크기를 비교하여 ○ 안에 >, =, < 중 알맞은 것을 써넣으세요.

$$18 \div 2 \bigcirc 42 \div 6$$

27 몫이 다른 나눗셈식을 찾아 ○표 하세요.

$12 \div 3$	$48 \div 8$	$28 \div 7$
( )	( )	( )

28 배구팀은 한 팀에 선수가 6명씩 있습니다. 배구를 하기 위해 운동장에 학생이 54명 모였습니다. 몇 팀으로 나눌 수 있을까요?

식 _____

답 _____

29 나눗셈표를 만든 것입니다. 빈칸에 알맞은 수를 써넣으세요.

●	8	16	24	32
●÷1		16		32
●÷4	2		6	
●÷8	1			

30 □ 안에 2부터 9까지의 수 중 같은 수를 써넣어 계산하려고 합니다. 두 수를 모두 나눌 수 있는 수를 모두 구해 보세요.

(1) $\begin{array}{l} 14 \div \boxed{} \\ 21 \div \boxed{} \end{array}$

( )

(2) $\begin{array}{l} 6 \div \boxed{} \\ 12 \div \boxed{} \end{array}$

( )

31 공깃돌이 한 상자에 6개씩 6상자 있습니다. 이 공깃돌을 한 사람에게 9개씩 주면 몇 명에게 나누어 줄 수 있을까요?

( )

6 나눗셈식에서 □ 안에 알맞은 수 구하기

- □÷4 = 7에서 □ 안에 알맞은 수 구하기

  □÷4 = 7 ➡ 4×7 = □

  ➡ 4×7 = 28이므로 □ 안에 알맞은 수는 28입니다.

32 □ 안에 알맞은 수를 써넣으세요.

$$15 ÷ □ = 3$$

33 빈칸에 알맞은 수를 써넣으세요.

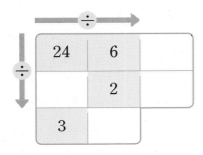

34 □ 안에 알맞은 수가 가장 큰 것을 찾아 기호를 써 보세요.

| ㉠ 16÷□ = 4 | ㉡ □÷2 = 3 |
| ㉢ 49÷7 = □ | ㉣ 45÷□ = 5 |

(   )

35 □ 안에 알맞은 수를 써넣으세요.

$$12 ÷ 4 = □ ÷ 6$$

36 어떤 수를 □라고 하여 나눗셈식으로 나타내고, 어떤 수를 구해 보세요.

(1) 10을 어떤 수로 나누면 5와 같습니다.

──────────────── ,

(2) 어떤 수를 9로 나누면 6과 같습니다.

──────────────── ,

37 달걀 27개를 매일 몇 개씩 먹었더니 다 먹는 데 9일이 걸렸습니다. 하루에 먹은 달걀은 몇 개인지 □를 사용하여 나눗셈식을 쓰고 답을 구해 보세요.

식 ────────────────

답 ────────────────

38 세린이네 반 학생들을 몇 개의 모둠으로 똑같이 나누었더니 한 모둠에 5명이 되었습니다. 학생이 모두 40명이라면 모둠은 모두 몇 개인지 □를 사용하여 나눗셈식을 쓰고 답을 구해 보세요.

식 ────────────────

답 ────────────────

39 어떤 수를 6으로 나누어야 할 것을 잘못하여 4로 나누었더니 몫이 9가 되었습니다. 바르게 계산하면 몫은 얼마일까요?

(   )

심화유형 **1** 모양이 나타내는 수 구하기

같은 모양은 같은 수를 나타냅니다. ■와 ▲에 알맞은 수의 합을 구해 보세요.

$$24 \div ■ = 8$$
$$15 \div ▲ = ■$$

(   )

● 핵심 NOTE   • 곱셈과 나눗셈의 관계를 이용하여 $24 \div ■ = 8$에서 ■의 값을 먼저 구합니다.

1-1 같은 모양은 같은 수를 나타냅니다. ●와 ♥에 알맞은 수의 차를 구해 보세요.

$$● \times 5 = 35$$
$$56 \div ● = ♥$$

(   )

1-2 같은 모양은 같은 수를 나타냅니다. ■＋▲＋♥의 값을 구해 보세요.

$$■ \div 2 = 6$$
$$3 \times ▲ = ■$$
$$36 \div ♥ = ▲$$

(   )

심화유형 2 수 카드로 나누어지는 수 만들기

수 카드 [2], [3], [4] 중에서 2장을 골라 한 번씩만 사용하여 만들 수 있는 두 자리 수 중에서 6으로 나누어지는 수를 모두 써 보세요.

(   )

● 핵심 NOTE
• ▲로 나누어지는 수는 ▲단 곱셈구구의 곱입니다.
• 만들 수 있는 두 자리 수를 모두 만들고 ▲단 곱셈구구의 곱을 구합니다.

2-1 수 카드 [2], [4], [6] 중에서 2장을 골라 한 번씩만 사용하여 만들 수 있는 두 자리 수 중에서 8로 나누어지는 수를 모두 써 보세요.

(   )

3

2-2 수 카드 [0], [1], [2], [4] 중에서 2장을 골라 한 번씩만 사용하여 만들 수 있는 두 자리 수 중에서 7로 나누어지는 수는 모두 몇 개일까요?

(   )

똑같은 간격으로 나누기

심화유형 3

길이가 24 m인 도로의 한쪽에 처음부터 끝까지 6 m 간격으로 나무를 심으려고 합니다. 나무는 모두 몇 그루 필요한지 구해 보세요.(단, 나무의 두께는 생각하지 않습니다.)

(   )

● 핵심 NOTE ・그림을 그려 생각해 보면 필요한 나무 수는 간격 수에 1을 더한 것과 같습니다.

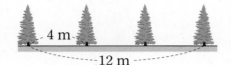

4 m

12 m

(간격 수)=(전체 길이)÷(간격)=$12÷4=3$(군데)
(필요한 나무 수)=(간격 수)+1=$3+1=4$(그루)

3-1 길이가 63 m인 도로의 양쪽에 처음부터 끝까지 9 m 간격으로 가로등을 세우려고 합니다. 가로등은 모두 몇 개 필요한지 구해 보세요.(단, 가로등의 두께는 생각하지 않습니다.)

(   )

3-2 길이가 56 m인 다리의 한쪽에 처음부터 끝까지 일정한 간격으로 깃발을 9개 꽂았습니다. 깃발 사이의 간격은 몇 m인지 구해 보세요.(단, 깃발의 두께는 생각하지 않습니다.)

(   )

물건의 수를 나타내는 단위를 이용하여 나눗셈 하기

통합 교과유형 **4**

수학 **+** 사회

우리가 현재 사용하고 있는 cm, m 등은 물건의 길이를 재는 데 쓰이는 표준 단위이고, g, kg 등은 물건의 무게를 재는 데 쓰이는 표준 단위입니다. 물건의 길이나 무게를 나타내는 단위 외에 물건의 수를 나타내는 단위도 있습니다. 다음은 예로부터 우리나라에서 물건의 수를 나타내는 단위입니다. 고등어 9손과 달걀 3꾸러미를 사서 6명에게 각각 똑같이 나누어 주면 한 사람에게 얼마만큼씩 줄 수 있을까요?

| 고등어 2마리 1손 | 달걀 10개 1꾸러미 | 김 100장 1톳 | 조기 20마리 1두름 |

1단계 고등어 9손과 달걀 3꾸러미의 수를 각각 나타내기

_____

2단계 고등어와 달걀을 6명에게 각각 나누기

_____

고등어: ☐마리, 달걀: ☐개

● 핵심 **NOTE**   **1단계** 고등어 9손과 달걀 3꾸러미의 수를 각각 알아봅니다.
2단계 고등어와 달걀의 수를 각각 6으로 나눕니다.

3

4-1

연필을 세는 단위로는 '타'가 있습니다. 연필 1타는 12자루를 말합니다. 연필 6타를 한 상자에 8자루씩 담는다면 몇 상자가 필요할까요?

( )

단원 평가 Level ❶

1 나눗셈식 $56 \div 8 = 7$에 대한 설명으로 틀린 것을 찾아 기호를 써 보세요.

> ㉠ '56 나누기 8은 7과 같습니다.'라고 읽습니다.
> ㉡ 곱셈식으로 나타내면 $7 \times 8 = 56$입니다.
> ㉢ 몫은 8입니다.

(   )

2 뺄셈식을 보고 ☐ 안에 알맞은 수를 써넣으세요.

$$18 - 3 - 3 - 3 - 3 - 3 - 3 = 0$$

$18 \div \boxed{} = \boxed{}$

3 나눗셈의 몫을 구해 보세요.

(1) $35 \div 7$ (2) $18 \div 6$

4 여러 칸으로 나누어진 상자가 있습니다. 사탕 10개를 각 칸에 똑같이 나누어 담아 포장하려고 합니다. 어느 상자에 담아야 하는지 ◯표 하세요.

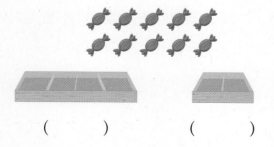

(   )   (   )

5 곱셈식을 나눗셈식으로 나타내 보세요.

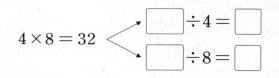

$4 \times 8 = 32$ $\boxed{} \div 4 = \boxed{}$
                      $\boxed{} \div 8 = \boxed{}$

6 계산 결과가 바르게 되도록 그어 보세요.

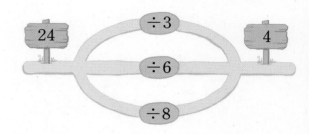

7 보기 의 수 중에서 하나의 수를 ☐ 안에 넣어 나눗셈식을 만들려고 합니다. 몫이 가장 큰 나눗셈식을 만들고, 몫을 구해 보세요.

보기
2, 3, 4, 6 ➡ $12 \div \boxed{}$

나눗셈식 ……………………………………

몫 ……………………………………

8 그림을 보고 곱셈식과 나눗셈식을 각각 2개씩 만들어 보세요.

곱셈식 …………………… ,

나눗셈식 …………………… ,

9 그림을 보고 ☐ 안에 알맞은 수를 써넣으세요.

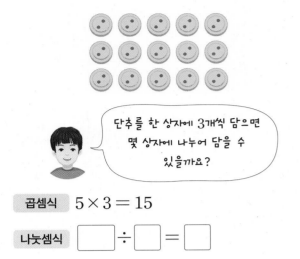

단추를 한 상자에 3개씩 담으면 몇 상자에 나누어 담을 수 있을까요?

곱셈식 $5 \times 3 = 15$

나눗셈식 ☐ ÷ ☐ = ☐

답 _____

10 ☐ 안에 알맞은 수를 써넣으세요.

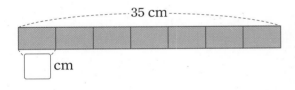

35 cm

☐ cm

11 지우개 30개를 6명에게 똑같이 나누어 주려고 합니다. 한 사람에게 몇 개씩 주어야 할까요?

식 _____

답 _____

12 남김없이 똑같이 나누어 가지는 경우를 말한 사람의 이름을 써 보세요.

> 은하: 땅콩 13개를 6명이 나누어 가지기
> 주영: 잣 20개를 7명이 나누어 가지기
> 세린: 호두 24개를 8명이 나누어 가지기

(   )

13 ☐ 안에 알맞은 수를 구해 보세요.

$$42 \div \square = 6$$

(   )

14 8단 곱셈구구를 이용하여 4☐ ÷ 8의 몫을 구하려고 합니다. 0부터 9까지의 수 중에서 ☐ 안에 들어갈 수 있는 수를 모두 구해 보세요.

(   )

15 ☐ 안에 알맞은 수를 써넣으세요.

(1) $81 \div 9 = 3 \times \square$

(2) $30 \div 6 = 5 \times \square$

16 수 카드 5장 중에서 3장을 골라 ☐ 안에 써넣어 나눗셈식을 완성해 보세요.

| 2 | 5 | 6 | 7 | 9 |

$$\boxed{}\boxed{} \div \boxed{} = 3$$

17 곱셈표가 지워졌습니다. ☐ 안에 알맞은 수를 구해 보세요.

×				6		8	9
				36	☐	48	54
7	21	28			49	56	63
8	24	32	40	48	56	64	72
9	27	36	45	54	63	72	81

(   )

18 두 수의 합은 20이고, 큰 수를 작은 수로 나누면 몫이 4인 두 수가 있습니다. 두 수를 구해 보세요.

(,   )

19 그림과 같은 직사각형을 잘라서 한 변의 길이가 6 cm인 정사각형을 만들려고 합니다. 정사각형을 몇 개까지 만들 수 있는지 풀이 과정을 쓰고 답을 구해 보세요.

- 30 cm -
12 cm

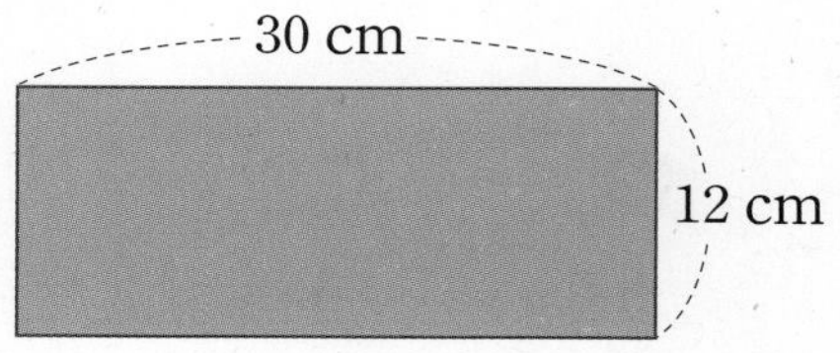

풀이 ....

....

....

답 ....

20 어떤 수에서 9를 빼야 할 것을 잘못하여 9로 나누었더니 몫이 6이 되었습니다. 바르게 계산하면 얼마인지 풀이 과정을 쓰고 답을 구해 보세요.

풀이 ....

....

....

답 ....

단원 평가 Level ❷

1 그림을 보고 ☐ 안에 알맞은 수를 써넣으세요.

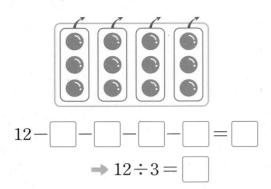

$12 - \boxed{} - \boxed{} - \boxed{} - \boxed{} = \boxed{}$

➡ $12 \div 3 = \boxed{}$

2 나눗셈식 $35 \div 5 = 7$을 문장으로 나타낸 것입니다. ☐ 안에 알맞은 수를 써넣으세요.

> 키위 ☐ 개를 한 봉지에 ☐ 개씩 담으면
> ☐ 봉지가 됩니다.

3 나눗셈의 몫을 구한 다음 나눗셈식을 곱셈식 2개로 나타내 보세요.

나눗셈식 $24 \div 8 = \boxed{}$

곱셈식 _____ ,

4 몫이 다른 나눗셈식을 찾아 ✕표 하세요.

| $36 \div 9$ | $25 \div 5$ | $30 \div 6$ |

(   ) (   ) (   )

5 ☐ 안에 알맞은 수를 써넣으세요.

$$\boxed{} \div 7 = 8$$

6 빵 가게에서 크림빵 16개를 2개씩 묶어서 팔려고 합니다. 크림빵 몇 묶음을 팔 수 있을까요?

식 _____

답 _____

7 길이가 28 cm인 철사를 이용하여 가장 큰 정사각형을 만들었습니다. 만든 정사각형의 한 변의 길이는 몇 cm일까요?

(   )

8 나눗셈의 몫이 가장 작은 것을 찾아 기호를 써 보세요.

| ㉠ $18 \div 3$ | ㉡ $14 \div 7$ |
| ㉢ $20 \div 5$ | ㉣ $45 \div 9$ |

(   )

3

9 ☐ 안의 두 수를 곱하면 63이 됩니다. ☐ 안에 알맞은 한 자리 수를 써넣고, 삼각형 안에 있는 수와 ×, ÷를 이용하여 곱셈식과 나눗셈식을 각각 2개씩 만들어 보세요.

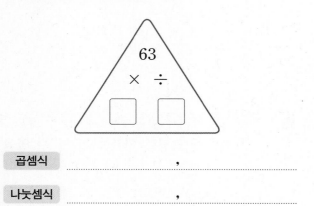

곱셈식 _____ ,

나눗셈식 _____ ,

10 젤리를 사서 9명이 남김없이 똑같이 나누어 먹으려고 합니다. 젤리를 몇 개 사야 할지 기호를 써 보세요.

| ㉠ 15개 | ㉡ 40개 |
| ㉢ 24개 | ㉣ 36개 |

( )

11 ☐ 안에 공통으로 들어갈 수를 구해 보세요.

$$1☐ ÷ ☐ = 3$$

( )

12 ☐ 안에 알맞은 수를 써넣으세요.

$$12 ÷ 2 = 48 ÷ ☐$$

13 같은 기호는 같은 수를 나타낼 때 다음을 만족시키는 ◆와 ●의 값을 각각 구해 보세요.

$$28 - ◆ - ◆ - ◆ - ◆ - ◆ - ◆ - ◆ = 0$$
$$● ÷ 4 = ◆$$

◆ ( ), ● ( )

14 종훈이네 할아버지 댁에서는 닭 18마리를 키웁니다. 닭을 우리에 똑같이 나누어 키우려고 하는데 종훈이는 6마리씩, 동생은 9마리씩 넣자고 합니다. 종훈이와 동생의 방법으로 키울 때 우리는 각각 몇 개씩 필요한지 구해 보세요.

종훈 ( )
동생 ( )

15 1부터 9까지의 수 중에서 ☐ 안에 들어갈 수 있는 수를 모두 구해 보세요.

$$30 ÷ 5 < ☐$$

( )

16 어떤 수를 6으로 나누어야 할 것을 잘못하여 2로 나누었더니 몫이 9가 되었습니다. 바르게 계산하면 몫은 얼마일까요?

(   )

17 길이가 45 m인 도로의 양쪽에 처음부터 끝까지 9 m 간격으로 가로등을 설치하였습니다. 설치한 가로등은 모두 몇 개일까요?(단, 가로등의 두께는 생각하지 않습니다.)

(   )

18 다음을 만족시키는 ㉠과 ㉡을 각각 구해 보세요.

$$㉠ + ㉡ = 15 \qquad ㉠ \div ㉡ = 4$$

㉠ (   ), ㉡ (   )

19 채린이는 공깃돌 72개를 주머니 8개에 똑같이 나누어 담고, 한 개의 주머니에 든 공깃돌을 친구 3명에게 똑같이 나누어 주었습니다. 채린이가 친구 한 명에게 나누어 준 공깃돌은 몇 개인지 풀이 과정을 쓰고 답을 구해 보세요.

풀이

답

20 수 카드 3장 중 2장을 골라 한 번씩만 사용하여 만들 수 있는 두 자리 수 중에서 6으로 나누어지는 수는 모두 몇 개인지 풀이 과정을 쓰고 답을 구해 보세요.

| 4 | 1 | 2 |

풀이

답

4 곱셈

언제까지 더할 거야? 이제 곱해야지.

큰 수의 곱셈도 결국은 덧셈을 간단히 한 거야!

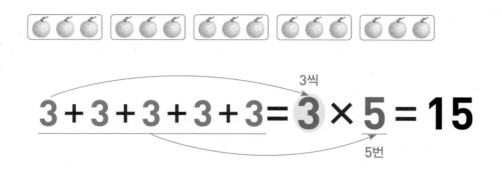

$$3 + 3 + 3 + 3 + 3 = 3 \times 5 = 15$$

3씩

5번

10배

> 수가 커져도 곱셈은 덧셈!

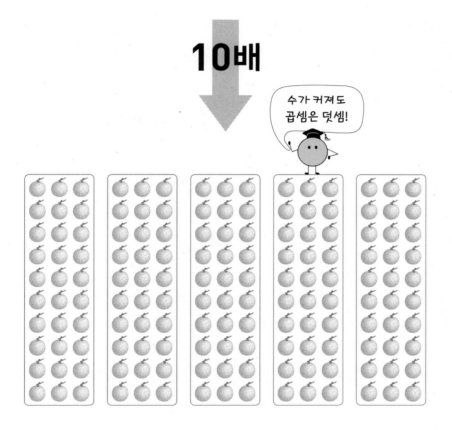

$$30 + 30 + 30 + 30 + 30 = 30 \times 5 = 150$$

30씩

5번

❶ (몇십)×(몇)을 알아볼까요

● **(몇십)×(몇)**

• 20×4의 계산 원리

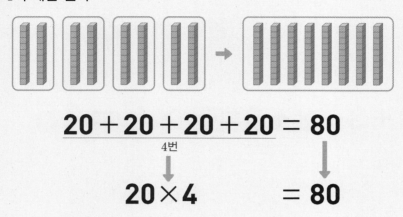

$$20 + 20 + 20 + 20 = 80$$
4번

$$20 \times 4 = 80$$

• 20×4의 계산 방법

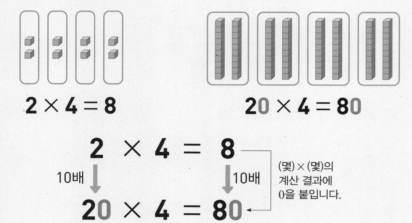

$$2 \times 4 = 8 \qquad\qquad 20 \times 4 = 80$$

$$2 \times 4 = 8$$
10배　　　　　10배
$$20 \times 4 = 80$$

(몇)×(몇)의
계산 결과에
0을 붙입니다.

곱해지는 수가 10배가 되면 곱
도 10배가 됩니다.
➡ (몇십)×(몇)의 계산은
(몇)×(몇)의 계산 결과에
0을 붙입니다.

수 모형으로 20×4 알아보기
십 모형은 $2 \times 4 = 8$(개)이고,
십 모형 8개가 나타내는 수는
80입니다.
➡ $20 \times 4 = 80$

---

1 수 모형을 보고 ☐ 안에 알맞은 수를 써넣으세요.

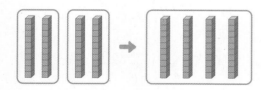

(1) 십 모형의 개수는 모두

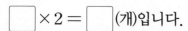

☐ $\times 2 =$ ☐ (개)입니다.

(2) 십 모형 4개가 나타내는 수는 ☐ 입니다.

(3) $20 \times$ ☐ $=$ ☐

2 ☐ 안에 알맞은 수를 써넣으세요.

(1)
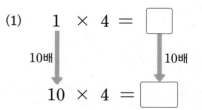
$$1 \times 4 = \boxed{}$$
10배　　　　10배
$$10 \times 4 = \boxed{}$$

(2)
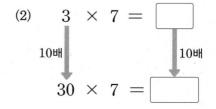
$$3 \times 7 = \boxed{}$$
10배　　　　10배
$$30 \times 7 = \boxed{}$$

3 수 모형을 보고 ☐ 안에 알맞은 수를 써넣으세요.

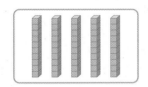

$10 + 10 + 10 + 10 + 10 = \boxed{}$

$10 \times \boxed{} = \boxed{}$

4 수직선을 보고 ☐ 안에 알맞은 수를 써넣으세요.

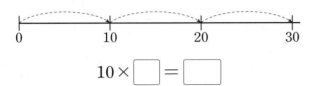

$10 \times \boxed{} = \boxed{}$

5 계산해 보세요.

(1) 40×2 (2) 10×6

(3) 50×1 (4) 30×2

6 계산 결과가 다른 것에 ◯표 하세요.

20×6	50×2	30×4
( )	( )	( )

7 ☐ 안에 알맞은 수를 써넣으세요.

$$30 \times 3 = 3 \times 10 \times 3$$
$$= 3 \times \boxed{} \times 10$$
$$= \boxed{} \times 10$$
$$= \boxed{}$$

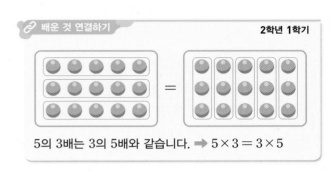

배운 것 연결하기   **2학년 1학기**

5의 3배는 3의 5배와 같습니다. ➡ $5 \times 3 = 3 \times 5$

8 ☐ 안에 알맞은 수를 써넣으세요.

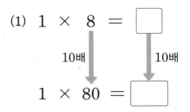

(1) $1 \times 8 = \boxed{}$
10배   10배
$1 \times 80 = \boxed{}$

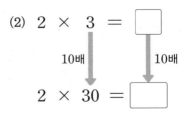

(2) $2 \times 3 = \boxed{}$
10배   10배
$2 \times 30 = \boxed{}$

9 ☐ 안에 알맞은 수를 써넣으세요.

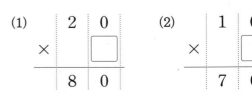

(1)		2	0
	×		☐
		8	0

(2)		1	0
	×		☐
		7	0

2 (몇십몇)×(몇)을 알아볼까요 (1)

● **올림이 없는 (몇십몇)×(몇)**

• 21 × 3의 계산 원리

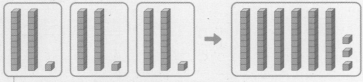

→ 21을 3번 더하면 10이 6개, 1이 3개가 됩니다.

$21 + 21 + 21 = 63$

3번

$21 × 3 = 63$

• 21 × 3의 계산 방법

└ 21을 20과 1로 나누어 곱한 후 두 곱을 더합니다.

```
    2 1
  ×   3
  ─────
      3   ← 1×3
    6 0   ← 20×3
  ─────
    6 3   ← 3+60
```

```
    2 1
  ×   3
  ─────
      3
```
$1 × 3 = 3$에서
3을 일의 자리에 씁니다.

→

```
    2 1
  ×   3
  ─────
    6 3
```
$2 × 3 = 6$에서
6을 십의 자리에 씁니다.

확인!

● 일의 자리 수와의 곱 $1 × 2 = 2$에서 ☐을/를 일의 자리에 쓰고,

십의 자리 수와의 곱 $3 × 2 = 6$에서 ☐을/를 십의 자리에 씁니다.

```
    3 1
  ×   2
  ─────
  ☐ ☐
```

---

1 수 모형을 보고 ☐ 안에 알맞은 수를 써넣으세요.

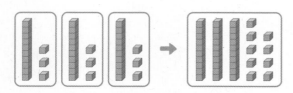

(1) 일 모형의 개수는 모두

$3 × ☐ = ☐$ (개)입니다.

(2) 십 모형의 개수는 모두

$1 × ☐ = ☐$ (개)입니다.

(3) $13 × ☐ = ☐$

2 ☐ 안에 알맞은 수를 써넣으세요.

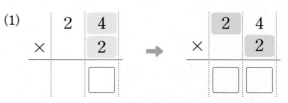

(1)
```
    2 4
  ×   2
  ─────
    ☐
```
→
```
    2 4
  ×   2
  ─────
  ☐ ☐
```

(2)
```
    2 3
  ×   3
  ─────
    ☐
```
→
```
    2 3
  ×   3
  ─────
  ☐ ☐
```

3 □ 안에 알맞은 수를 써넣으세요.

(1) $4 \times 2 =$ □

$40 \times 2 =$ □

$44 \times 2 =$ □

(2) $1 \times 7 =$ □

$10 \times 7 =$ □

$11 \times 7 =$ □

4 □ 안에 알맞은 수를 써넣으세요.

$$\begin{array}{r} 1\ 2 \\ +\ 1\ 2 \\ \hline \square \end{array} \Rightarrow \begin{array}{r} 1\ 2 \\ \times\ \ \ 2 \\ \hline \square \end{array}$$

5 계산해 보세요.

(1) $\begin{array}{r} 1\ 2 \\ \times\ \ \ 3 \\ \hline \end{array}$

(2) $\begin{array}{r} 3\ 4 \\ \times\ \ \ 2 \\ \hline \end{array}$

(3) $\begin{array}{r} 2\ 3 \\ \times\ \ \ 2 \\ \hline \end{array}$

(4) $\begin{array}{r} 2\ 2 \\ \times\ \ \ 3 \\ \hline \end{array}$

6 과자가 12개씩 4묶음 있습니다. □ 안에 알맞은 수를 써넣으세요.

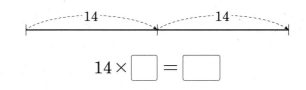

$10 \times 4 =$ □ $2 \times 4 =$ □

➡ $12 \times 4 =$ □

7 수직선을 보고 □ 안에 알맞은 수를 써넣으세요.

14   14

$14 \times$ □ $=$ □

8 빈칸에 알맞은 수를 써넣으세요.

×	2	3	4
11			

9 덧셈식을 곱셈식으로 나타내고 계산해 보세요.

(1) $31 + 31 + 31$

➡ _____

(2) $42 + 42$

➡ _____

10 계산해 보세요.

(1) $13 \times 2 =$ □

$2 \times 13 =$ □

(2) $33 \times 3 =$ □

$3 \times 33 =$ □

3 (몇십몇)×(몇)을 알아볼까요(2)

십의 자리에서 올림이 있는 (몇십몇)×(몇)

- 43×3의 계산 원리
  - 43을 40과 3으로 나누어 곱한 후 두 곱을 더합니다.

$$40 \times 3 = 120$$
$$3 \times 3 = \quad 9$$
$$\overline{43 \times 3 = 129}$$

- 43×3의 계산 방법

$$
\begin{array}{r}
4\ 3 \\
\times \quad 3 \\
\hline
9 \leftarrow 3 \times 3 \\
1\ 2\ 0 \leftarrow 40 \times 3 \\
\hline
1\ 2\ 9 \leftarrow 9 + 120
\end{array}
$$

$$
\begin{array}{r}
4\ 3 \\
\times \quad 3 \\
\hline
9
\end{array}
\rightarrow
\begin{array}{r}
4\ 3 \\
\times \quad 3 \\
\hline
1\ 2\ 9
\end{array}
$$

3×3 = 9에서 9를 일의 자리에 씁니다.

4×3 = 12에서 2를 십의 자리에 쓰고, 1을 백의 자리에 씁니다.

곱해지는 수를 여러 가지 방법으로 나누어 곱한 후 두 곱을 더해도 결과는 같습니다.

$$
\begin{array}{r}
20 \times 3 = \quad 60 \\
23 \times 3 = \quad 69 \\
\hline
43 \times 3 = 129
\end{array}
$$

수 모형으로 43×3 알아보기

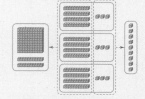

일 모형은 3×3 = 9(개), 십 모형은 4×3 = 12(개)입니다.
➡ 43×3 = 129

---

1 보기 와 같이 계산해 보세요.

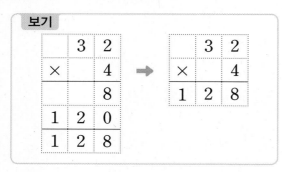

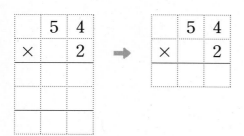

2 ☐ 안에 알맞은 수를 써넣으세요.

(1)

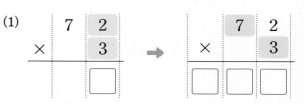

(2)

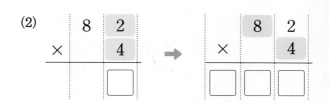

3 ☐ 안에 알맞은 수를 써넣으세요.

(1) $50 \times 2 =$ ☐

$1 \times 2 =$ ☐

$51 \times 2 =$ ☐

(2) $70 \times 4 =$ ☐

$2 \times 4 =$ ☐

$72 \times 4 =$ ☐

4 계산해 보세요.

(1)
$$\begin{array}{r} 4\ 1 \\ \times\quad 7 \\ \hline \end{array}$$

(2)
$$\begin{array}{r} 5\ 3 \\ \times\quad 3 \\ \hline \end{array}$$

(3)
$$\begin{array}{r} 8\ 3 \\ \times\quad 2 \\ \hline \end{array}$$

(4)
$$\begin{array}{r} 6\ 4 \\ \times\quad 2 \\ \hline \end{array}$$

5 어림하기 위한 식을 찾아 색칠해 보세요.

(1) 39×4 ➡ | 30×4 | 40×4 | 50×4 |

(2) 71×2 ➡ | 70×2 | 80×2 | 90×2 |

6 계산 결과가 가장 큰 것에 ○표 하세요.

(1) 62×2 62×3 62×4

(2) 90×4 91×4 92×4

7 ☐ 안에 알맞은 수를 써넣으세요.

(1)
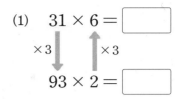
$31 \times 6 =$ ☐

$\times 3 \downarrow \quad \uparrow \times 3$

$93 \times 2 =$ ☐

(2)
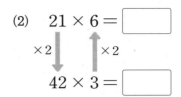
$21 \times 6 =$ ☐

$\times 2 \downarrow \quad \uparrow \times 2$

$42 \times 3 =$ ☐

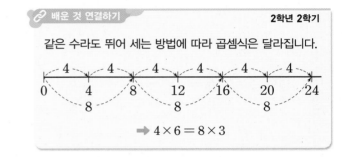

🔗 **배운 것 연결하기**   **2학년 2학기**

같은 수라도 뛰어 세는 방법에 따라 곱셈식은 달라집니다.

➡ $4 \times 6 = 8 \times 3$

8 계산 결과를 찾아 이어 보세요.

82×4 •		• 219
73×3 •		• 305
61×5 •		• 328

9 ☐ 안에 알맞은 수를 써넣으세요.

$150 = 30 \times$ ☐

$\quad = 15 \times$ ☐ $\times$ ☐

4

④ (몇십몇)×(몇)을 알아볼까요(3)

● 일의 자리에서 올림이 있는 (두 자리 수)×(한 자리 수)

- 26×3의 계산 원리

  └ 26을 20과 6으로 나누어 곱한 후 두 곱을 더합니다.

$$20 \times 3 = 60$$
$$6 \times 3 = 18$$
$$\overline{26 \times 3 = 78}$$

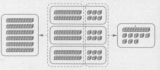

수 모형으로 26×3 알아보기

일 모형은 6×3 = 18(개), 십 모형은 2×3 = 6(개)입니다.

➡ 26×3 = 78

- 26×3의 계산 방법

```
    2 6
  ×   3
  ─────
    1 8   ← 6×3
    6 0   ← 20×3
  ─────
    7 8   ← 18+60
```

```
  1
  2 6
×   3
─────
    8
```
➡
```
  1
  2 6
×   3
─────
  7 8
```

6×3 = 18에서 8을 일의 자리에 쓰고, 1을 올림하여 십의 자리 위에 작게 씁니다.

2×3 = 6에 올림한 수 1을 더하여 7을 십의 자리에 씁니다.

---

1 빈칸에 알맞은 수를 써넣으세요.

(1)
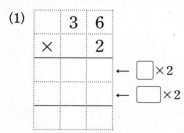
```
    3 6
×     2
─────
        ← □×2
        ← □×2
─────
```

(2)
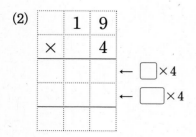
```
    1 9
×     4
─────
        ← □×4
        ← □×4
─────
```

2 ☐ 안에 알맞은 수를 써넣으세요.

```
  1 2        1 2        1 2
×   7   ➡  ×   7   ➡  ×   7
           ─────      ─────
           [    ]     [    ]
                      [    ]
                      ─────
                      [    ]
```

3 ☐ 안에 알맞은 수를 써넣으세요.

(1) $30 \times 2 = \boxed{}$

$9 \times 2 = \boxed{}$

$39 \times 2 = \boxed{}$

(2) $40 \times 2 = \boxed{}$

$6 \times 2 = \boxed{}$

$46 \times 2 = \boxed{}$

4 계산해 보세요.

(1)
$$\begin{array}{r} 1\ 8 \\ \times\ \ \ 5 \\ \hline \end{array}$$

(2)
$$\begin{array}{r} 1\ 3 \\ \times\ \ \ 6 \\ \hline \end{array}$$

(3)
$$\begin{array}{r} 4\ 8 \\ \times\ \ \ 2 \\ \hline \end{array}$$

(4)
$$\begin{array}{r} 2\ 8 \\ \times\ \ \ 3 \\ \hline \end{array}$$

5 ☐ 안의 수 2가 실제로 나타내는 값은 얼마일까요?

$$\begin{array}{r} \boxed{2}\ \ \ \\ 2\ 7 \\ \times\ \ \ 3 \\ \hline 8\ 1 \end{array}$$

(   )

6 빈칸에 알맞은 수를 써넣으세요.

×	4	5	6
15			

7 계산에서 잘못된 곳을 찾아 바르게 계산해 보세요.

$$\begin{array}{r} 1\ 3 \\ \times\ \ \ 7 \\ \hline 7\ 1 \end{array} \Rightarrow \boxed{}$$

8 계산 결과를 비교하여 ○ 안에 >, =, < 중 알맞은 것을 써넣으세요.

(1) $29 \times 2 \bigcirc 29 \times 3$

(2) $19 \times 5 \bigcirc 18 \times 5$

9 = 의 양쪽이 같게 되도록 ☐ 안에 알맞은 수를 써넣으세요.

(1) $24 \times 4 = 80 + \boxed{}$

(2) $17 \times 5 = 50 + \boxed{}$

5 (몇십몇)×(몇)을 알아볼까요(4)

● **십의 자리와 일의 자리에서 올림이 있는 (두 자리 수)×(한 자리 수)**

• 35×4의 계산 원리
  └ • 35를 30과 5로 나누어 곱한 후 두 곱을 더합니다.

$$30 \times 4 = 120$$
$$5 \times 4 = 20$$
$$\overline{35 \times 4 = 140}$$

수 모형으로 35×4 알아보기

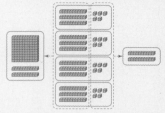

일 모형은 $5 \times 4 = 20$(개), 십
모형은 $3 \times 4 = 12$(개)입니다.
➡ $35 \times 4 = 140$

• 35×4의 계산 방법

```
    3 5
  ×   4
  ─────
    2 0  ←5×4
  1 2 0  ←30×4
  ─────
  1 4 0  ←20+120
```

² 3 5 × 4 ───── 0	➡

```
  2
  3 5
×   4
─────
1 4 0
```

5×4 = 20에서 0을
일의 자리에 쓰고, 2를
올림하여 십의 자리
위에 작게 씁니다.

3×4 = 12에 올림한
수 2를 더하여 4를 십
의 자리에 쓰고, 1을
백의 자리에 씁니다.

---

1 빈칸에 알맞은 수를 써넣으세요.

(1)
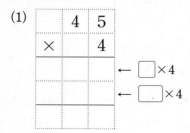
```
      4 5
  ×     4
  ───────
          ← □×4
          ← □×4
  ───────
```

(2)
```
      3 9
  ×     6
  ───────
          ← □×6
          ← □×6
  ───────
```

2 □ 안에 알맞은 수를 써넣으세요.

```
  8 3        8 3        8 3
×   4   ➡  ×   4   ➡  ×   4
           ─────      ─────
           □          □
                      ─────
                      □
                      ─────
```

3 계산해 보세요.

(1)
```
    3 7
  ×   8
```

(2)
```
    6 8
  ×   2
```

(3)
```
    9 4
  ×   3
```

(4)
```
    5 3
  ×   6
```

4 빈칸에 알맞은 수를 써넣으세요.

×	4	5	6
73			

5 ☐ 안에 알맞은 수를 써넣으세요.

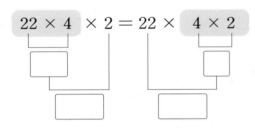

$22 \times 4 \times 2 = 22 \times 4 \times 2$

6 빈칸에 알맞은 수를 써넣으세요.

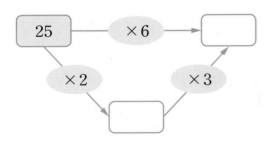

7 보기 와 같이 계산해 보세요.

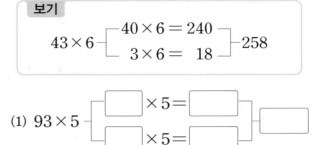

보기

$43 \times 6 \begin{array}{l} 40 \times 6 = 240 \\ 3 \times 6 = 18 \end{array} \Big] 258$

(1) $93 \times 5 \begin{array}{l} \boxed{} \times 5 = \boxed{} \\ \boxed{} \times 5 = \boxed{} \end{array} \boxed{}$

(2) $64 \times 8 \begin{array}{l} \boxed{} \times 8 = \boxed{} \\ \boxed{} \times 8 = \boxed{} \end{array} \boxed{}$

8 두 가지 색의 사과가 있습니다. 어느 색의 사과가 더 많은지 어림해 보고 어림한 결과가 맞는지 계산하여 확인해 보세요.

빨간색 사과   초록색 사과

18개씩 7상자   32개씩 5상자

➡ 어림해 보니 ☐ 사과가 더 많을 것 같습니다.

계산해 보니 ☐ 사과가 더 많습니다.

9 $47 \times 4 = 188$입니다. 1부터 9까지의 수 중에서 ☐ 안에 들어갈 수 있는 수를 모두 구해 보세요.

$47 \times \boxed{} < 190$

(   )

1 (몇십)×(몇)

• 50×3의 계산

5×3의 계산 결과에 0을 붙입니다.

$$50 \times 3 = 150$$

5×3 = 15

1 곱셈식으로 나타내고 계산해 보세요.

(1) 60씩 4묶음

➡ (   )

(2) 20씩 7묶음

➡ (   )

2 계산 결과를 찾아 이어 보세요.

40×8	•		•	540
70×6	•		•	320
90×6	•		•	420

3 ☐ 안에 알맞은 수를 써넣으세요.

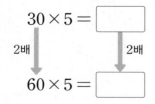

$$30 \times 5 = \boxed{}$$

2배 ↓   ↓ 2배

$$60 \times 5 = \boxed{}$$

4 ☐ 안에 알맞은 수를 써넣으세요.

$$180 = 20 \times \boxed{}$$

$$180 = 60 \times \boxed{}$$

$$180 = \boxed{} \times 2$$

5 한 봉지에 40개씩 들어 있는 젤리가 7봉지 있습니다. 젤리는 모두 몇 개일까요?

식 ....

답 ....

6 ☐ 안에 알맞은 수를 써넣으세요.

$$80 \times \boxed{} = 400$$

창의 ✚

7 종이 팩 한 개당 10점이 적립되는 종이 팩 수거함이 있습니다. 지난주에는 2개의 종이 팩을, 이번 주에는 5개의 종이 팩을 수거함에 넣었다면 받을 수 있는 점수는 모두 몇 점인지 구해 보세요.

(   )

2 (몇십몇) × (몇) (1)

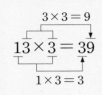

• 13 × 3의 계산

$$13 \times 3 = 39$$

$$\begin{array}{r} 1\ 3 \\ \times \quad 3 \\ \hline 3\ 9 \end{array}$$

$1 \times 3 = 3$ $3 \times 3 = 9$

---

8 11 × 3을 어림하여 구하려고 합니다. 물음에 답하세요.

```
          11
          ↓
├────────┼────────┼────────┤
0        10       20       30
```

(1) 11을 어림하여 그림에 ◯표 하세요.

(2) 11 × 3을 어림하여 구하면 약 ☐ 입니다.

---

9 ☐ 안에 알맞은 수를 써넣으세요.

$$23 \times 2 = \boxed{20 \times 2} + \boxed{\ } \times 2$$

$$= \boxed{\ } + \boxed{\ }$$

$$= \boxed{\ }$$

---

10 ☐ 안에 알맞은 수를 써넣으세요.

$$12 \times 4 = \boxed{\ }$$

↓ ×2   ↑ ×2

$$24 \times 2 = \boxed{\ }$$

---

11 계산 결과가 가장 작은 것을 찾아 기호를 써 보세요.

┌─────────────────────────────────┐
│ ㉠ 22 × 4   ㉡ 41 × 2   ㉢ 32 × 3 │
└─────────────────────────────────┘

(   )

---

12 상우 누나는 13살이고, 이모의 나이는 누나의 나이의 3배입니다. 이모의 나이를 구해 보세요.

식 _____

답 _____

---

13 서아와 지우 중에서 누가 책을 더 많이 읽었는지 이름을 써 보세요.

나는 하루에 21쪽씩 3일 동안 읽었어.   나는 하루에 33쪽씩 2일 동안 읽었어.

서아   지우

(   )

---

14 하루 동안 가 기계는 42개, 나 기계는 14개의 의자를 만듭니다. 두 기계가 2일 동안 만든 의자는 모두 몇 개일까요?

(   )

3 (몇십몇) × (몇) (2)

• 51 × 4의 계산

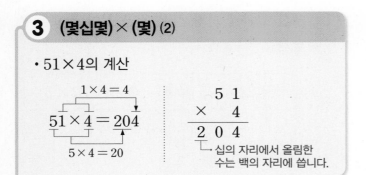

$1 \times 4 = 4$

$51 \times 4 = 204$

$5 \times 4 = 20$

$$\begin{array}{r} 5\ 1 \\ \times\quad 4 \\ \hline 2\ 0\ 4 \end{array}$$

└ 십의 자리에서 올림한 수는 백의 자리에 씁니다.

15 ☐ 안에 알맞은 수를 써넣으세요.

$2 \times 62 = 62 \times$ ☐

$=$ ☐

16 ☐ 안에 알맞은 수를 써넣으세요.

$41 \times 5 = 41 \times 4 +$ ☐

17 바르게 계산한 것을 찾아 기호를 써 보세요.

㉠ $51 \times 3 = 150$
㉡ $42 \times 3 = 123$
㉢ $93 \times 3 = 279$

( )

18 계산 결과가 다른 것을 찾아 기호를 써 보세요.

㉠ 73×3
㉡ $73 + 73 + 73$
㉢ 70×3과 3×3의 차
㉣ $70 + 70 + 70 + 3 + 3 + 3$

( )

19 피아노 대회 준비를 위해 목표를 세워 실천하려고 합니다. 목표를 정해 ○표 하고, 3일 동안 목표를 실천했을 때 피아노를 모두 몇 분 치게 되는지 구해 보세요.

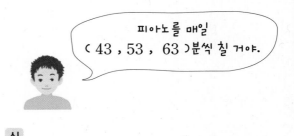

피아노를 매일 (43 , 53 , 63)분씩 칠 거야.

식 _____

답 _____

서술형
20 31개씩 포장된 사과 5상자와 52개씩 포장된 귤 4상자가 있습니다. 사과와 귤 중에서 어느 것이 더 많은지 풀이 과정을 쓰고 답을 구해 보세요.

풀이 _____

_____

_____

답 _____

4 (몇십몇) × (몇) (3)

• 28 × 3의 계산

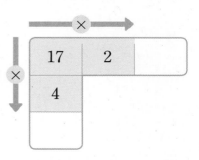

$$\begin{array}{r} {}^{2}\ \\ 2\ 8 \\ \times\quad 3 \\ \hline 4 \end{array} \Rightarrow \begin{array}{r} {}^{2}\ \\ 2\ 8 \\ \times\quad 3 \\ \hline 8\ 4 \end{array}$$

$8 \times 3 = 24$ $2 \times 3 + 2 = 8$

21 빈칸에 알맞은 수를 써넣으세요.

×→		
17	2	
4		

22 가장 큰 수와 가장 작은 수의 곱을 구해 보세요.

| 26 | 3 | 8 | 12 |

(   )

23 계산 결과를 비교하여 ○ 안에 >, =, < 중 알맞은 것을 써넣으세요.

(1) 29×2 ◯ 16×3

(2) 14×5 ◯ 38×2

24 길이가 24 cm인 막대 4개를 그림과 같이 겹치지 않게 이어 붙였습니다. 이어 붙인 막대의 전체 길이는 몇 cm일까요?

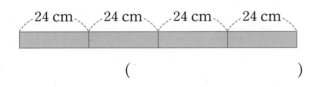

24 cm   24 cm   24 cm   24 cm

(   )

25 대화를 읽고 동윤이와 준우가 담은 사탕 수의 차는 몇 개인지 구해 보세요.

> 동윤: 사탕을 한 봉지에 38개씩 담았더니 2봉지가 되었어.
>
> 준우: 나는 한 봉지에 18개씩 담았더니 5봉지가 되었어.

(   )

26 곧게 뻗은 도로의 한쪽에 처음부터 끝까지 깃발 6개를 18 m 간격으로 꽂았습니다. 도로의 길이는 몇 m일까요?(단, 깃발의 두께는 생각하지 않습니다.)

(   )

5 (몇십몇) × (몇) (4)

• 32×7의 계산

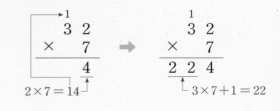

$2 \times 7 = 14$ $3 \times 7 + 1 = 22$

27 ☐ 안에 알맞은 수를 써넣으세요.

$27 \times 4 = 20 \times 4 + 7 \times$ ☐

= ☐ + ☐

= ☐

28 빈칸에 알맞은 수를 써넣으세요.

16   ×3 → ☐   ×4 → ☐

29 눈금 한 칸의 길이가 모두 같을 때 ☐ 안에 알맞은 수를 써넣으세요.

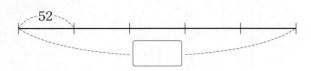

창의 ✚

30 유라네 학교 3학년은 한 반에 19명씩 8개 반이 있습니다. 3학년 학생 수를 어림하여 학생들이 모두 들어갈 수 있는 극장을 골라 ○표 하고, 어림한 방법을 써 보세요.

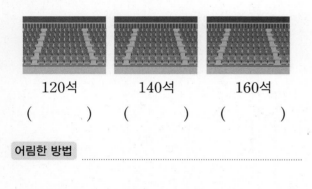

120석   140석   160석

(   )   (   )   (   )

어림한 방법 ....
....

31 빨간색 리본은 47 cm이고, 노란색 리본은 26 cm입니다. 빨간색 리본 3개와 노란색 리본 7개를 겹치지 않게 이어 붙이면 리본 전체의 길이는 몇 cm가 될까요?

(   )

32 계산 결과가 200에 가장 가깝도록 ☐ 안에 알맞은 수를 구해 보세요.

$$48 \times \boxed{}$$

(   )

6 곱이 같은 식 만들기

$$30 \times 8 = 40 \times \boxed{}$$

① $30 \times 8 = 240$

② $40 \times \boxed{} = 240$에서 $4 \times \boxed{} = 24$이므로 $\boxed{} = 6$입니다.

33 ☐ 안에 알맞은 수를 써넣으세요.

$$60 \times 6 = 90 \times \boxed{}$$

34 ☐ 안에 알맞은 수를 써넣으세요.

$$22 \times \boxed{} = 88 \times 2$$

서술형
35 한 상자에 36개씩 들어 있는 구슬이 5상자 있습니다. 이 구슬을 한 봉지에 30개씩 넣으면 몇 봉지가 되는지 풀이 과정을 쓰고 답을 구해 보세요.

풀이 ....
....
....

답 ....

7 □ 안에 알맞은 수 구하기

$$\begin{array}{r} 2\,\square \\ \times\quad 3 \\ \hline 7\,2 \end{array}$$

① □ × 3의 일의 자리 수가 2가 되는 경우는
4 × 3 = 12입니다.
② ①에서 찾은 수를 □ 안에 넣어 곱이 72가 맞는
지 확인합니다.
➡ 24 × 3 = 72(○)

36 □ 안에 알맞은 수를 써넣으세요.

$$\begin{array}{r} 2\ \square \\ \times\quad 2 \\ \hline 5\quad 4 \end{array}$$

37 □ 안에 알맞은 수를 써넣으세요.

$$\begin{array}{r} \square\ 4 \\ \times\quad\square \\ \hline 7\quad 0 \end{array}$$

38 □ 안에 알맞은 두 자리 수를 구해 보세요.

$$\boxed{\square \times 6 = 222}$$

(   )

8 어떤 수를 구하여 바르게 계산하기

어떤 수에 4를 곱해야 할 것을 잘못하여
4를 더하였더니 24가 되었습니다. 바르게
계산하면 얼마일까요?

① 어떤 수를 □라고 하면 □ + 4 = 24입니다.
② □ = 24 − 4, □ = 20
③ 바르게 계산하면 20 × 4 = 80입니다.

39 어떤 수에 2를 곱해야 할 것을 잘못하여 더하
였더니 74가 되었습니다. 바르게 계산하면 얼
마일까요?

(   )

서술형
40 어떤 수에 7을 곱해야 할 것을 잘못하여 **뺐**
더니 6이 되었습니다. 바르게 계산하면 얼마
인지 풀이 과정을 쓰고 답을 구해 보세요.

풀이 ....

....

답 ....

41 어떤 수에 9를 곱해야 할 것을 잘못하여 나누
었더니 5가 되었습니다. 바르게 계산하면 얼
마일까요?

(   )

심화유형 1 색 테이프의 길이 구하기

길이가 20 cm인 색 테이프 7장을 6 cm씩 겹치게 이어 붙였습니다. 이어 붙인 색 테이프의 전체 길이는 몇 cm일까요?

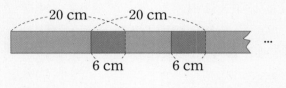

(   )

● 핵심 NOTE • 이어 붙인 색 테이프의 전체 길이 구하기

① 색 테이프 ■장의 길이의 합을 구합니다.

② 겹친 부분의 수를 구합니다. ➡ (■ㅡ1)군데

③ 색 테이프의 길이의 합에서 겹친 부분의 길이의 합을 뺍니다.

1-1 길이가 30 cm인 색 테이프 5장을 11 cm씩 겹치게 이어 붙였습니다. 이어 붙인 색 테이프의 전체 길이는 몇 cm일까요?

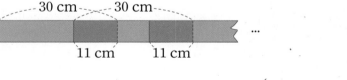

(   )

1-2 채린이는 길이가 42 cm인 색 테이프 8장을 8 cm씩 겹치게 이어 붙였습니다. 이 색 테이프를 똑같은 길이로 나누어 장식 7개를 만들었습니다. 장식 한 개를 만드는 데 사용한 색 테이프는 몇 cm일까요?

(   )

심화유형 2 ☐ 안에 들어갈 수 있는 수 구하기

1부터 9까지의 수 중에서 ☐ 안에 들어갈 수 있는 수를 모두 구해 보세요.

$$17 \times \square < 80$$

(　　　　　　　　)

● 핵심 NOTE 　•17을 20쯤으로 어림하여 ☐ 안에 들어갈 수 있는 수를 찾습니다.

2-1 　1부터 9까지의 수 중에서 ☐ 안에 들어갈 수 있는 수를 모두 구해 보세요.

$$34 \times \square > 212$$

(　　　　　　　　)

2-2 　1부터 9까지의 수 중에서 ☐ 안에 들어갈 수 있는 수를 모두 구해 보세요.

$$45 \times 2 > 15 \times \square$$

(　　　　　　　　)

심화유형 3 곱이 가장 큰(작은) 곱셈식 만들기

수 카드 4 , 6 , 2 를 한 번씩만 사용하여 (몇십몇)×(몇)의 곱셈식을 만들려고 합니다. 곱이 가장 작은 곱셈식을 만들어 보세요.

$$\boxed{}\boxed{}\times\boxed{}=\boxed{}$$

● 핵심 NOTE

· 곱이 가장 작은 곱셈식 만들기

②	③	작은 수부터 ①, ②, ③의
×	①	순서로 놓습니다.

· 곱이 가장 큰 곱셈식 만들기

②	③	큰 수부터 ①, ②, ③의
×	①	순서로 놓습니다.

3-1 수 카드 5 , 3 , 8 을 한 번씩만 사용하여 (몇십몇)×(몇)의 곱셈식을 만들려고 합니다. 곱이 가장 큰 곱셈식을 만들어 보세요.

$$\boxed{}\boxed{}\times\boxed{}=\boxed{}$$

3-2 수 카드 3 , 7 , 9 , 4 중에서 3장을 골라 한 번씩만 사용하여 (몇십몇)×(몇)의 곱셈식을 만들려고 합니다. 곱이 가장 큰 곱셈식과 가장 작은 곱셈식을 각각 만들어 보세요.

곱이 가장 큰 곱셈식: $\boxed{}\boxed{}\times\boxed{}=\boxed{}$

곱이 가장 작은 곱셈식: $\boxed{}\boxed{}\times\boxed{}=\boxed{}$

열량 구하기

통합 교과유형 4 수학 ➕ 체육

비만은 먹은 영양소보다 에너지를 덜 쓸 때 몸속에 체지방이 쌓이는 걸 말합니다. 교육부에서 발표하는 '학교건강검사 표본조사' 2023년 결과를 보면 초·중·고등 학생의 10명 중 3명이 과체중·비만으로 나타났습니다. 특히 소아청소년들의 비만은 어른이 돼서도 계속 이어질 수 있어 더욱 주의해야 합니다. 서아가 비만을 예방하기 위해 30분 동안 줄넘기를 한 후 20분 동안 계단 오르기를 했다면 두 가지 활동을 통해 소모한 열량은 모두 몇 킬로칼로리인지 구해 보세요.

활동별 10분 동안 소모하는 열량

활동	줄넘기	자전거	계단 오르기	걷기	훌라후프
열량(킬로칼로리)	61	49	43	23	25

*킬로칼로리(㎉): 열량의 단위

1단계 30분 동안 줄넘기를 하며 소모한 열량 구하기

2단계 20분 동안 계단 오르기를 하며 소모한 열량 구하기

3단계 두 가지 활동을 통해 소모한 열량 구하기

( )

1단계 30분 동안 줄넘기를 하며 소모한 열량을 구합니다.

2단계 20분 동안 계단 오르기를 하며 소모한 열량을 구합니다.

3단계 두 가지 활동을 통해 소모한 열량의 합을 구합니다.

4-1

민우가 20분 동안 달리기를 한 후 50분 동안 수영을 했다면 두 가지 활동을 통해 소모한 열량은 모두 몇 킬로칼로리인지 구해 보세요.

활동별 10분 동안 소모하는 열량

활동	등산	달리기	에어로빅	요가	수영
열량(킬로칼로리)	49	43	37	15	55

( )

단원 평가 Level ❶

1 그림을 보고 ☐ 안에 알맞은 수를 써넣으세요.

$$13 \times \boxed{} = \boxed{}$$

2 ☐ 안에 알맞은 수를 써넣으세요.

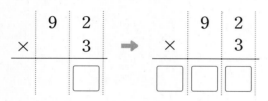

3 ☐ 안에 알맞은 수를 써넣으세요.

(1) $3 \times 3 = \boxed{} \Rightarrow 30 \times 3 = \boxed{}$

(2) $2 \times 4 = \boxed{} \Rightarrow 2 \times 40 = \boxed{}$

4 빈칸에 알맞은 수를 써넣으세요.

×	4	5	6
42			

5 ☐ 안에 알맞은 수를 써넣으세요.

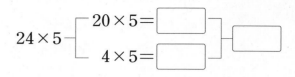

6 계산해 보세요.

(1)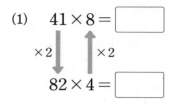

$$41 \times 8 = \boxed{}$$
$$\times 2 \downarrow \quad \uparrow \times 2$$
$$82 \times 4 = \boxed{}$$

(2)
$$28 \times 3 = \boxed{}$$
$$\times 2 \uparrow \quad \downarrow \times 2$$
$$14 \times 6 = \boxed{}$$

7 ☐ 안에 들어갈 수는 실제로 어떤 계산을 한 것인지 곱셈식을 써 보세요.

$$\begin{array}{r} 5\ 3 \\ \times \quad 4 \\ \hline 1\ 2 \\ \boxed{} \\ \hline 2\ 1\ 2 \end{array}$$

곱셈식 ....

8 계산 결과를 비교하여 ○ 안에 >, =, < 중 알맞은 것을 써넣으세요.

(1) 32×5 ◯ 54×3

(2) 26×7 ◯ 79×2

9 지현이네 학교 학생들은 버스를 타고 박물관 견학을 가려고 합니다. 버스 한 대에 학생 32명이 탈 수 있다면 버스 4대에는 모두 몇 명이 탈 수 있을까요?

식 _____

답 _____

10 어림하기 위한 식을 찾아 ○표 하세요.

(1)
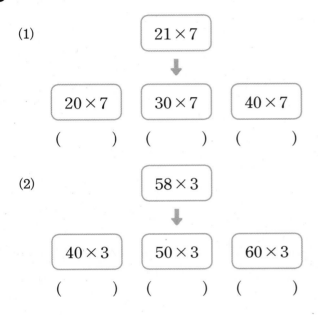

21 × 7

20 × 7   30 × 7   40 × 7
(   )   (   )   (   )

(2)

58 × 3

40 × 3   50 × 3   60 × 3
(   )   (   )   (   )

11 보기 와 같이 곱셈식을 써 보세요.

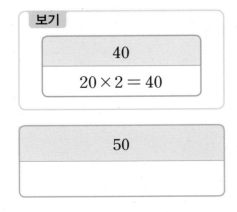

보기
| 40 |
| 20 × 2 = 40 |

| 50 |
| |

12 ☐ 안에 알맞은 수를 써넣으세요.

$56 × 4 = 4 × \boxed{} = \boxed{}$

13 보기 에서 두 수를 골라 두 수의 곱이 128이 되는 (몇십몇) × (몇)을 만들어 보세요.

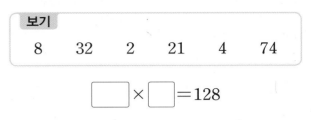

보기
| 8 | 32 | 2 | 21 | 4 | 74 |

$\boxed{} × \boxed{} = 128$

14 가⊙나를 보기 와 같이 약속하였습니다. 23⊙2의 값을 구해 보세요.

보기
가⊙나 = 가 × 나 × 나

(   )

15 은준이네 가족의 나이를 모두 더하면 몇 살인지 구해 보세요.

- 은준이는 10살입니다.
- 어머니의 나이는 은준이 나이의 3배보다 8살이 더 많습니다.
- 은준이의 나이와 4의 곱이 아버지의 나이입니다.

(   )

4

16 계산 결과가 500에 가장 가깝도록 ☐ 안에 알맞은 수를 구해 보세요.

$$82 \times \square$$

(　　　　　　　　)

17 ☐ 안에 알맞은 수를 써넣으세요.

$$
\begin{array}{r}
\square\ 8 \\
\times\quad \square \\
\hline
6\ 1\ 2
\end{array}
$$

18 바둑돌이 21개씩 5상자에 들어 있습니다. 이 바둑돌을 한 상자에 35개씩 담으면 몇 상자가 되는지 구해 보세요.

(　　　　　　　　)

19 ◆와 ★ 사이에 있는 세 자리 수는 모두 몇 개인지 풀이 과정을 쓰고 답을 구해 보세요.

$$53 \times 4 = \blacklozenge$$
$$72 \times 3 = \bigstar$$

풀이 _____

_____

_____

답 _____

20 1부터 9까지의 수 중에서 ☐ 안에 들어갈 수 있는 수를 모두 구하려고 합니다. 풀이 과정을 쓰고 답을 구해 보세요.

$$28 \times 8 > 56 \times \square$$

풀이 _____

_____

_____

답 _____

단원 평가 Level ❷

1 ☐ 안에 알맞은 수를 써넣으세요.

$160 = 20 \times \boxed{}$

$160 = 40 \times \boxed{}$

$160 = \boxed{} \times 2$

2 빈칸에 알맞은 수를 써넣으세요.

3 계산을 바르게 한 사람의 이름을 써 보세요.

우혁	주영
$\begin{array}{r} 4 \\ 3\,5 \\ \times \quad 8 \\ \hline 2\,4\,0 \end{array}$	$\begin{array}{r} 1 \\ 6\,2 \\ \times \quad 5 \\ \hline 3\,1\,0 \end{array}$

( )

4 ☐ 안에 알맞은 수를 써넣으세요.

$23 \times 8 = \boxed{}$

$\downarrow \times 2 \qquad \uparrow \times 2$

$46 \times 4 = \boxed{}$

5 계산에서 잘못된 곳을 찾아 바르게 계산해 보세요.

$\begin{array}{r} 7\,6 \\ \times \quad 3 \\ \hline 1\,8 \\ 2\,1 \\ \hline 3\,9 \end{array}$ → $\boxed{}$

6 가장 큰 수와 가장 작은 수의 곱은 얼마일까요?

51	3	2	62

( )

7 34×5와 값이 같은 것을 모두 고르세요.

( )

① $34 \times 4 + 5$

② $34 + 34 + 34 + 34 + 34$

③ $34 \times 6 - 34$

④ $30 + 30 + 30 + 30 + 5 + 5 + 5 + 5$

⑤ $30 + 30 + 30 + 4 + 4 + 4 + 4$

8 세 친구가 가지고 있는 바둑돌은 모두 몇 개일까요?

> 윤진: 나는 바둑돌을 20개 가지고 있어.
> 현수: 나는 윤진이가 가지고 있는 바둑돌 수의 3배를 가지고 있어.
> 민호: 나는 현수가 가지고 있는 바둑돌 수의 2배를 가지고 있어.

( )

9 ☐ 안에 알맞은 수를 써넣으세요.

$$80 \times 3 = 60 \times \boxed{}$$

10 곱이 가장 큰 것을 찾아 기호를 써 보세요.

> ㉠ 29×4 ㉡ 16×9 ㉢ 24×5

( )

11 토마토 180개를 한 상자에 42개씩 4상자에 담았습니다. 상자에 담고 남은 토마토는 몇 개일까요?

( )

12 ㉠과 ㉡의 차를 구해 보세요.

> ㉠ 13의 8배
> ㉡ $13+13+13$

( )

13 3종류의 모양 조각을 각각 12개씩 사용하여 만든 무늬입니다. 채린이가 이 무늬를 6개 만들었다면 사용한 모양 조각은 모두 몇 개일까요?

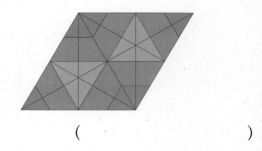

( )

14 어느 공장에서 지우개를 1분에 3상자를 만듭니다. 한 상자에 지우개가 27개 들어 있을 때 이 공장에서 9분 동안 만들 수 있는 지우개는 모두 몇 개일까요?

( )

15 ☐ 안에 알맞은 수를 써넣으세요.

$$
\begin{array}{r}
3\ \boxed{} \\
\times\ \quad 4 \\
\hline
\boxed{}\ 5\ 6
\end{array}
$$

16 길이가 18 cm인 색 테이프 5장을 6 cm씩 겹치게 이어 붙였습니다. 이어 붙인 색 테이프의 전체 길이는 몇 cm일까요?

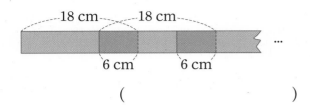

( )

17 수 카드 중에서 3장을 골라 한 번씩만 사용하여 (몇십몇)×(몇)의 곱셈식을 만들어 곱을 구하려고 합니다. 가장 작은 곱을 구해 보세요.

4 7 8 5

( )

18 ☐ 안에 들어갈 수 있는 수 중에서 가장 큰 수를 구해 보세요.

28×3＞15×☐

( )

19 어떤 수에 6을 곱해야 할 것을 잘못하여 **뺐**더니 38이 되었습니다. 바르게 계산하면 얼마인지 풀이 과정을 쓰고 답을 구해 보세요.

풀이

답

20 도로 한쪽에 처음부터 끝까지 7 m 간격으로 나무를 심었습니다. 도로 한쪽에 심은 나무가 28그루라면 도로의 길이는 몇 m인지 풀이 과정을 쓰고 답을 구해 보세요.(단, 나무의 두께는 생각하지 않습니다.)

풀이

답

4

5 길이와 시간

운동선수들은 42.195 km를 2시간 10분, 100 m를 10초에 달려.

**나는 집에서 학교까지
가는 데 얼마나 걸릴까?**

길이와 시간에 따라 알맞은 단위가 필요해!

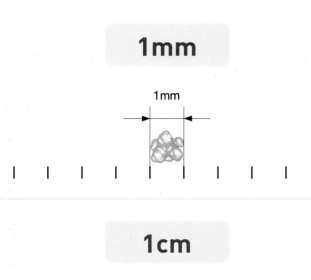

1mm

1초

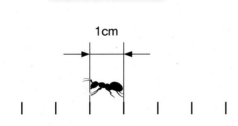

1cm

1분

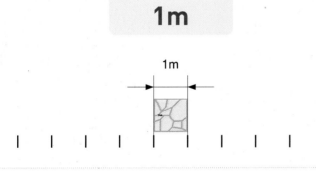

1m

1시간

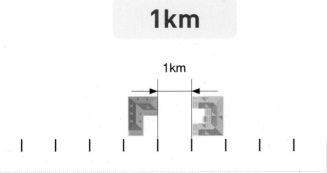

1km

1일

1 1 cm보다 작은 단위를 알아볼까요

개념
강의

● **1 cm보다 작은 단위 알아보기**

1 cm를 10칸으로 똑같이 나누었을 때 작은 눈금 한 칸의 길이를 **1 mm**라 쓰고 **1 밀리미터**라고 읽습니다.

$$1\,cm = 10\,mm$$

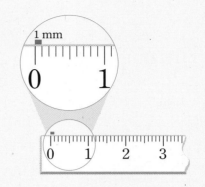

● **몇 cm 몇 mm 알아보기**

13 cm보다 5 mm 더 긴 것을 **13 cm 5 mm**라 쓰고 **13 센티미터 5 밀리미터**라고 읽습니다.

• 135 mm = 130 mm + 5 mm
= 13 cm 5 mm

$$13\,cm\,5\,mm = 135\,mm$$

cm		mm	쓰기	읽기
십	일	일		
1	3	5	13 cm 5 mm 135 mm	13 센티미터 5 밀리미터 135 밀리미터

1 cm보다 작은 단위의 필요성

클립의 정확한 길이를 재기 위해서 cm보다 작은 단위가 필요합니다. 클립의 정확한 길이는 28 mm입니다.

m, cm, mm의 관계

1 cm = 10 mm
↓
1 m = 100 cm
　　 = 1000 mm

---

1 그림을 보고 ☐ 안에 알맞게 써넣으세요.

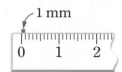

(1) 1 cm를 10칸으로 똑같이 나눈 작은 눈금 한 칸의 길이는 ☐ mm입니다.

(2) 1 cm는 ☐ mm와 같습니다.

(3) 1 mm는 ☐☐☐☐ (이)라고 읽습니다.

2 크레파스의 길이를 알아보세요.

(1) 크레파스의 길이는 4 cm보다 몇 mm 더 길까요?

(　　　　　　)

(2) 크레파스의 길이는 몇 cm 몇 mm일까요?

(　　　　　　)

(3) 크레파스의 길이는 몇 mm일까요?

(　　　　　　)

3 길이를 써 보세요.

6 cm 5 mm

4 길이를 읽어 보세요.

(1) 7 cm 9 mm

➡ (   )

(2) 48 mm

➡ (   )

5 빈칸에 알맞은 수를 써넣으세요.

cm		mm	쓰기
십	일	일	
1	3	3	_____ mm = 13 cm 3 mm
2	0	4	204 mm = _____ cm _____ mm
	8	6	_____ mm = _____ cm _____ mm

6 주어진 길이만큼 자로 선을 그어 보세요.

4 cm 8 mm

7 못의 길이를 써 보세요.

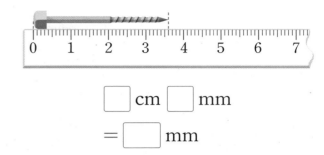

☐ cm ☐ mm

= ☐ mm

8 보기 에서 알맞은 단위를 골라 써넣으세요.

보기
cm   mm   m

(1) 교실 책상의 가로 길이 ➡ 60 ☐

(2) 동화책의 두께 ➡ 60 ☐

9 ☐ 안에 알맞은 수를 써넣으세요.

(1) 6 mm + ☐ mm = 1 cm

(2) 15 mm + ☐ mm = 2 cm

② 1 m보다 큰 단위를 알아볼까요

● 1 m보다 큰 단위 알아보기

1000 m를 **1 km**라 쓰고 **1 킬로미터**라고 읽습니다.

$1\overset{①}{\underset{②③}{\text{km}}}$

km	m			쓰기	읽기
일	백	십	일		
1	0	0	0	1 km 1000 m	1 킬로미터 1000 미터

● 몇 km 몇 m 알아보기

2 km보다 800 m 더 긴 것을 **2 km 800 m**라 쓰고 **2 킬로미터 800 미터**라고 읽습니다.

km	m			쓰기	읽기
일	백	십	일		
2	8	0	0	2 km 800 m 2800 m	2 킬로미터 800 미터 2800 미터

개념➕ **길이 단위 사이의 관계 알아보기**

1 km = 1000 m		1 km = 1000 m
1 m = 100 cm	➡	= 100000 cm
1 cm = 10 mm		= 1000000 mm

---

1 km는 어느 정도의 길이인지 알아보기

$\boxed{1 \text{ km}}$

➡ ┌ 100 m가 10번인 길이
　 │ 10 m가 100번인 길이
　 └ 1 m가 1000번인 길이

2 km 800 m
= 2000 m + 800 m
= 2800 m

---

1 수직선을 보고 ☐ 안에 알맞은 수를 써넣으세요.

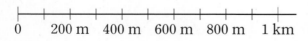

0　200 m　400 m　600 m　800 m　1 km

(1) 눈금 한 칸의 크기는 ☐ m입니다.

(2) 100 m씩 10번 뛰어 세면 ☐ km입니다.

(3) 900 m에서 100 m 더 간 곳은 ☐ km입니다.

2 도서관에서 공원까지의 거리를 알아보세요.

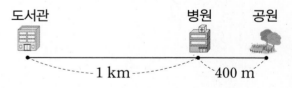

도서관　　　　　　병원　공원

1 km　　　400 m

(1) 도서관에서 공원까지의 거리는 1 km보다 ☐ m 더 깁니다.

(2) 1 km보다 400 m 더 긴 것을 ☐ km ☐ m라고 씁니다.

(3) 1 km 400 m = ☐ m

3 ☐ 안에 알맞게 써넣으세요.

(1) 1 m 자로 1000번을 잰 길이는

☐ m입니다.

(2) 1 m 자로 1000번을 잰 길이는 ☐ km

이고 1 ☐ (이)라고 읽습니다.

4 ☐ 안에 알맞은 수를 써넣으세요.

km	m		
일	백	십	일
3	3	0	0

☐ km ☐ m = ☐ m

5 ☐ 안에 알맞은 수를 써넣고 읽어 보세요.

(1) 9 km보다 600 m 더 먼 거리

➡ ☐ km ☐ m

( )

(2) 3 km보다 5 m 더 먼 거리

➡ ☐ km ☐ m

( )

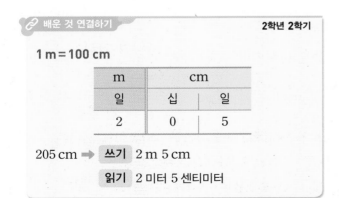

배운 것 연결하기   2학년 2학기

1 m = 100 cm

m	cm	
일	십	일
2	0	5

205 cm ➡ 쓰기 2 m 5 cm

읽기 2 미터 5 센티미터

6 수직선을 보고 ☐ 안에 알맞은 수를 써넣으세요.

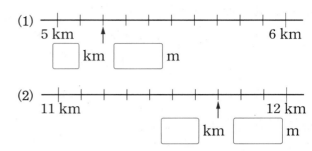

(1)

5 km   6 km

☐ km ☐ m

(2)

11 km   12 km

☐ km ☐ m

7 ☐ 안에 알맞은 수를 써넣으세요.

(1) 4000 m = ☐ km

(2) 8 km 800 m = 8 km + 800 m

= ☐ m + 800 m

= ☐ m

(3) 7100 m = ☐ m + ☐ m

= ☐ km + ☐ m

= ☐ km ☐ m

8 ☐ 안에 알맞은 수를 써넣으세요.

(1) 600 m + ☐ m = 1 km

(2) 50 m + ☐ m = 1 km

3 길이와 거리를 어림하고 재어 볼까요

● **길이를 어림하고 재어 보기**

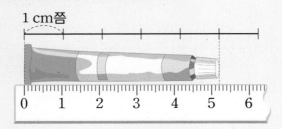

1 cm쯤

1 cm가 5번쯤이므로 약 5 cm로 어림합니다.

물건	어림한 길이	잰 길이
물감	약 5 cm	5 cm 2 mm

● **알맞은 단위 선택하기**

단위의 크기를 생각하여 알맞은 단위를 선택합니다.

약 130 mm   약 130 cm   약 130 m   약 130 km

● **거리 어림하기**

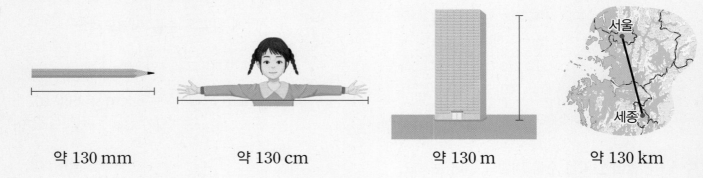

약 500 m

학교   문구점   서점   도서관   공원

• 학교에서 약 1 km 떨어져 있는 곳은 서점입니다. ──▶ 학교에서 문구점까지 거리의 2배쯤 됩니다.

• 학교에서 약 1 km 500 m 떨어져 있는 곳은 도서관입니다. ──▶ 학교에서 문구점까지 거리의 3배쯤 됩니다.

• 학교에서 공원까지의 거리는 약 2 km입니다. ──▶ 학교에서 문구점까지 거리의 4배쯤 됩니다.

개념✚ 거리와 시간의 관계

1시간 동안 10 km를 가는 빠르기로 일정하게 갈 때 시간에 따른 거리

시간	1시간	1시간 30분	2시간	2시간 30분	…
거리	10 km	15 km	20 km	25 km	…

확인 !

• 길이가 195 mm쯤 되는 것은 (건빵 , 필통 , 전봇대)입니다.

• 길이가 13 cm 8 mm쯤 되는 것은 (휴대전화 , 버스 , 교실 칠판)입니다.

1 머리핀의 길이를 어림하고 확인해 보세요.

(1)
├──┤ 1 cm

1 cm가 4번쯤 들어갈 것으로 생각하여
약 ☐ cm라고 어림했습니다.

(2)

자로 재어 보면 ☐ cm ☐ mm입니다.

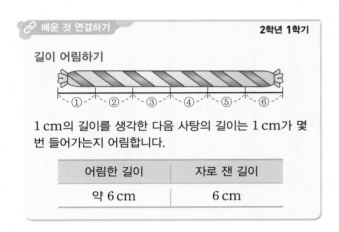

🔗 배운 것 연결하기   **2학년 1학기**

길이 어림하기

1 cm의 길이를 생각한 다음 사탕의 길이는 1 cm가 몇 번 들어가는지 어림합니다.

어림한 길이	자로 잰 길이
약 6 cm	6 cm

2 집에서 경찰서까지의 거리를 어림해 보세요.

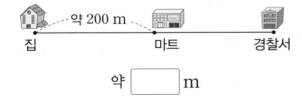

약 ☐ m

3 길이가 1 km보다 긴 것은 어느 것일까요?

(   )

① 책상의 높이   ② 냉장고의 높이

③ 지리산의 높이   ④ 버스의 길이

⑤ 5층 건물의 높이

4 알맞은 단위를 찾아 ☐ 안에 써넣으세요.

cm   m   km

(1)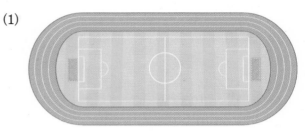

운동장 한 바퀴의 길이는 약 400 ☐ 입니다.

(2)

산책로 한 바퀴의 길이는 약 4 ☐ 입니다.

5 보기 에서 주어진 길이를 골라 문장을 완성해 보세요.

> **보기**
> 4 mm   1 m 84 cm   1 km 600 m

(1) 삼촌의 키는 약 ☐ 입니다.

(2) 촛불 심지의 길이는 약 ☐ 입니다.

(3) 서울역에서 서울특별시청까지의 거리는 약 ☐ 입니다.

5

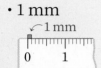

1 1 mm 알아보기

・1 mm

1 cm = 10 mm

・3 cm보다 5 mm 더 긴 것
쓰기 3 cm 5 mm(= 35 mm)
읽기 3 센티미터 5 밀리미터

1 연필심의 길이를 나타내기에 가장 알맞은 단위에 ○표 하세요.

(mm , cm , m)

2 길이를 자로 재어 보세요.

☐ cm ☐ mm = ☐ mm

3 같은 길이를 찾아 이어 보세요.

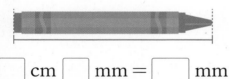

3 cm 5 mm ・   ・ 50 mm

13 cm ・   ・ 35 mm

5 cm ・   ・ 130 mm

4 ☐ 안에 알맞은 수를 써넣으세요.

(1) 10 mm + ☐ mm = 3 cm

(2) 35 mm + ☐ mm = 7 cm

5 색 테이프의 길이는 몇 cm 몇 mm일까요?

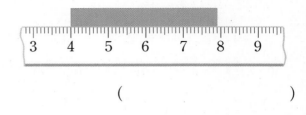

(   )

서술형
6 틀린 문장을 찾아 기호를 쓰고 바르게 고쳐 보세요.

㉠ 18 cm는 108 mm입니다.
㉡ 45 mm는 4 cm 5 mm입니다.
㉢ 24 cm는 240 mm입니다.

틀린 문장 ＿＿＿＿＿＿＿＿

바르게 고치기 ＿＿＿＿＿＿＿＿

2 1 km 알아보기

・1000 m = 1 km
・5 km보다 300 m 더 긴 것
쓰기 5 km 300 m(= 5300 m)
읽기 5 킬로미터 300 미터

7 km 단위로 길이를 나타내기 알맞은 것에 ○표 하세요.

인천에서 대전까지의 거리

교실에서 교문까지의 거리

(   )   (   )

8 ☐ 안에 알맞은 수를 써넣으세요.

(1) 1 km보다 300 m 더 먼 거리

→ ☐ km ☐ m

(2) 4 km보다 810 m 더 먼 거리

→ ☐ m

9 빈칸에 알맞게 써넣으세요.

1 km	
500 m	500 m
800 m	☐
400 m	☐

10 수직선을 보고 ☐ 안에 알맞은 수를 써넣으세요.

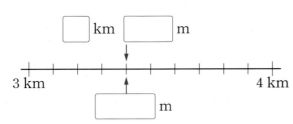

☐ km ☐ m

3 km 4 km

☐ m

11 보기 에서 알맞은 단위를 골라 써넣으세요.

보기
cm   m   km

(1) 버스의 길이는 12 ☐ 입니다.

(2) 공책 긴 쪽의 길이는 26 ☐ 입니다.

(3) 성호네 집에서 은행까지의 거리는
2 ☐ 입니다.

12 집에서 병원을 지나 도서관까지의 거리는 몇 km일까요?

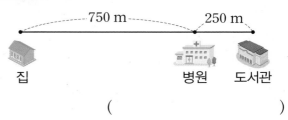

(   )

13 길이가 긴 것부터 차례로 기호를 써 보세요.

㉠ 2 km 30 m	㉡ 3002 m
㉢ 3 km	㉣ 2300 m

(   )

14 ☐ 안에 알맞은 수를 써넣으세요.

8 km 8 m 8 cm

= ☐ m ☐ cm

= ☐ cm

15 유미네 집에서 공원까지의 거리는 2050 m 이고, 유미네 집에서 도서관까지의 거리는 2 km 110 m입니다. 공원과 도서관 중 유미네 집에서 더 가까운 곳은 어디인지 풀이 과정을 쓰고 답을 구해 보세요.

풀이

답

3 길이와 거리를 어림하고 재어 보기

- 물건의 길이 어림하고 재어 보기
  1 cm가 4번쯤이면 약 4 cm로 어림합니다.
- 알맞은 단위 선택하기
  1 cm = 10 mm, 1 m = 100 cm,
  1 km = 1000 m임을 알고 알맞은 단위를 선택
  합니다.

16 알맞은 단위에 ○표 하세요.

(1) 머리핀의 길이는
  약 60 (m , cm , mm)입니다.

(2) 자전거로 5분 동안 갈 수 있는 거리는
  약 2 (km , m , cm)입니다.

17 주어진 길이를 골라 문장을 완성해 보세요.

  | 1 m 20 cm | 120 mm | 3 km 100 m |

(1) 산책로의 길이는
  약 [ ]입니다.

(2) 식탁의 높이는 약 [ ]입니다.

(3) 연필의 길이는 약 [ ]입니다.

18 길이의 단위를 잘못 사용한 친구를 찾아 이름을 쓰고, 밑줄 친 부분을 바르게 고쳐 보세요.

> 선우: 여기 좀 봐! 어제 비가 와서 그런지
> <u>약 20 km</u>나 되는 지렁이가 많이 보여.
> 지민: 정말 길다. 이쪽에 개미집도 있나 봐.
> <u>4 mm</u> 정도의 개미들이 줄지어 개미
> 집으로 들어가고 있어.

  이름 ....

  바르게 고치기 ....

[19~20] 수호네 집에서 주변에 있는 장소까지의 거리를 나타낸 것입니다. 물음에 답하세요.

19 수호네 집에서 병원까지의 거리는 약 500 m입니다. 수호네 집에서 학교까지의 거리는 약 몇 m일까요?

  약 ( )

20 병원에서 약 1 km 떨어진 곳에 있는 건물을 모두 써 보세요.

  ( )

21 세은이가 집에서부터 50분 동안 걸으면 은행에 도착합니다. 세은이가 1분에 약 40 m를 걷는다면 은행은 집에서 약 몇 km 떨어져 있는지 구해 보세요.

(1) 세은이가 5분 동안 걷는 거리는 약 몇 m일까요?

  약 ( )

(2) 세은이가 50분 동안 걷는 거리는 약 몇 m일까요?

  약 ( )

(3) 은행은 집에서 약 몇 km 떨어져 있을까요?

  약 ( )

4 길이의 합과 차 구하기

길이의 합	길이의 차
같은 단위끼리 더합니다.	같은 단위끼리 뺍니다.
$\overset{1}{4}$ cm 5 mm $+\ 3$ cm 7 mm $\overline{8\ \text{cm}\ 2\ \text{mm}}$	$\overset{8}{9}$ km $\overset{1000}{200}$ m $-\ 3$ km 500 m $\overline{5\ \text{km}\ 700\ \text{m}}$
10 mm = 1 cm임을 이용하여 받아올림하여 계산합니다.	1 km = 1000 m임을 이용하여 받아내림하여 계산합니다.

22 계산해 보세요.

(1)
$$\begin{array}{r} 2\ \text{cm}\ 8\ \text{mm} \\ +\ 1\ \text{cm}\ 6\ \text{mm} \\ \hline \boxed{}\ \text{cm}\ \boxed{}\ \text{mm} \end{array}$$

(2)
$$\begin{array}{r} 5\ \text{cm}\ 1\ \text{mm} \\ -\ 2\ \text{cm}\ 5\ \text{mm} \\ \hline \boxed{}\ \text{cm}\ \boxed{}\ \text{mm} \end{array}$$

(3) 3 km 500 m + 2 km 700 m

$$=\boxed{}\ \text{km}\ \boxed{}\ \text{m}$$

(4) 8 km 300 m − 1 km 900 m

$$=\boxed{}\ \text{km}\ \boxed{}\ \text{m}$$

23 두 길이의 합은 몇 cm일까요?

4 cm 8 mm	22 mm

( )

24 종현이가 할머니 댁에 가려면 지하철, 버스를 타고 걸어야 합니다. 다음은 지하철, 버스를 탄 거리와 걸은 거리입니다. 종현이네 집에서 할머니 댁까지의 거리는 몇 km 몇 m일까요?

> 지하철을 탄 거리: 20 km 550 m
> 버스를 탄 거리: 43 km
> 걸은 거리: 1050 m

( )

창의 ➕

25 어느 지역의 둘레길 지도입니다. 4코스 길과 5코스 길을 이어 걸었을 때의 거리는 어느 코스 길을 걸었을 때의 거리와 같을까요?

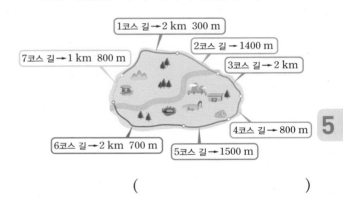

1코스 길 → 2 km 300 m
2코스 길 → 1400 m
7코스 길 → 1 km 800 m
3코스 길 → 2 km
4코스 길 → 800 m
6코스 길 → 2 km 700 m
5코스 길 → 1500 m

( )

26 초록색 테이프의 길이는 19 cm 2 mm이고 주황색 테이프의 길이는 초록색 테이프보다 2 cm 3 mm 더 짧습니다. 초록색 테이프와 주황색 테이프의 길이의 합은 몇 cm 몇 mm 일까요?

( )

4 1분보다 작은 단위를 알아볼까요

개념
강의

● 1초 알아보기

초침이 작은 눈금 한 칸을 가는 데 걸리는 시간은 **1초**입니다.

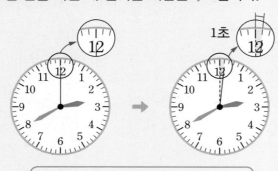

작은 눈금 한 칸 = **1초**

● 60초 알아보기

초침이 작은 눈금 60칸을 가는 데 걸리는 시간은 **60초**입니다.

➡ 초침이 한 바퀴를 도는 동안 분침은 작은 눈금 한 칸을 움직입니다.

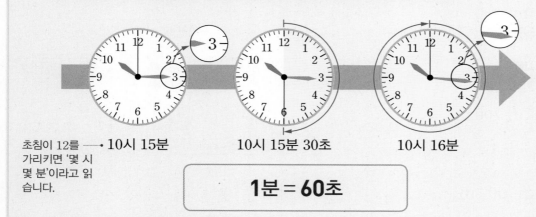

초침이 12를 가리키면 '몇 시 몇 분'이라고 읽습니다.

10시 15분   10시 15분 30초   10시 16분

1분 = 60초

● 시간을 몇 분 몇 초와 몇 초로 나타내기

1분보다 30초 더 걸린 시간은 1분 30초입니다.

1분은 60초이므로 1분 30초는 90초로 나타낼 수 있습니다.

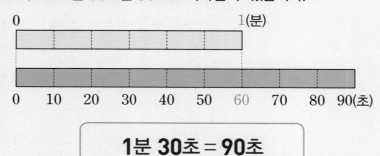

1분 30초 = 90초

시계에 있는 여러 가지 바늘

짧은바늘 ➡ '시'를 나타내는 시침
긴바늘 ➡ '분'을 나타내는 분침
초바늘 ➡ '초'를 나타내는 초침

초침이 나타내는 시각

분침을 읽는 것처럼 초침이 움직인 작은 눈금 수를 세어 읽습니다.

시간을 분과 초로 나타내기

· 70초
= 60초＋10초
= 1분＋10초
= 1분 10초

· 1시간
= 60분
= 3600초 ↘ ×60

· 하루
= 24시간 ↘ ×60
= 1440분 ↘ ×60
= 86400초 ↙

1 알맞은 말에 ○표 하세요.

(1)

초침이 작은 눈금 한 칸을 가는 데
걸리는 시간은 (1초 , 1분)입니다.

(2)

초침이 시계를 한 바퀴 도는 데 걸리는 시간은 (1초 , 1분)입니다.

2 1초 동안 할 수 있는 일을 모두 찾아 ○표 하세요.

박수 한 번 치기	
운동장 한 바퀴 돌기	
눈 한 번 깜박이기	

3 시계에서 초침이 각 숫자를 가리키면 몇 초를 나타내는지 빈칸에 알맞은 수를 써넣으세요.

4 시각을 읽어 보세요.

(1)
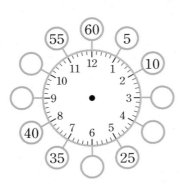

☐시 ☐분 ☐초

(2) `11:15:40`

☐시 ☐분 ☐초

5 시각에 맞게 초침을 그려 넣으세요.

(1) 7시 47분 35초

(2) 2시 35분 8초

6 ☐ 안에 알맞은 수를 써넣으세요.

(1) 1분 50초 = ☐초 + 50초
　 = ☐초

(2) 140초 = 60초 + ☐초 + 20초
　 = ☐분 ☐초

7 시간을 비교하여 ○ 안에 >, =, < 중 알맞은 것을 써넣으세요.

(1) 2분 ○ 100초

(2) 250초 ○ 4분 10초

5 시간의 덧셈을 해 볼까요

● **받아올림이 없는 시간의 덧셈**

시는 시끼리, 분은 분끼리, 초는 초끼리 더합니다.

$$\begin{array}{r} 31분\ 22초 \\ +\ 24분\ \ 9초 \\ \hline 55분\ 31초 \end{array}$$

$$\begin{array}{r} 2시\ 10분\ 10초 \\ +\quad\ 5분\ 24초 \\ \hline 2시\ 15분\ 34초 \end{array}$$

● **받아올림이 있는 시간의 덧셈**

같은 단위끼리 더하고 60초 = 1분, 60분 = 1시간임을 이용하여 받아올림하여 계산합니다.

$$\begin{array}{r} 11분\ 40초 \\ +\ \ 6분\ 50초 \\ \hline 17분\ 90초 \\ +1분 \leftarrow -60초 \\ \hline 18분\ 30초 \end{array}$$

$$\begin{array}{r} 2시\ \ 25분\ 36초 \\ +\ 5시간\ 55분\ 21초 \\ \hline 7시\ \ 80분\ 57초 \\ +1시간 \leftarrow -60분 \\ \hline 8시\ \ 20분\ 57초 \end{array}$$

서로 다른 단위끼리 계산하지 않도록 주의합니다.

~~$\begin{array}{r} 2시\ 10분 \\ +\ 10분\ 31초 \\ \hline 12시\ 41분 \end{array}$~~

시간의 덧셈
• (시각)+(시간) = (시각)
➡ 2시 30분+1시간
= 3시 30분
• (시간)+(시간) = (시간)
➡ 1시간+1시간 = 2시간

오전과 오후 알아보기

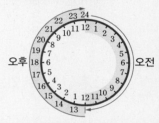

오후 1시를 13시, 오후 2시를 14시, …라고도 합니다.

확인!

● 시는 시끼리, 분은 분끼리, 초는 □끼리 더합니다.

$$\begin{array}{r} 2시간\ \ 40\ 분\ \ 30\ 초 \\ +\ 1시간\ \ 10\ 분\ \ 20\ 초 \\ \hline 3시간\ \ \boxed{\ }\ 분\ \ \boxed{\ }\ 초 \end{array}$$

---

1 시간의 덧셈을 알아보세요.

$$\begin{array}{r} 17\ 분\ \ 30\ 초 \\ +\ 22\ 분\ \ 14\ 초 \\ \hline \boxed{\ }\ 분\ \boxed{\ }\ 초 \end{array}$$

① 초 단위끼리의 계산
➡ 30 + 14 = $\boxed{\ }$ (초)

② 분 단위끼리의 계산
➡ 17 + 22 = $\boxed{\ }$ (분)

2 □ 안에 알맞은 수를 써넣으세요.

$$\begin{array}{r} 14\ 분\ \ 55\ 초 \\ +\ 36\ 분\ \ \ 9\ 초 \\ \hline \boxed{\ }\ 분\ \boxed{\ }\ 초 \\ +1\ 분 \leftarrow -60\ 초 \\ \hline \boxed{\ }\ 분\ \boxed{\ }\ 초 \end{array}$$

55초에 9초를 더하면 60초가 넘으므로 60초를 $\boxed{\ }$ 분으로 받아올림합니다.

3 ☐ 안에 알맞은 수를 써넣으세요.

(1)
```
      1 시     25 분     24 초
 +    4 시간   18 분     25 초
    ┌──┐시  ┌──┐분  ┌──┐초
```

(2) 2시간 41초 + 12시간 38분 5초
= ☐ 시간 ☐ 분 ☐ 초

4 ☐ 안에 알맞은 수를 써넣으세요.

```
   7 시 30분   54 초
 +              6 초
 ┌──┐시 30분 ┌──┐초 ➡ ┌──┐시 ┌──┐분
```

5 ☐ 안에 알맞은 수를 써넣으세요.

(1)
```
      3 시     25 분     13 초
 +    4 시간   46 분     35 초
      7 시  ┌──┐분  ┌──┐초
         +1 시간 ← ─┌──┐분
    ┌──┐시  ┌──┐분  ┌──┐초
```

(2)
```
      6 시간   52 분     39 초
 +    2 시간   25 분     50 초
      8 시간 ┌──┐분 ┌──┐초
              +1 분←─┌──┐초
       +┌──┐시간 ← ─60분
    ┌──┐시간 ┌──┐분 ┌──┐초
```

6 지금 시각은 1시 8분입니다. 민우가 탈 버스는 5분 50초 후에 도착합니다. 민우가 탈 버스가 도착하는 시각을 구해 보세요.

```
      1 시     8 분
 +             5 분     50 초
    ┌──┐시  ┌──┐분  ┌──┐초
```

7 유하가 집에서 학교까지 가는 데 13분 27초가 걸렸습니다. 유하가 학교에 도착한 시각을 구해 보세요.

출발 시각

```
      8 시     10 분  ┌──┐초
 +          ┌──┐분     27 초
    ┌──┐시  ┌──┐분  ┌──┐초
```

8 승현이는 2시 4분 53초에 도서관에 들어가서 1시간 17분 뒤에 나왔습니다. 승현이가 도서관에서 나온 시각은 몇 시 몇 분 몇 초인지 구해 보세요.

(   )

9 ☐ 안에 알맞은 수를 써넣으세요.

☐ 시간 ☐ 분 ☐ 초

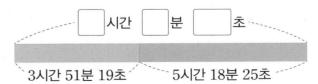

3시간 51분 19초   5시간 18분 25초

6 시간의 뺄셈을 해 볼까요

● **받아내림이 없는 시간의 뺄셈**

시는 시끼리, 분은 분끼리, 초는 초끼리 뺍니다.

$$
\begin{array}{rr}
10\text{분} & 40\text{초} \\
- \quad 6\text{분} & 14\text{초} \\
\hline
4\text{분} & 26\text{초}
\end{array}
$$

$$
\begin{array}{rrr}
11\text{시} & 12\text{분} & 20\text{초} \\
- \quad 5\text{시} & 3\text{분} & 15\text{초} \\
\hline
6\text{시간} & 9\text{분} & 5\text{초}
\end{array}
$$

시간의 뺄셈
- (시각)−(시간) = (시각)
  ➡ 3시 30분−1시간 = 2시 30분
- (시간) − (시간) = (시간)
  ➡ 2시간 − 1시간 = 1시간
- (시각) − (시각) = (시간)
  ➡ 3시 30분 − 2시 30분 = 1시간

● **받아내림이 있는 시간의 뺄셈**

같은 단위끼리 빼고 1분 = 60초, 1시간 = 60분임을 이용하여 받아내림하여 계산합니다.

1분 = 60초이므로 60을 받아내림합니다.

$$
\begin{array}{rr}
\overset{9}{\cancel{10}}\text{분} & \overset{60}{30}\text{초} \\
- \quad 6\text{분} & 40\text{초} \\
\hline
3\text{분} & 50\text{초}
\end{array}
$$

1시간 = 60분이므로 60을 받아내림합니다.

$$
\begin{array}{rrr}
\overset{9}{\cancel{10}}\text{시} & \overset{60}{15}\text{분} & 45\text{초} \\
- \quad 8\text{시간} & 20\text{분} & 12\text{초} \\
\hline
1\text{시} & 55\text{분} & 33\text{초}
\end{array}
$$

확인!

- 시는 시끼리, 분은 ☐끼리, 초는 초끼리 뺍니다.

$$
\begin{array}{rrr}
5\text{시간} & 30\text{분} & 40\text{초} \\
- \quad 2\text{시간} & 20\text{분} & 10\text{초} \\
\hline
3\text{시간} \quad \boxed{}\text{분} & \boxed{}\text{초}
\end{array}
$$

1 시간의 뺄셈을 알아보세요.

$$
\begin{array}{rr}
45\text{분} & 52\text{초} \\
- \quad 13\text{분} & 16\text{초} \\
\hline
\boxed{}\text{분} & \boxed{}\text{초}
\end{array}
$$

① 초 단위끼리의 계산
➡ 52 − 16 = ☐ (초)

② 분 단위끼리의 계산
➡ 45 − 13 = ☐ (분)

2 ☐ 안에 알맞은 수를 써넣으세요.

$$
\begin{array}{rr}
\boxed{} & \boxed{} \\
57\text{분} & 30\text{초} \\
- \quad 42\text{분} & 50\text{초} \\
\hline
\boxed{}\text{분} & \boxed{}\text{초}
\end{array}
$$

30초에서 50초를 뺄 수 없으므로 57분에서 1분 = ☐초를 받아내림합니다.

3 ☐ 안에 알맞은 수를 써넣으세요.

(1)
```
    19 시    47 분    50 초
 -   8 시간   15 분    34 초
   ┌──┐ 시  ┌──┐ 분  ┌──┐ 초
```

(2) 10시간 45분 55초 - 6시간 28분
= ☐ 시간 ☐ 분 ☐ 초

4 열차의 출발 시각과 도착 시각을 나타낸 표입니다. 열차가 이동한 시간을 구해 보세요.

출발 시각	도착 시각
8시 14초	10시 30분 51초

```
    10 시    30 분    51 초
 -   8 시            14 초
   ┌──┐시간 ┌──┐분  ┌──┐초
```

5 ☐ 안에 알맞은 수를 써넣으세요.

(1)
```
   ┌──┐     ┌──┐
    12 시    29 분    25 초
 -   4 시간   36 분    13 초
   ┌──┐ 시  ┌──┐ 분  ┌──┐ 초
```

(2)
```
            ┌──┐
   ┌──┐    ┌──┐    ┌──┐
    8 시    25 분    16 초
 -   4 시    30 분    23 초
   ┌──┐시간 ┌──┐분  ┌──┐초
```

6 지금 시각은 2시 25분 4초입니다. ☐ 안에 알맞은 수를 써넣고 35분 전의 시각을 시계에 그려 보세요.

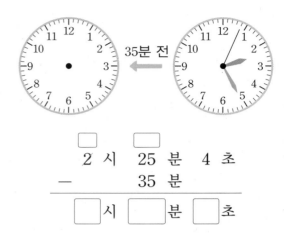

35분 전

```
   ┌──┐     ┌──┐
    2 시    25 분    4 초
 -           35 분
   ┌──┐ 시  ┌──┐ 분  ┌──┐ 초
```

7 ☐ 안에 알맞은 수를 써넣으세요.

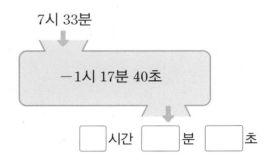

7시 33분

-1시 17분 40초

☐ 시간 ☐ 분 ☐ 초

8 정아가 공부를 시작한 시각과 끝낸 시각입니다. 공부한 시간은 몇 시간 몇 분 몇 초인지 구해 보세요.

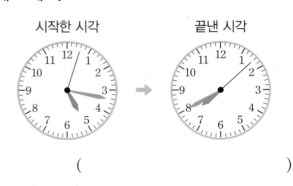

시작한 시각   끝낸 시각

(   )

9 ☐ 안에 알맞은 수를 써넣으세요.

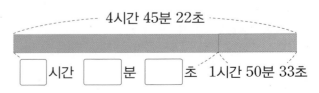

4시간 45분 22초

☐ 시간 ☐ 분 ☐ 초   1시간 50분 33초

5 1분보다 작은 단위

• 1초: 초침이 작은 눈금 한 칸을 가는 데 걸리는 시간

• 60초: 초침이 작은 눈금 60칸을 가는 데 걸리는 시간

$$1분 = 60초$$

27 시각을 읽어 보세요.

(1)

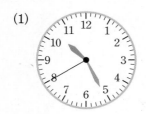

□시 □분 □초

(2)

□시 □분 □초

28 지우와 민수 중 시각을 바르게 읽은 사람은 누구일까요?

지우: 8시 12분 29초야.

민수: 8시 12분 54초인 것 같은데.

(   )

29 알맞은 단위를 찾아 □ 안에 써넣으세요.

| 시간 | 분 | 초 |

(1) 하루에 잠을 자는 시간 ➡ 8 □

(2) 물 한 컵을 마시는 시간 ➡ 15 □

(3) 점심 식사를 하는 시간 ➡ 25 □

30 시각에 맞게 초침을 그려 넣으세요.

6 초와 분 사이의 관계

초 단위로 바꿀 때 분을 60초, 120초, 180초, 240초, 300초, 360초, …로 바꾸어 초 단위와 더합니다.

$$3분 20초 = 180초 + 20초 = 200초$$

31 □ 안에 알맞은 수를 써넣으세요.

(1) 2분 20초 = □ 초

(2) 250초 = □ 분 □ 초

32 □ 안에 알맞은 수를 써넣으세요.

(1) 1분은 1초의 □ 배입니다.

(2) 1시간은 1분의 □ 배입니다.

33 연재와 주린이의 피아노 연주 시간입니다. ☐ 안에 알맞은 수를 써넣으세요.

이름	연주 시간
연재	430초 = ☐ 분 ☐ 초
주린	☐ 초 = 6분 30초

서술형
34 ☐ 안에 알맞은 수가 더 큰 것의 기호를 쓰려고 합니다. 풀이 과정을 쓰고 답을 구해 보세요.

- 3분 ㉠ 초 = 220초
- 170초 = 2분 ㉡ 초

풀이 ....

....

....

답 ....

---

7 시간의 덧셈

같은 단위끼리 더하고 초 단위, 분 단위끼리의 합이 60이거나 60보다 크면 받아올림합니다.

$$
\begin{array}{r}
\overset{1}{2} \text{시} \quad \overset{1}{55} \text{분} \quad 52 \text{초} \\
+ \ 1 \text{시간} \ 42 \text{분} \ 24 \text{초} \\
\hline
4 \text{시} \quad 38 \text{분} \quad 16 \text{초}
\end{array}
$$

1분＋55분＋42분＝98분이므로 60분을 1시간으로 받아올림합니다.

52초＋24초＝76초이므로 60초를 1분으로 받아올림합니다.

35 계산해 보세요.

(1)
$$
\begin{array}{r}
3 \text{시} \ 15 \text{분} \ 30 \text{초} \\
+ \quad\quad 10 \text{분} \ 20 \text{초} \\
\hline
☐\text{시} \ ☐\text{분} \ ☐\text{초}
\end{array}
$$

(2) 2시 5분 25초 ＋ 3시간 30분 15초

＝ ☐ 시 ☐ 분 ☐ 초

---

36 계산에서 잘못된 곳을 찾아 바르게 계산해 보세요.

$$
\begin{array}{r}
3 \text{시} \ 10 \text{분} \\
+ \ 9 \text{분} \ 40 \text{초} \\
\hline
12 \text{시} \ 50 \text{분}
\end{array}
$$

➡ ☐

37 다현이는 놀이공원에 가는 데 지하철을 1시간 24분 50초 동안, 버스를 38분 37초 동안 탔습니다. 다현이가 지하철과 버스를 탄 시간은 몇 시간 몇 분 몇 초인지 구해 보세요.

( )

38 200 m 수영 기록입니다. 2회까지의 기록의 합이 더 **빠른** 사람은 누구일까요?

이름	1회	2회
종하	3분 21초	216초
가영	224초	3분 5초

( )

39 왼쪽 시계는 재경이가 그림 그리기를 시작한 시각입니다. 재경이가 100분 동안 그림을 그렸다면 그림 그리기를 끝낸 시각을 오른쪽 시계에 그려 보세요.

시작한 시각   끝낸 시각

창의 +

40 목장 체험 활동에서 1시간 안에 할 수 있는 두 가지 활동을 골라 쓰고, 참여하는 데 걸리는 시간은 몇 분 몇 초인지 구해 보세요.

활동	먹이 주기	우유 짜기	치즈 만들기	쿠키 만들기
시간	23분	39분 30초	25분 30초	38분

활동 ....

걸리는 시간 ....

8 시간의 뺄셈

같은 단위끼리 빼고 각 단위끼리 뺄 수 없으면 받아내림합니다.

$$
\begin{array}{cccc}
 & 5 & \overset{60}{20} & \overset{60}{60} \\
 & 6\,\text{시} & 21\,\text{분} & 32\,\text{초} \\
- & 2\,\text{시간} & 38\,\text{분} & 54\,\text{초} \\
\hline
 & 3\,\text{시} & 42\,\text{분} & 38\,\text{초}
\end{array}
$$

1시간을 60분으로 받아내림 하여 계산하면
60분+20분−38분=42분

1분을 60초로 받아내림하여 계산하면
60초+32초−54초=38초

41 계산해 보세요.

(1)
$$
\begin{array}{cccccc}
 & 5 & \text{시} & 45 & \text{분} & 40 & \text{초} \\
- & 2 & \text{시간} & 25 & \text{분} & 5 & \text{초} \\
\hline
 & \boxed{} & \text{시} & \boxed{} & \text{분} & \boxed{} & \text{초}
\end{array}
$$

(2) 3시간 10분 50초−1시간 4분 5초

= ☐시간 ☐분 ☐초

42 현수와 다은이의 500 m 달리기 기록의 차는 몇 초인지 구해 보세요.

이름	현수	다은
기록	2분 40초	3분

(   )

43 다음 시각에서 1시간 5분 20초 전의 시각은 몇 시 몇 분 몇 초인지 구해 보세요.

(   )

44 서울역에서 열차를 타고 6시 13분 2초에 출발하여 대구역에 9시 54분 10초에 도착했습니다. 서울역에서 대구역까지 가는 데 걸린 시간은 몇 시간 몇 분 몇 초인지 구해 보세요.

(   )

서술형

45 영화가 시작한 시각과 끝난 시각을 나타낸 것입니다. 영화 상영 시간은 몇 시간 몇 분 몇 초인지 풀이 과정을 쓰고 답을 구해 보세요.

9:50:18 → 12:10:28

시작한 시각   끝난 시각

풀이 ....

....

....

답 ....

46 민수는 수학을 1시간 40분 동안 공부했고, 영어는 수학보다 20분 적게 공부했습니다. 민수가 수학과 영어를 공부한 시간의 합은 몇 시간인지 구해 보세요.

(   )

9 시간의 계산에서 모르는 수 구하기

$$
\begin{array}{rrrr}
& 2\ 시 & 8\ 분 & ㉠\ 초 \\
+ & 4\ 시간 & ㉡\ 분 & 49\ 초 \\
\hline
& 6\ 시 & 23\ 분 & 14\ 초
\end{array}
$$

① ㉠초 + 49초 = 74초, ㉠ = 25
  •(60+14)초

② 1분 + 8분 + ㉡분 = 23분, ㉡ = 14

47 □ 안에 알맞은 수를 써넣으세요.

$$
\begin{array}{rrrr}
& 1\ 시 & 40\ 분 & \boxed{}\ 초 \\
+ & \boxed{}\ 시간 & 40\ 분 & 50\ 초 \\
\hline
& 3\ 시 & \boxed{}\ 분 & 5\ 초
\end{array}
$$

48 □ 안에 알맞은 수를 써넣으세요.

$$
\begin{array}{rrrr}
& \boxed{}\ 시 & 25\ 분 & 10\ 초 \\
- & 2\ 시 & \boxed{}\ 분 & 40\ 초 \\
\hline
& 3\ 시간 & 54\ 분 & \boxed{}\ 초
\end{array}
$$

49 □ 안에 알맞은 수를 써넣으세요.

$$
\begin{array}{rrrr}
& 4\ 시 & 10\ 분 & \boxed{}\ 초 \\
- & \boxed{}\ 시간 & \boxed{}\ 분 & 35\ 초 \\
\hline
& 1\ 시 & 10\ 분 & 55\ 초
\end{array}
$$

10 낮과 밤의 시간 구하기

• 1일 = 24시간 = (낮의 길이) + (밤의 길이)

➡ (낮의 길이) = 24시간 − (밤의 길이)

➡ (밤의 길이) = 24시간 − (낮의 길이)

50 어느 날의 낮의 길이가 11시간 50분 50초였다고 합니다. 이 날의 밤의 길이는 몇 시간 몇 분 몇 초였을까요?

(   )

51 어느 날의 밤의 길이는 10시간 55분 10초였습니다. 이 날의 낮의 길이는 밤의 길이보다 몇 시간 몇 분 몇 초 더 길었을까요?

(   )

서술형
52 다음은 어느 날 두 지역의 낮의 길이입니다. 두 지역의 밤의 길이의 합은 몇 시간 몇 분 몇 초인지 풀이 과정을 쓰고 답을 구해 보세요.

> 가 지역: 12시간 5분 30초
> 나 지역: 11시간 46분 10초

풀이 _____

_____

_____

답 _____

1 시작하는 시각 구하기

심화유형

주석이네 학교는 오전 9시 5분에 1교시를 시작하여 40분 동안 수업을 한 후 10분씩 쉽니다. 4교시 수업은 오전 몇 시 몇 분에 시작할까요?

( )

● 핵심 NOTE   (4교시 수업 시작 시각)=(1교시 수업 시작 시각)+(3교시 동안의 수업 시간과 쉬는 시간)

1-1 윤하 언니네 학교는 오전 8시 55분에 1교시를 시작하여 45분 동안 수업을 한 후 10분씩 쉽니다. 4교시 수업이 끝나면 점심 시간이라고 합니다. 점심 시간은 오후 몇 시 몇 분에 시작할까요?

( )

1-2 민중이네 학교에서 운동회를 합니다. 운동회는 경기 종목마다 차례대로 진행되며 각 경기 시간은 35분으로 같고, 쉬는 시간은 10분씩이라고 합니다. 둘째 경기가 끝났을 때의 시각이 오전 11시 10분이라면 첫째 경기를 시작한 시각은 오전 몇 시 몇 분일까요?

( )

늘어지거나 빨라지는 시계의 시각 구하기

심화유형 2

하루에 10초씩 늘어지는 시계가 있습니다. 오늘 오전 9시에 이 시계를 정확히 맞추어 놓았다면 일주일 후 오전 9시에 이 시계가 가리키는 시각은 오전 몇 시 몇 분 몇 초인지 구해 보세요.

(   )

● 핵심 **NOTE** • 일주일 동안 늘어지는 시간을 구합니다.
  • 실제 시각에서 늘어지는 시간을 뺍니다.

2-1 하루에 8초씩 늘어지는 시계가 있습니다. 오늘 오후 3시에 이 시계를 정확히 맞추어 놓았다면 10일 후 오후 3시에 이 시계가 가리키는 시각은 오후 몇 시 몇 분 몇 초인지 구해 보세요.

(   )

2-2 하루에 40초씩 빨라지는 시계가 있습니다. 오늘 오전 8시 59분에 이 시계를 정확히 맞추어 놓았다면 일주일 후 오전 8시 59분에 이 시계가 가리키는 시각은 오전 몇 시 몇 분 몇 초인지 구해 보세요.

(   )

심화유형 3 거리의 일부분 구하기

㉠에서 ㉡까지의 거리는 몇 km 몇 m인지 구해 보세요.

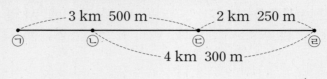

(   )

● 핵심 NOTE   (㉠~㉡까지의 거리)＝(㉠~㉣까지의 거리)－(㉡~㉣까지의 거리)

3-1 ㉢에서 ㉣까지의 거리는 몇 km 몇 m인지 구해 보세요.

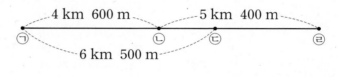

(   )

3-2 ㉠에서 ㉣까지의 거리는 몇 km 몇 m인지 구해 보세요.

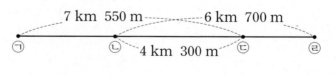

(   )

시간의 단위를 바꾸어 시간 계산하기

통합 교과유형 **4**
수학 ➕ 체육

리듬체조는 리본, 공, 훌라후프, 곤봉 등을 들고 반주 음악의 리듬에 맞추어 신체 율동을 표현하는 여자 체조 경기입니다. 개인경기의 연기 시간은 네 종목 각각 1분에서 1분 30초입니다. 어느 리듬체조 선수가 각 종목별로 연기한 시간이 다음과 같을 때 이 선수가 연기한 시간은 모두 몇 분 몇 초인지 구해 보세요.

리본	공	훌라후프	곤봉
85초	72초	69초	89초

1단계 각 종목별 연기 시간이 몇 분 몇 초인지 구하기

2단계 연기한 시간이 모두 몇 분 몇 초인지 구하기

(   )

● 핵심 NOTE   **1단계** 60초＝1분임을 이용하여 초 단위를 분 단위로 바꾸어 연기한 시간을 구합니다.

                 2단계 시간의 합을 이용하여 전체 연기한 시간을 구합니다.

4-1   리듬체조에서 단체경기는 6명의 선수가 한 팀이 되어 연기합니다. 단체경기의 연기 시간은 2분 30초에서 3분입니다. 어느 리듬체조 팀이 172초의 연기를 끝내고 나니 3시 12분 30초였습니다. 이 팀이 연기를 시작한 시각은 몇 시 몇 분 몇 초인지 구해 보세요.

(   )

단원 평가 Level ❶

점수

확인

1 ☐안에 알맞은 수를 써넣으세요.

(1) 5 km보다 300 m 더 먼 거리

➡ ☐ km ☐ m

(2) 11 km보다 20 m 더 먼 거리

➡ ☐ km ☐ m

2 화살표가 가리키는 곳의 길이를 써 보세요.

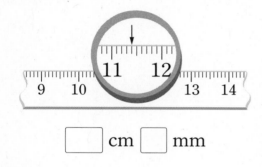

☐ cm ☐ mm

3 10초 동안 할 수 있는 일로 알맞은 것을 찾아 기호를 써 보세요.

> ㉠ 밥 먹기 ㉡ 잠자기
> ㉢ 물 마시기 ㉣ 목욕하기

( )

4 5시 17분 6초에 맞게 초침을 그려 넣으세요.

5 ☐안에 알맞은 수를 써넣으세요.

(1) 4분 30초 = ☐ 초

(2) 210초 = ☐ 분 ☐ 초

6 같은 길이를 찾아 이어 보세요.

7 km 58 m	•	•	7580 m
7 km 800 m	•	•	7058 m
7 km 580 m	•	•	7800 m

7 길이를 비교하여 ○ 안에 >, =, < 중 알맞은 것을 써넣으세요.

9 cm 2 mm ○ 89 mm

8 알맞은 단위를 찾아 □ 안에 써넣으세요.

| 시간 분 초 |

(1) 등산을 하는 시간 ➡ 2 □

(2) 저녁 식사를 하는 시간 ➡ 20 □

(3) 기지개를 켜는 시간 ➡ 10 □

9 계산해 보세요.

$$\begin{array}{r} 6\ \text{시간}\ \ 27\ \text{분}\ \ 24\ \text{초} \\ -\ 2\ \text{시간}\ \ 15\ \text{분}\ \ 50\ \text{초} \\ \hline \end{array}$$

□ 시간 □ 분 □ 초

10 보기 와 같이 단위를 잘못 쓴 문장을 바르게 고쳐 보세요.

> 보기
>
> 학교 정문의 높이는 약 2 $\underset{\underline{m}}{km}$입니다.

(1) 공책의 두께는 약 4 cm입니다.

(2) 서울에서 전주까지의 거리는 약 220 m입니다.

11 집에서 약 1 km 떨어진 곳은 어디인지 써 보세요.

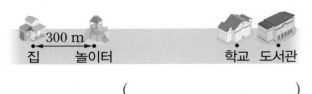

( )

12 지우개의 길이를 써 보세요.

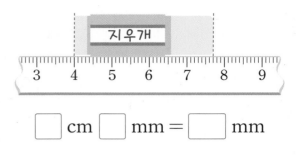

□ cm □ mm = □ mm

13 선형이는 등산을 하였습니다. 산 정상까지 올라갈 때의 거리는 5 km 350 m이고, 내려올 때의 거리는 4230 m였습니다. 선형이가 등산한 거리는 모두 몇 km 몇 m일까요?

( )

14 시간의 길이가 짧은 것부터 차례로 기호를 써 보세요.

| ㉠ 5분 10초 | ㉡ 280초 |
| ㉢ 4분 14초 | ㉣ 321초 |

( )

15 빈칸에 알맞게 써넣으세요.

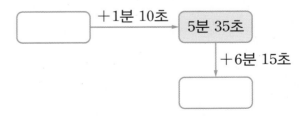

16 집에서 경찰서까지의 거리는 집에서 약국을 지나 학교까지의 거리보다 몇 m 더 가까울까요?

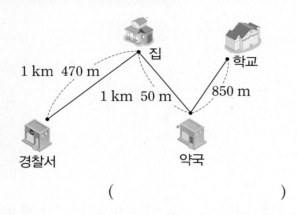

1 km 470 m

1 km 50 m

850 m

집

학교

경찰서

약국

(   )

17 시계의 시침이 5에서 6까지 가는 동안 초침은 몇 바퀴 도는지 구해 보세요.

(   )

18 하루에 15초씩 빨라지는 시계가 있습니다. 오늘 오후 1시 58분에 이 시계를 정확히 맞추어 놓았다면 일주일 후 오후 1시 58분에 이 시계가 가리키는 시각은 오후 몇 시 몇 분 몇 초인지 구해 보세요.

(   )

19 ☐ 안에 알맞은 길이는 몇 cm 몇 mm인지 풀이 과정을 쓰고 답을 구해 보세요.

$$12 \, cm \, 3 \, mm + \square = 319 \, mm$$

풀이

답

20 지혁이는 일요일 오전에는 1시간 35분 40초 동안 축구를 하고, 오후에는 1시간 12분 45초 동안 배드민턴을 했습니다. 지혁이가 일요일에 축구와 배드민턴을 한 시간은 몇 시간 몇 분 몇 초인지 풀이 과정을 쓰고 답을 구해 보세요.

풀이

답

단원 평가 Level ②

1 2 cm보다 7 mm 더 긴 길이는 몇 cm 몇 mm인지 쓰고 읽어 보세요.

쓰기 ( )

읽기 ( )

2 3시 55분 39초를 나타내려고 합니다. 초침을 알맞게 그려 넣으세요.

3 색 테이프의 길이를 재어 보세요.

□ cm □ mm = □ mm

4 ○ 안에 >, =, < 중 알맞은 것을 써넣으세요.

270초 ◯ 4분 50초

5 단위를 바르게 말한 사람의 이름을 모두 써 보세요.

> 채은: 신발 긴 쪽의 길이는 약 210 cm야.
> 동호: 축구 골대의 높이는 약 244 cm야.
> 윤서: 쌀 한 톨의 길이는 약 6 mm야.
> 태영: 동화책의 두께는 약 8 km야.

( )

6 보기 에서 주어진 길이를 골라 문장을 완성해 보세요.

> **보기**
> 1 m 65 cm   150 mm
> 1 km 700 m

(1) 빨대의 길이는 약 □ 입니다.

(2) 산책로 전체의 길이는 약 □ 입니다.

(3) 은선이 언니의 키는 약 □ 입니다.

7 옳은 것을 찾아 기호를 써 보세요.

> ㉠ 3150 m = 31 km 50 m
> ㉡ 4 km 30 m = 4300 m
> ㉢ 6002 m = 6 km 2 m

( )

8 계산해 보세요.

(1) 8시 38분 26초 + 2시간 46분 51초

= ☐ 시 ☐ 분 ☐ 초

(2) 18시 25분 − 4시 53분 50초

= ☐ 시간 ☐ 분 ☐ 초

9 현우가 친구들과 피구를 하는 동안 초침이 62바퀴 돌았습니다. 현우가 피구를 한 시간은 몇 시간 몇 분일까요?

( )

10 시각에 맞게 시침, 분침, 초침을 그려 넣으세요.

4분 35초 후

11 머리핀의 길이는 몇 cm 몇 mm일까요?

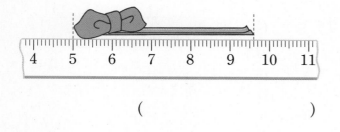

( )

12 길이가 긴 것부터 차례로 기호를 써 보세요.

| ㉠ 2500 m | ㉡ 3 km 20 m |
| ㉢ 2 km | ㉣ 3200 m |

( )

13 세빈이네 집에서 이모 댁까지는 걸어서 15분이 걸립니다. 세빈이가 이모 댁에 가려고 1시 25분에 집에서 나왔다면 이모 댁에는 몇 시 몇 분에 도착할까요?

( )

14 은지와 민석이가 플루트를 연주한 시간을 나타낸 것입니다. 플루트를 더 오래 연주한 사람은 누구일까요?

이름	시작한 시각	끝낸 시각
은지	2시 41분 10초	2시 46분 35초
민석	3시 23분 40초	3시 28분 59초

( )

15 ☐ 안에 알맞은 수를 써넣으세요.

```
  ☐ 시간  ☐ 분  40 초
−  2 시간 50 분  ☐ 초
──────────────────────
   3 시간 30 분 25 초
```

16 길이가 6 cm인 색 테이프 5장을 2 mm씩 겹치게 길게 이어 붙이면 전체 길이는 몇 cm 몇 mm가 될까요?

(   )

17 어느 날의 밤의 길이는 12시간 30분 40초였습니다. 이 날의 밤의 길이는 낮의 길이보다 몇 시간 몇 분 몇 초 더 길까요?

(   )

18 ㉠에서 ㉣까지의 거리는 4 km입니다. ㉡에서 ㉢까지의 거리는 몇 m인지 구해 보세요.

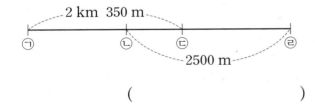

(   )

19 루아는 집에서 출발하여 놀이터를 지나 도서관에 갔습니다. 루아가 간 거리는 모두 몇 km 몇 m인지 풀이 과정을 쓰고 답을 구해 보세요.

1500 m   놀이터   3 km 800 m

집   도서관

풀이

답

20 생태 공원을 관람하고 정문까지 오는 데 걸리는 시간을 나타낸 것입니다. 9시 35분부터 관람을 시작하여 12시 20분까지 정문으로 돌아와야 할 때 가장 적절한 관람 일정을 골라 기호를 쓰려고 합니다. 풀이 과정을 쓰고 답을 구해 보세요.

	관람 일정	소요 시간
㉠	습지~분수대~장미 공원	2시간 50분
㉡	나비 정원~분수대~대나무길	2시간 56분
㉢	나비 정원~전망대~산림욕장	2시간 38분

풀이

답

6 분수와 소수

파란색 연필의 길이: **5 cm**와 **6 cm** 사이
노란색 연필의 길이: **5 cm**와 **6 cm** 사이

**자연수로는 정확한 길이를
비교할 수 없네.**

수를 나눈 분(分) 수, 작은 수 소(小) 수

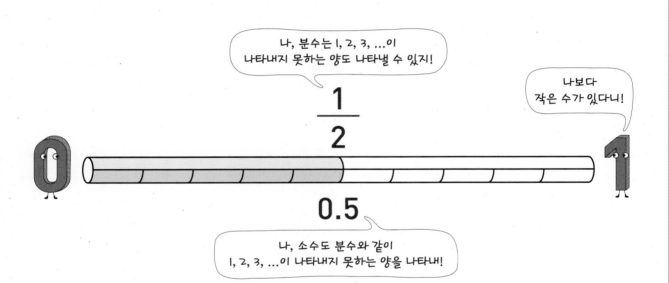

① 똑같이 나누어 볼까요

개념
강의

● **전체를 똑같이 둘로 나누기**
└─ •똑같이 나누는 방법은 여러 가지가 있습니다.

둘로 나누었지만 두 조각의 크기가 같지 않으므로 똑같이 나누어진 도형이 아닙니다.

● **전체를 똑같이 넷으로 나누기**

반드시 곧은 선으로 나누지 않아도 됩니다.

➡ 전체를 똑같이 나눈 도형은 모양과 크기가 같습니다.

확인 !

● 전체를 똑같이 셋으로 나눈 도형은 (, △ ,)입니다.

---

1 도형을 보고 물음에 답하세요.

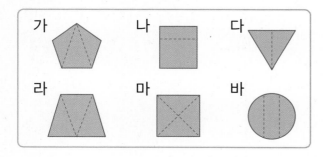

(1) 전체를 똑같이 나누지 않은 도형을 모두 찾아 기호를 써 보세요.

( )

(2) 전체를 똑같이 나눈 도형을 모두 찾아 기호를 써 보세요.

( )

2 도형을 보고 물음에 답하세요.

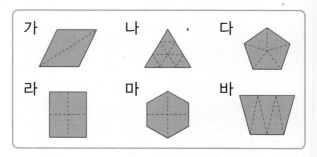

(1) 전체를 똑같이 둘로 나눈 도형을 찾아 기호를 써 보세요.

( )

(2) 전체를 똑같이 넷으로 나눈 도형을 모두 찾아 기호를 써 보세요.

( )

(3) 전체를 똑같이 다섯으로 나눈 도형을 모두 찾아 기호를 써 보세요.

( )

3 국기의 모양이 전체를 똑같이 나눈 것을 알아보려고 합니다. 물음에 답하세요.

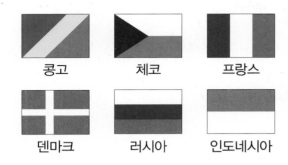

콩고   체코   프랑스

덴마크   러시아   인도네시아

(1) 전체를 똑같이 나누지 않은 모양의 국기는 어느 나라인지 모두 써 보세요.

(   )

(2) 전체를 똑같이 둘로 나눈 모양의 국기는 어느 나라인지 써 보세요.

(   )

(3) 전체를 똑같이 셋으로 나눈 모양의 국기는 어느 나라인지 모두 써 보세요.

(   )

4 전체를 똑같이 넷으로 나눈 도형을 모두 찾아 기호를 써 보세요.

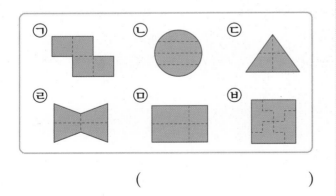

(   )

5 전체를 똑같이 나누지 않은 사람은 누구일까요?

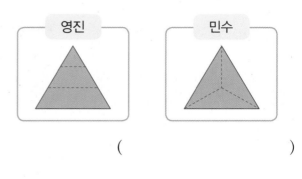

영진   민수

(   )

6 같은 크기의 조각이 몇 개 있는지 구해 보세요.

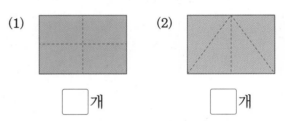

(1) ☐ 개   (2) ☐ 개

7 주어진 점을 이용하여 전체를 똑같이 나누어 보세요.

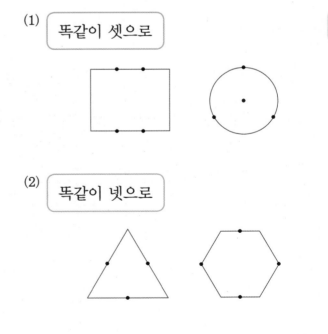

(1) 똑같이 셋으로

(2) 똑같이 넷으로

6

② 분수를 알아볼까요

● **분수 알아보기**

전체를 똑같이 2로 나눈 것 중의 1	전체를 똑같이 3으로 나눈 것 중의 2
쓰기 $\dfrac{1}{2}$	쓰기 $\dfrac{2}{3}$
읽기 2분의 1	읽기 3분의 2

$\dfrac{1}{2}$, $\dfrac{2}{3}$와 같은 수를 분수라 하고
분수에서 아래에 있는 수를 분모, 위에 있는 수를 분자라고 합니다.

- 전체를 똑같이 나눈 수를 아래쪽에, 부분의 수를 위쪽에 씁니다.

- 분수를 읽을 때 분모를 먼저 읽고, 분자를 나중에 읽습니다.

● **색칠한 부분과 색칠하지 않은 부분을 분수로 나타내기**

색칠한 부분		색칠하지 않은 부분
전체의 $\dfrac{2}{5}$		전체의 $\dfrac{3}{5}$

- 색칠한 부분은 전체를 똑같이 5로 나눈 것 중의 2이므로 $\dfrac{2}{5}$, 색칠하지 않은 부분은 전체를 똑같이 5로 나눈 것 중의 3이므로 $\dfrac{3}{5}$입니다.

---

1 ☐ 안에 알맞은 수를 써넣으세요.

(1) 부분 은 전체 를 똑같이

☐(으)로 나눈 것 중의 ☐이므로 $\dfrac{1}{\square}$

입니다.

(2) 부분 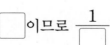 은 전체 를 똑같이

☐(으)로 나눈 것 중의 ☐이므로 ☐입

니다.

2 색칠한 부분은 전체의 얼마인지 분수로 나타내고 읽어 보세요.

(1)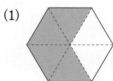

쓰기 (   )

읽기 (   )

(2)

쓰기 (   )

읽기 (   )

3 주어진 분수만큼 색칠해 보세요.

(1)
$\frac{3}{4}$
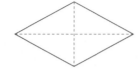

(2)
$\frac{7}{9}$

4 색칠한 부분이 나타내는 분수가 다른 하나를 찾아 ○표 하세요.

(   )   (   )   (   )

5 설명하는 분수가 나머지 두 명과 다른 사람의 이름을 써 보세요.

민수: 전체를 똑같이 7로 나눈 것 중의 4야.
은지: 분모가 4이고 분자가 7이야.
선우: 분수를 읽으면 7분의 4야.

(   )

6 ☐ 안에 알맞은 수를 써넣으세요.

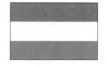

룩셈부르크

룩셈부르크 국기에서 파란색 부분은

전체의 ☐ 입니다.

7 남은 부분과 먹은 부분을 분수로 나타내려고 합니다. ☐ 안에 알맞은 분수를 써넣으세요.

(1) 남은 부분은 전체를 똑같이 4로 나눈 것 중의 3이므로 ☐ 입니다.

(2) 먹은 부분은 전체를 똑같이 4로 나눈 것 중의 1이므로 ☐ 입니다.

8 색칠한 부분과 색칠하지 않은 부분을 분수로 나타내 보세요.

(1)

색칠한 부분

색칠하지 않은 부분

(2)
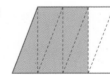
색칠한 부분

색칠하지 않은 부분

③ 단위분수를 알아볼까요

● 단위분수: 분수 중에서 $\frac{1}{2}$, $\frac{1}{3}$, $\frac{1}{4}$과 같이 분자가 1인 분수

● 분수를 단위분수의 개수로 나타내기

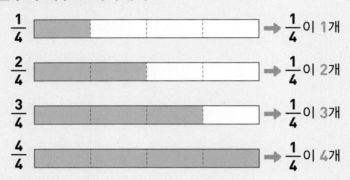

$\frac{1}{4}$ → $\frac{1}{4}$이 1개

$\frac{2}{4}$ → $\frac{1}{4}$이 2개

$\frac{3}{4}$ → $\frac{1}{4}$이 3개

$\frac{4}{4}$ → $\frac{1}{4}$이 4개

$-$ $\frac{1}{\blacksquare}$은 1을 똑같이 $\blacksquare$로 나눈 것 중의 하나입니다.

$-$ $\frac{\blacktriangle}{\blacksquare}$는 $\frac{1}{\blacksquare}$이 $\blacktriangle$개입니다.

● 부분을 보고 전체를 나타내기

$\frac{1}{4}$이 4개이면 전체

$\frac{1}{3}$이 3개이면 전체

1 ☐ 안에 알맞은 분수를 써넣으세요.

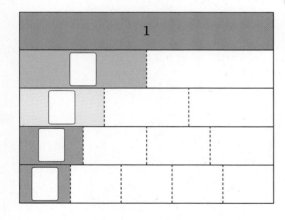

2 남은 피자는 전체의 얼마만큼인지 단위분수의 개수로 알아보려고 합니다. 물음에 답하세요.

(1) 남은 피자는 전체의 얼마만큼인지 분수로 나타내 보세요.

(   )

(2) 남은 피자는 $\frac{1}{6}$이 몇 개일까요?

(   )

(3) 남은 피자는 전체의 얼마만큼인지 단위분수의 개수로 나타내 보세요.

→ ☐ 은/는 $\frac{1}{6}$이 ☐ 개

3 단위분수를 모두 찾아 ○표 하세요.

$$\frac{2}{7} \quad \frac{1}{9} \quad \frac{1}{5} \quad \frac{3}{8} \quad \frac{1}{6}$$

4 주어진 분수만큼 색칠하고 □ 안에 알맞은 수를 써넣으세요.

(1)

$\boxed{\dfrac{5}{8}}$

$\dfrac{1}{8}$이 □개

(2)

$\boxed{\dfrac{7}{10}}$

$\dfrac{1}{10}$이 □개

5 □ 안에 알맞은 수를 써넣으세요.

(1) $\dfrac{6}{7}$은 $\dfrac{1}{7}$이 □개입니다.

(2) $\dfrac{3}{4}$은 $\dfrac{1}{4}$이 □개입니다.

(3) $\dfrac{3}{11}$은 □이/가 3개입니다.

(4) $\dfrac{7}{9}$은 □이/가 7개입니다.

6 부분을 보고 전체를 그려 보세요.

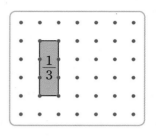

7 전체에 알맞은 도형이 아닌 것을 찾아 ○표 하세요.

(1)

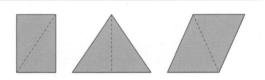

전체를 똑같이 2로 나눈 것 중의 1입니다.

(2)

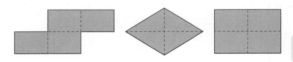

전체를 똑같이 4로 나눈 것 중의 2입니다.

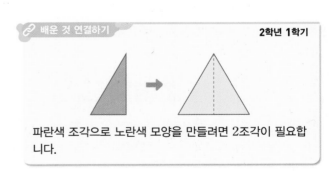

🔗 **배운 것 연결하기**   **2학년 1학기**

파란색 조각으로 노란색 모양을 만들려면 2조각이 필요합니다.

8 사각형을 두 가지 방법으로 똑같이 나누어 $\dfrac{1}{4}$만큼 색칠해 보세요.

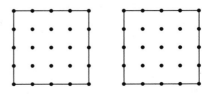

6

4 분모가 같은 분수의 크기를 비교해 볼까요

● **분모가 같은 분수의 크기 비교**

$\dfrac{3}{5}$ ➡ $\dfrac{1}{5}$이 **3**개

$\dfrac{2}{5}$ ➡ $\dfrac{1}{5}$이 **2**개

$\dfrac{3}{5}$은 $\dfrac{1}{5}$이 3개, $\dfrac{2}{5}$는 $\dfrac{1}{5}$이 2개이므로 $\dfrac{3}{5}$이 $\dfrac{2}{5}$보다 더 큽니다.

분자의 크기를 비교하면 3>2이므로 $\dfrac{3}{5}$이 $\dfrac{2}{5}$보다 더 큽니다.

분모가 같은 분수는 단위분수의 개수가 많을수록 더 큽니다. 분모가 같은 분수는 분자가 클수록 더 큽니다.

➡ ■ < ▲이면 $\dfrac{■}{●} < \dfrac{▲}{●}$입니다.

● **수직선에서 분수의 크기 비교**

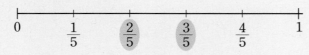

수직선에서 오른쪽에 있는 수가 더 큰 수이므로 $\dfrac{3}{5}$이 $\dfrac{2}{5}$보다 더 큽니다.

확인!

● $\dfrac{9}{13}$는 $\dfrac{1}{13}$이 9개, $\dfrac{5}{13}$는 $\dfrac{1}{13}$이 5개이므로 $\dfrac{9}{13}$ ◯ $\dfrac{5}{13}$입니다.

1 두 분수의 크기를 비교하려고 합니다. ☐ 안에 알맞은 수를 써넣고, 알맞은 말에 ◯표 하세요.

$\dfrac{5}{6}$

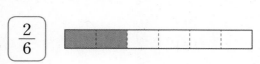

$\dfrac{2}{6}$

(1) $\dfrac{5}{6}$는 $\dfrac{1}{6}$이 ☐개입니다.

(2) $\dfrac{2}{6}$는 $\dfrac{1}{6}$이 ☐개입니다.

(3) $\dfrac{5}{6}$는 $\dfrac{2}{6}$보다 더 (큽니다 , 작습니다).

2 그림을 보고 ◯ 안에 >, =, < 중 알맞은 것을 써넣으세요.

(1)

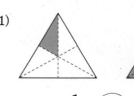

$\dfrac{1}{6}$ ◯ $\dfrac{4}{6}$

(2)

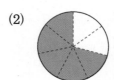

$\dfrac{5}{7}$ ◯ $\dfrac{3}{7}$

3 수직선을 보고 ○ 안에 >, =, < 중 알맞은 것을 써넣으세요.

(1)
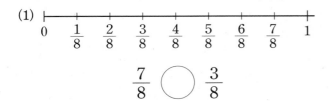

$$\frac{7}{8} \bigcirc \frac{3}{8}$$

(2)
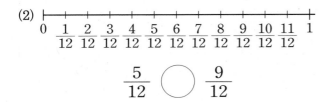

$$\frac{5}{12} \bigcirc \frac{9}{12}$$

4 주어진 분수만큼 색칠하고 ○ 안에 >, =, < 중 알맞은 것을 써넣으세요.

 $\frac{3}{8} \bigcirc \frac{5}{8}$

5 □ 안에 알맞은 수를 써넣고 분수의 크기를 비교해 보세요.

$\frac{8}{11}$ 은 $\frac{1}{11}$ 이 □개, $\frac{4}{11}$ 는 $\frac{1}{11}$ 이 □개이므로 □ 이/가 더 큽니다.

6 수직선에 분수를 나타내고 ○ 안에 >, =, < 중 알맞은 것을 써넣으세요.

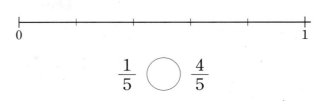

$$\frac{1}{5} \bigcirc \frac{4}{5}$$

7 두 분수의 크기를 비교하여 ○ 안에 >, =, < 중 알맞은 것을 써넣으세요.

(1) $\frac{5}{9} \bigcirc \frac{7}{9}$ (2) $\frac{11}{15} \bigcirc \frac{8}{15}$

8 두 수의 크기를 비교하여 ○ 안에 >, =, < 중 알맞은 것을 써넣으세요.

(1) $\frac{1}{7}$ 이 5개인 수 $\bigcirc$ $\frac{1}{7}$ 이 6개인 수

(2) $\frac{1}{14}$ 이 11개인 수 $\bigcirc$ $\frac{1}{14}$ 이 3개인 수

6

9 가장 큰 분수와 가장 작은 분수를 찾아 써 보세요.

$$\frac{11}{13} \qquad \frac{2}{13} \qquad \frac{8}{13} \qquad \frac{3}{13} \qquad \frac{12}{13}$$

가장 큰 분수 (   )

가장 작은 분수 (   )

5 단위분수의 크기를 비교해 볼까요

● 단위분수의 크기 비교

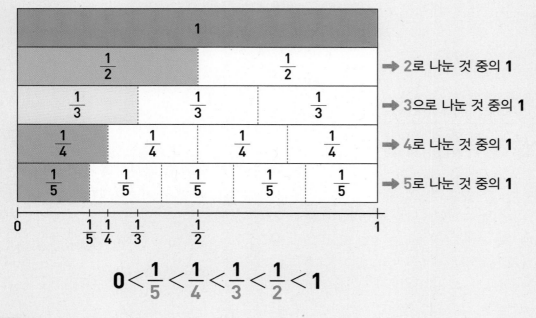

➡ 2로 나눈 것 중의 **1**

➡ 3으로 나눈 것 중의 **1**

➡ 4로 나눈 것 중의 **1**

➡ 5로 나눈 것 중의 **1**

단위분수는 분모가 클수록 더 작습니다.

➡ ■ < ● 이면 $\frac{1}{■}$ > $\frac{1}{●}$ 입니다.

$$0 < \frac{1}{5} < \frac{1}{4} < \frac{1}{3} < \frac{1}{2} < 1$$

확인 !

● 단위분수는 분모가 클수록 더 (큽니다 , 작습니다).

---

1 두 분수의 크기를 비교하려고 합니다. 알맞은 말에 ○표 하세요.

(1) $\boxed{\frac{1}{4}}$

$\boxed{\frac{1}{9}}$

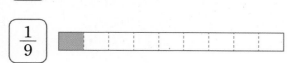

$\frac{1}{4}$은 $\frac{1}{9}$보다 더 (큽니다 , 작습니다).

(2) $\boxed{\frac{1}{6}}$

$\boxed{\frac{1}{3}}$

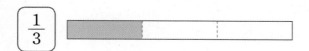

$\frac{1}{6}$은 $\frac{1}{3}$보다 더 (큽니다 , 작습니다).

2 수직선을 보고 ○ 안에 >, =, < 중 알맞은 것을 써넣으세요.

(1)

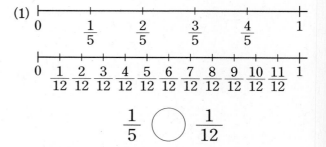

$\frac{1}{5}$ ◯ $\frac{1}{12}$

(2)

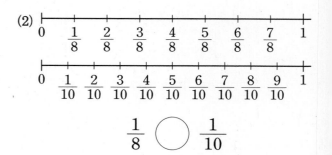

$\frac{1}{8}$ ◯ $\frac{1}{10}$

3 ○ 안에 >, =, < 중 알맞은 것을 써넣으세요.

(1) $\dfrac{1}{6}$ 과 $\dfrac{1}{9}$ 의 분모의 크기를 비교하면

6<9이므로 $\dfrac{1}{6}$ ◯ $\dfrac{1}{9}$ 입니다.

(2) $\dfrac{1}{13}$ 과 $\dfrac{1}{7}$ 의 분모의 크기를 비교하면

13>7이므로 $\dfrac{1}{13}$ ◯ $\dfrac{1}{7}$ 입니다.

4 분수만큼 각각 색칠하고 ○ 안에 >, =, < 중 알맞은 것을 써넣으세요.

$\dfrac{1}{2}$

$\dfrac{1}{4}$

$\dfrac{1}{8}$

(1) $\dfrac{1}{2}$ ◯ $\dfrac{1}{4}$　　(2) $\dfrac{1}{4}$ ◯ $\dfrac{1}{8}$

5 똑같이 나누어 주어진 분수만큼 색칠하고 ○ 안에 >, =, < 중 알맞은 것을 써넣으세요.

(1)
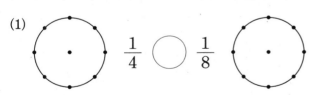
$\dfrac{1}{4}$ ◯ $\dfrac{1}{8}$

(2)
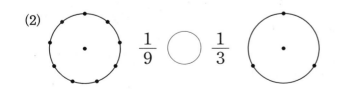
$\dfrac{1}{9}$ ◯ $\dfrac{1}{3}$

6 두 분수의 크기를 비교하여 ○ 안에 >, =, < 중 알맞은 것을 써넣으세요.

(1) $\dfrac{1}{14}$ ◯ $\dfrac{1}{11}$

(2) $\dfrac{1}{2}$ ◯ $\dfrac{1}{12}$

7 그림을 보고 물음에 답하세요.

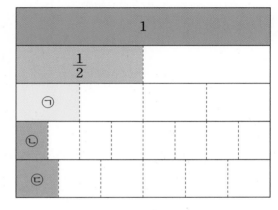

(1) ㉠, ㉡, ㉢에 알맞은 분수를 각각 구해 보세요.

㉠ (　　　　), ㉡ (　　　　), ㉢ (　　　　)

(2) (1)번의 분수를 작은 수부터 차례로 써 보세요.

(　　　　　　　　　　　)

8 가장 큰 분수를 찾아 써 보세요.

| $\dfrac{1}{9}$ | $\dfrac{1}{5}$ | $\dfrac{1}{4}$ | $\dfrac{1}{7}$ |

(　　　　　　　　　　　)

기본기 다지기

개념 적용

1 똑같이 나누기

똑같이 둘로   똑같이 셋으로   똑같이 넷으로
나누기   나누기   나누기

➡ 전체를 똑같이 나눈 도형은 모양과 크기가
같습니다.

1 전체를 똑같이 나눈 도형을 모두 찾아 기호를
써 보세요.

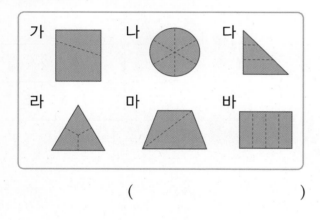

(   )

2 전체를 똑같이 둘로 나눈 도형을 모두 고르세요.
(   )

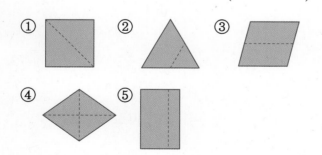

3 두 가지 방법으로 전체를 똑같이 넷으로 나누
어 보세요.

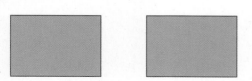

서술형

4 유라와 정빈이는 전체를 똑같이 셋으로 나누
었습니다. 잘못 나눈 사람의 이름을 쓰고, 그
까닭을 써 보세요.

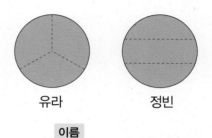

유라   정빈

이름 _____

까닭 _____

2 분수 알아보기

전체를 똑같이 4로 나눈 것 중의 3

쓰기 $\frac{3}{4}$ 읽기 4분의 3

5 부분 은 전체 를 똑같이 4로

나눈 것 중의 몇일까요?

(   )

6 알맞은 것끼리 이어 보세요.

3분의 2 $\frac{3}{5}$ 4분의 2

개념 + 문제 풀이

7 주어진 분수만큼 색칠한 것을 찾아 ○표 하세요.

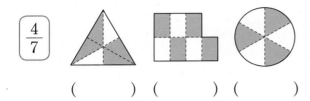

$\dfrac{4}{7}$

(   ) (   ) (   )

8 주어진 분수만큼 색칠하고 읽어 보세요.

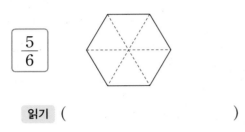

$\dfrac{5}{6}$

읽기 (   )

9 색칠한 부분과 색칠하지 않은 부분을 분수로 나타내 보세요.

색칠한 부분 (   )

색칠하지 않은 부분 (   )

창의+

10 다음을 읽고 잘못된 곳을 찾아 바르게 고쳐 보세요.

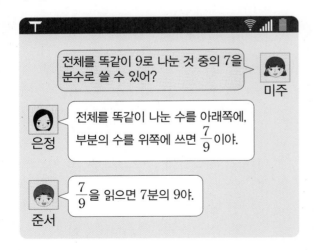

전체를 똑같이 9로 나눈 것 중의 7을 분수로 쓸 수 있어?

미주

은정 전체를 똑같이 나눈 수를 아래쪽에, 부분의 수를 위쪽에 쓰면 $\dfrac{7}{9}$이야.

준서 $\dfrac{7}{9}$을 읽으면 7분의 90야.

바르게 고치기

11 색칠한 부분이 나타내는 분수가 다른 것을 찾아 기호를 써 보세요.

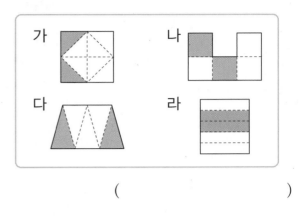

가   나

다   라

(   )

12 ┌•집의 구조를 간단하게 나타낸 그림

다음 평면도에서 침실에 해당하는 부분은 집 전체의 얼마인지 분수로 나타내 보세요.

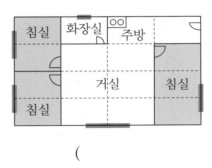

침실   화장실   ○○이 주방

거실   침실

침실

(   )

13 사각형을 두 가지 방법으로 똑같이 나누어 $\dfrac{7}{8}$ 만큼 색칠해 보세요.

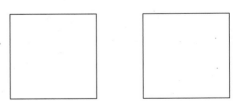

3 남은 부분과 먹은 부분을 분수로 나타내기

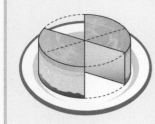

남은 부분은 전체의 $\frac{4}{6}$

먹은 부분은 전체의 $\frac{2}{6}$

14 정윤이가 전체를 똑같이 8조각으로 나눈 피자 중 3조각을 먹었습니다. 남은 부분과 먹은 부분을 분수로 나타내 보세요.

남은 부분 (   )

먹은 부분 (   )

15 선우가 전체를 똑같이 9조각으로 나눈 떡의 $\frac{1}{3}$만큼을 먹었습니다. 선우가 먹은 떡은 몇 조각일까요?

(   )

16 종호는 케이크를 똑같이 15조각으로 잘라 그 중 4조각은 어머니께 드리고, 3조각은 형에게 주었습니다. 남은 케이크는 전체의 얼마인지 분수로 나타내 보세요.

(   ).

4 단위분수 알아보기

단위분수: 분수 중에서 $\frac{1}{2}$, $\frac{1}{3}$, $\frac{1}{4}$과 같이 분자가 1인 분수

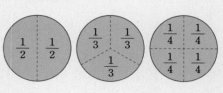

17 알맞게 색칠하고 분수로 나타내 보세요.

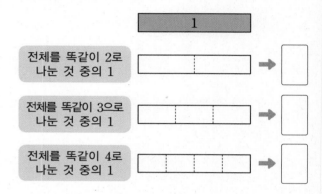

18 그림을 보고 친구들의 대화를 완성해 보세요.

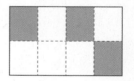

은희: 단위분수 ☐ 이/가 ☐ 개이면 전체야.

태하: 색칠한 부분은 단위분수 ☐ 이/가 ☐ 개야.

연우: 색칠하지 않은 부분은 단위분수 ☐ 이/가 ☐ 개야.

서술형

19 정민이와 유리는 $\frac{1}{4}$ 을 다음과 같이 색칠하였습니다. 바르게 색칠한 사람은 누구인지 쓰고 그 까닭을 써 보세요.

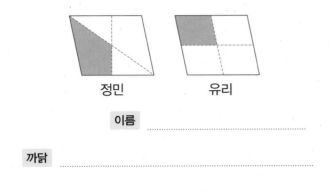

정민   유리

이름 _____

까닭 _____

_____

---

5 부분을 보고 전체를 나타내기

색 테이프 $\frac{1}{2}$ 의 길이가 3 cm 이면 전체의 길이는 $3 \times 2 = 6$ (cm)입니다.

---

20 부분은 전체를 똑같이 3으로 나눈 것 중의 2입니다. 부분과 전체를 알맞게 이어 보세요.

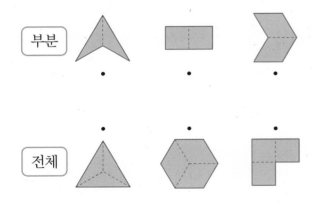

부분

전체

---

21 부분을 보고 전체를 그려 보세요.

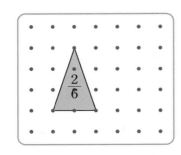

---

22 철사의 $\frac{1}{3}$ 의 길이가 4 cm이면 전체 철사의 길이는 몇 cm일까요?

4 cm

(   )

---

23 연서는 색 테이프를 전체의 $\frac{3}{4}$ 만큼 사용했습니다. 남은 길이가 2 cm이면 전체 색 테이프의 길이는 몇 cm일까요?

(   )

---

6 분모가 같은 분수의 크기 비교

분모가 같은 분수는 분자가 클수록 더 큽니다.

➡ ■ < ▲ 이면 $\frac{■}{●} < \frac{▲}{●}$ 입니다.

---

24 □ 안에 알맞은 분수를 써넣고, ○ 안에 >, =, < 중 알맞은 것을 써넣으세요.

---

25 두 분수의 크기를 비교하여 ○ 안에 >, =, < 중 알맞은 것을 써넣으세요.

(1) $\frac{1}{5}$ 이 4개인 수 ○ $\frac{3}{5}$

(2) $\frac{5}{9}$ ○ $\frac{1}{9}$ 이 8개인 수

26 분모가 6인 분수 중에서 $\frac{2}{6}$보다 크고 $\frac{5}{6}$보다 작은 분수를 모두 써 보세요.

( )

서술형
27 동호와 지아는 주스를 나누어 마셨습니다. 동호는 전체의 $\frac{5}{7}$를 마셨고 나머지는 지아가 마셨다면 주스를 더 많이 마신 사람은 누구인지 풀이 과정을 쓰고 답을 구해 보세요.

풀이

답

28 막대를 기웅이는 $\frac{5}{9}$ m, 채하는 $\frac{3}{9}$ m, 은성이는 $\frac{7}{9}$ m 가지고 있습니다. 가장 긴 막대를 가지고 있는 사람은 누구일까요?

( )

29 크기가 가장 큰 분수를 들고 있는 사람을 찾아 이름을 써 보세요.

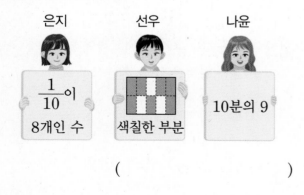

은지   선우   나윤

$\frac{1}{10}$이 8개인 수   색칠한 부분   10분의 9

( )

7 단위분수의 크기 비교

단위분수는 분모가 작을수록 더 큽니다.

➡ ■ < ●이면 $\frac{1}{■}$ > $\frac{1}{●}$입니다.

30 분수의 크기를 비교하여 큰 분수부터 차례로 써 보세요.

$$\frac{1}{5} \quad \frac{1}{6} \quad \frac{1}{3} \quad \frac{1}{2}$$

( )

31 우유를 종욱이는 $\frac{1}{4}$ L, 세나는 $\frac{1}{9}$ L, 민수는 $\frac{1}{7}$ L 마셨습니다. 우유를 가장 많이 마신 사람은 누구일까요?

( )

32 $\frac{1}{10}$보다 크고 $\frac{1}{6}$보다 작은 단위분수는 모두 몇 개일까요?

( )

33 수 카드 4장 중 2장을 한 번씩 사용하여 가장 큰 단위분수를 만들어 보세요.

$$\boxed{3} \quad \boxed{5} \quad \boxed{1} \quad \boxed{7}$$

( )

8 □ 안에 들어갈 수 있는 수 구하기

• 분모가 같은 경우	• 단위분수인 경우
$\dfrac{□}{10} < \dfrac{8}{10}$ ➡ □<8	$\dfrac{1}{□} > \dfrac{1}{7}$ ➡ □<7

34 □ 안에 들어갈 수 있는 수를 모두 찾아 ○표 하세요.

$$\frac{□}{11} < \frac{6}{11}$$

(4 , 5 , 6 , 7 , 8)

서술형
35 2부터 10까지의 수 중에서 □ 안에 들어갈 수 있는 수를 모두 구하려고 합니다. 풀이 과정을 쓰고 답을 구해 보세요.

$$\frac{1}{7} > \frac{1}{□}$$

풀이 _____

_____

_____

답 _____

36 □ 안에 들어갈 수 있는 수는 모두 몇 개일까요?

$$\frac{2}{9} < \frac{□}{9} < \frac{7}{9}$$

(   )

9 조건에 알맞은 분수 구하기

• 단위분수입니다.

• $\dfrac{1}{5}$ 보다 큰 분수입니다.

단위분수 중에서 $\dfrac{1}{5}$ 보다 큰 분수는 분모가 5보다 작은 $\dfrac{1}{4}$, $\dfrac{1}{3}$, $\dfrac{1}{2}$ 입니다.

37 조건에 알맞은 분수를 모두 구해 보세요.

• 단위분수입니다.

• $\dfrac{1}{3}$ 보다 작은 분수입니다.

• 분모는 8보다 작습니다.

(   )

38 조건에 알맞은 분수는 모두 몇 개인지 구해 보세요.

• $\dfrac{1}{10}$ 보다 큰 분수입니다.

• 분자는 1입니다.

• 분모는 2보다 큽니다.

(   )

6

6 소수를 알아볼까요 (1)

● 0.1 알아보기

분수 $\frac{1}{10}$ 을 0.1이라 쓰고 영 점 일이라고 읽습니다.

$$\frac{1}{10} = 0.1$$

전체를 똑같이 10으로 나눈 것 중의 1은 $\frac{1}{10}$ = 0.1입니다.

● 소수 알아보기

0.1, 0.2, 0.3과 같은 수를 소수라 하고 '.'을 소수점이라고 합니다.

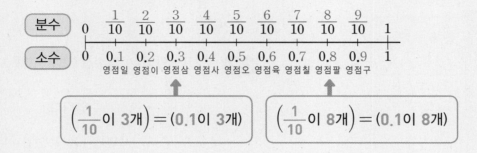

$$\left(\frac{1}{10}이\ 3개\right) = (0.1이\ 3개) \qquad \left(\frac{1}{10}이\ 8개\right) = (0.1이\ 8개)$$

● 길이를 소수로 나타내기

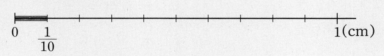

$$1\,mm = \frac{1}{10}\,cm = 0.1\,cm$$

1 cm를 똑같이 10칸으로 나눈 것 중의 1칸의 길이는 $\frac{1}{10}$ cm = 0.1 cm입니다.

1 mm = 0.1 cm이므로 ■ mm = 0.■ cm입니다.

확인 !

● 분수 $\frac{3}{10}$ 은 소수 [ ] 와/과 같습니다.

---

1 그림을 보고 ☐ 안에 알맞게 써넣으세요.

(1) 색칠한 부분을 분수로 나타내면 [ ] 입니다.

(2) 색칠한 부분을 소수로 나타내면 [ ] (이)라 쓰고 [ ] (이)라고 읽습니다.

2 수직선을 보고 ☐ 안에 알맞게 써넣으세요.

(1) ━━ 부분을 분수로 나타내면 [ ] 입니다.

(2) ━━ 부분을 소수로 나타내면 [ ] (이)라 쓰고 [ ] (이)라고 읽습니다.

3 ☐ 안에 알맞은 분수나 소수를 써넣으세요.

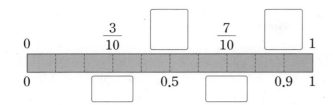

6 ☐ 안에 알맞은 수를 써넣으세요.

(1) 0.1이 8개이면 ☐ 입니다.

(2) 0.1이 4개이면 ☐ 입니다.

(3) 0.6은 0.1이 ☐ 개입니다.

(4) 0.5는 0.1이 ☐ 개입니다.

4 색칠한 부분을 분수와 소수로 나타내 보세요.

(1) 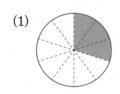 분수 　소수

(2) 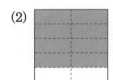 분수 　소수

7 분수와 소수를 써 보세요.

(1) $\frac{1}{10}$ 이 9개인 수

➡ (　　　　,　　　　)

(2) $\frac{1}{10}$ 이 2개인 수

➡ (　　　　,　　　　)

5 같은 것끼리 이어 보세요.

$\frac{1}{10}$	•	•	0.4	•	•	영점일
$\frac{4}{10}$	•	•	0.7	•	•	영점칠
$\frac{7}{10}$	•	•	0.1	•	•	영점사

8 ☐ 안에 알맞은 길이는 얼마인지 소수로 구해 보세요.

(1)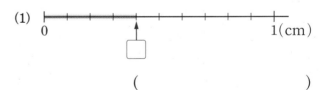

(　　　　　　　　)

(2)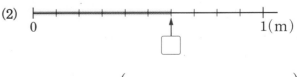

(　　　　　　　　)

7 소수를 알아볼까요(2)

● **자연수와 소수로 이루어진 수**

2와 **0.7**만큼을 **2.7**이라 쓰고 **이 점 칠**이라고 읽습니다.

● **길이를 소수로 나타내기**

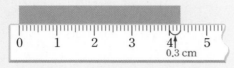

4 cm 3 mm ➡ 4 cm보다 3 mm 더 긴 길이
➡ 4 cm보다 0.3 cm 더 긴 길이
➡ 4.3 cm

43 mm ➡ 1 mm가 43개인 길이
➡ 0.1 cm가 43개인 길이
➡ 4.3 cm

$$4\,cm\,3\,mm = 43\,mm = 4.3\,cm$$

개념+ 자연수와 소수의 관계

자리가 나타내는 값은 한 자리씩 올라갈 때마다 10배가 됩니다.

	백의 자리	십의 자리	일의 자리	소수의 자리
333.3 ➡	3	3	3 .	3
	300	30	3	0.3

300 ←10배— 30 ←10배— 3 ←10배— 0.3

1부터 시작하여 1씩 커지는 수를 자연수라고 합니다.

0.1이 ■▲개이면 ■.▲입니다. ■.▲는 0.1이 ■▲개입니다.

0.1이 5개 ➡ 0.5
0.1이 50개 ➡ 5
─────────────
0.1이 55개 ➡ 5.5

1 cm를 똑같이 10칸으로 나눈 것 중의 3칸의 길이는
$3\,mm = \dfrac{3}{10}\,cm = 0.3\,cm$
입니다.

---

1 못의 길이를 소수로 나타내려고 합니다. □ 안에 알맞은 수를 써넣으세요.

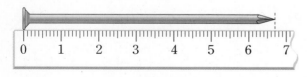

(1) 못의 길이는 6 cm보다 □ mm 더 깁니다.

(2) 7 mm는 소수로 □ cm입니다.

(3) 못의 길이는 □ cm입니다.

2 색칠한 부분을 소수로 나타내려고 합니다. 물음에 답하세요.

(1) 색칠한 부분은 0.1이 몇 개일까요?
(   )

(2) 색칠한 부분을 소수로 나타내면 얼마일까요?
(   )

3 그림을 보고 ☐ 안에 알맞은 소수를 써넣고 읽어 보세요.

(1)

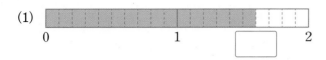

읽기 ....

(2)

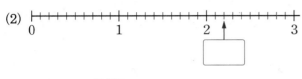

읽기 ....

4 빈칸에 알맞게 써넣으세요.

소수	읽기
3.5	
	육점칠
	구점일
4.3	

5 자로 색 테이프의 길이를 재어 보세요.

(1)

☐ mm = ☐ cm

(2)

☐ cm ☐ mm = ☐ cm

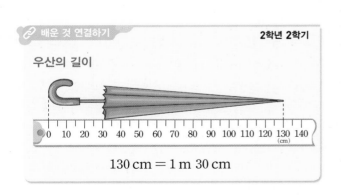

🔗 배운 것 연결하기　　　　**2학년 2학기**

우산의 길이

130 cm = 1 m 30 cm

6 ☐ 안에 알맞은 소수를 써넣으세요.

(1) 5 cm 8 mm = ☐ cm

(2) 25 mm = ☐ cm

(3) 7 cm 1 mm = ☐ cm

7 ☐ 안에 알맞은 수를 써넣으세요.

0.1이　7개 ➡ ☐

0.1이 20개 ➡ ☐
_____

0.1이 27개 ➡ ☐

8 ☐ 안에 알맞은 수를 써넣으세요.

(1) 0.1이 36개이면 ☐ 입니다.

(2) 8.4는 0.1이 ☐ 개입니다.

9 수직선을 보고 ☐ 안에 알맞은 수를 써넣으세요.

(1) 2.8은 3보다 ☐ 만큼 더 작습니다.

(2) 2.8은 1이 ☐ 개, 0.1이 ☐ 개입니다.

6

8 소수의 크기를 비교해 볼까요

● **소수점 왼쪽 부분이 같은 경우**

소수점 왼쪽 부분이 같으면 소수 부분이 클수록 더 큽니다.

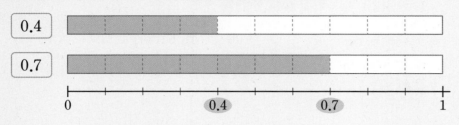

$$0.4 < 0.7$$
$$\underset{4<7}{\underbrace{\phantom{0.4<0.7}}}$$

● **소수점 왼쪽 부분이 다른 경우**

소수점 왼쪽 부분이 다르면 소수점 왼쪽 부분이 클수록 더 큽니다.

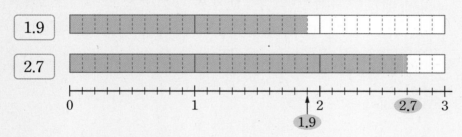

$$1.9 < 2.7$$
$$\underset{1<2}{\underbrace{\phantom{1.9<2.7}}}$$

● **세 소수의 크기 비교**

수직선에서 오른쪽에 있는 수가 더 큰 수입니다.

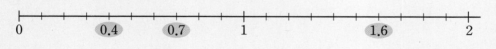

$$0.4 < 0.7 < 1.6$$

0.1의 개수로 크기 비교

0.4 ➡ 0.1이 4개인 수
0.7 ➡ 0.1이 7개인 수
➡ 4 < 7이므로 0.4 < 0.7입니다.

0.1의 개수로 크기 비교

1.9 ➡ 0.1이 19개인 수
2.7 ➡ 0.1이 27개인 수
➡ 19 < 27이므로
1.9 < 2.7입니다.

1 그림을 보고 ○ 안에 >, =, < 중 알맞은 것을 써넣으세요.

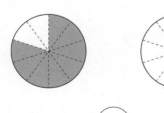

0.8 ◯ 0.3

2 수직선을 보고 ○ 안에 >, =, < 중 알맞은 것을 써넣으세요.

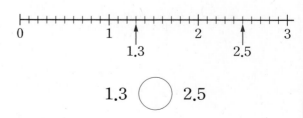

1.3 ◯ 2.5

3 0.5와 0.7의 크기를 비교하려고 합니다. 물음에 답하세요.

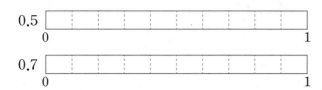

(1) 0.5와 0.7만큼 각각 색칠해 보세요.

(2) 0.5와 0.7은 0.1이 각각 몇 개일까요?

(   ), (   )

(3) ○ 안에 >, =, < 중 알맞은 것을 써넣으세요.

4 코스모스의 키는 0.6 m, 해바라기의 키는 1.3 m입니다. 꽃의 키만큼 색칠하고 어느 꽃의 키가 더 큰지 써 보세요.

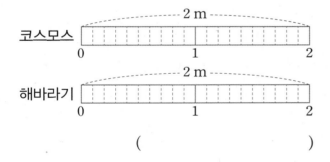

(   )

5 ☐ 안에 알맞은 수를 써넣으세요.

3.2는 0.1이 ☐ 개이고 2.9는 0.1이 ☐ 개이므로 3.2와 2.9 중에서 더 큰 소수는 ☐ 입니다.

6 소수를 수직선에 나타내고 ○ 안에 >, =, < 중 알맞은 것을 써넣으세요.

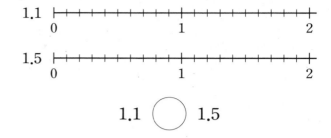

1.1 ◯ 1.5

7 두 소수의 크기를 비교하여 ○ 안에 >, =, < 중 알맞은 것을 써넣으세요.

(1) 0.9 ◯ 0.6   (2) 4.5 ◯ 4.8

(3) 3.6 ◯ 7.1   (4) 6 ◯ 5.9

8 가장 큰 수를 찾아 기호를 써 보세요.

㉠ $\frac{1}{10}$ 이 33개인 수

㉡ 0.1이 35개인 수

㉢ 0.1이 30개인 수

(   )

10 소수 알아보기⑴

• 소수: 0.1, 0.2, 0.3과 같은 수

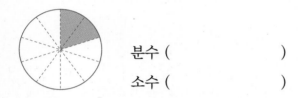

39 색칠한 부분을 분수와 소수로 나타내 보세요.

분수 ( )

소수 ( )

40 알맞은 것끼리 이어 보세요.

| $\dfrac{8}{10}$ | $\dfrac{4}{10}$ | $\dfrac{5}{10}$ |

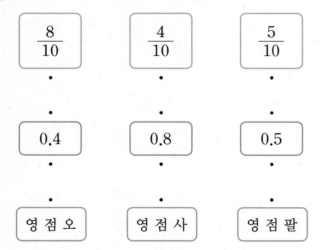

| 0.4 | 0.8 | 0.5 |

| 영 점 오 | 영 점 사 | 영 점 팔 |

41 ☐ 안에 알맞은 수를 써넣으세요.

⑴ 0.2는 0.1이 ☐ 개입니다.

⑵ 0.1이 7개이면 ☐ 입니다.

⑶ $\dfrac{1}{10}$ 이 ☐ 개이면 0.3입니다.

⑷ $\dfrac{☐}{☐}$ 이/가 9개이면 0.9입니다.

42 인혜의 일기를 읽고 인혜와 언니가 먹은 케이크는 전체의 얼마인지 각각 소수로 나타내 보세요.

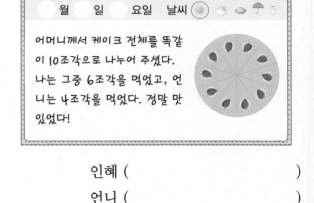

인혜 ( )

언니 ( )

11 소수 알아보기⑵

5와 0.7만큼의 수	0.1이 68개인 수
쓰기 5.7	쓰기 6.8
읽기 오 점 칠	읽기 육 점 팔

43 ☐ 안에 알맞은 소수를 써넣으세요.

⑴ 4 cm 2 mm = ☐ cm

⑵ 18 mm = ☐ cm

44 ☐ 안에 알맞은 수를 써넣으세요.

⑴ 0.1이 36개이면 ☐ 입니다.

⑵ 2.9는 0.1이 ☐ 개입니다.

⑶ $\dfrac{1}{10}$ 이 ☐ 개이면 1.3입니다.

45 주스가 몇 컵인지 소수로 나타내 보세요.

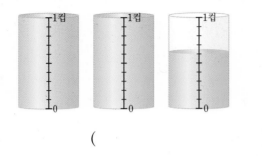

( )

46 다음을 소수로 나타내 보세요.

$$6과 \frac{8}{10}$$

( )

47 다음과 같은 색 테이프 2장을 겹치지 않게 이어 붙였습니다. 이어 붙인 색 테이프의 전체 길이는 몇 cm인지 소수로 나타내 보세요.

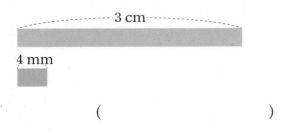

( )

48 선우네 집에서 공원까지의 거리와 선우네 집에서 도서관까지의 거리는 각각 몇 km인지 소수로 나타내 보세요.

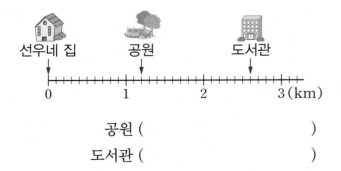

공원 ( )

도서관 ( )

49 ☐ 안에 알맞은 수가 큰 것부터 차례로 기호를 써 보세요.

> ㉠ 2.1은 0.1이 ☐개
> ㉡ 0.1이 ☐개이면 1.7
> ㉢ 2.6은 0.1이 ☐개

( )

---

12 소수의 크기 비교

① 소수점 왼쪽 부분이 다르면 소수점 왼쪽 부분이 클수록 더 큽니다.

$$4.6 < 8.2$$
$$\underset{4<8}{}$$

② 소수점 왼쪽 부분이 같으면 소수 부분이 클수록 더 큽니다.

$$2.7 > 2.2$$
$$\underset{7>2}{}$$

50 두 수의 크기를 비교하여 ○ 안에 >, =, < 중 알맞은 것을 써넣으세요.

(1) 0.5 ◯ 0.1이 3개인 수

(2) 0.1이 34개인 수 ◯ 3.8

51 더 긴 것을 찾아 기호를 써 보세요.

> ㉠ 5 cm 7 mm ㉡ 5.2 cm

( )

정답과 풀이 49쪽

창의+

52 20○○년 어느 지역의 3~5월까지 내린 비의 양을 나타낸 표입니다. 비가 가장 많이 내린 달은 몇 월인지 구해 보세요.

월	3월	4월	5월
비의 양(mm)	23.5	37.2	108.5

(   )

53 가장 큰 수와 가장 작은 수를 각각 찾아 기호를 써 보세요.

> ㉠ 2.7   ㉡ 0.1이 24개인 수
>
> ㉢ 2와 0.9   ㉣ $\frac{1}{10}$이 20개인 수

가장 큰 수 (   )

가장 작은 수 (   )

54 1부터 9까지의 수 중에서 □ 안에 들어갈 수 있는 수는 모두 몇 개일까요?

> 7.6 > 7.□

(   )

13 수 카드로 소수 만들기

> 예 2장의 수 카드를 모두 한 번씩만 사용하여 소수 ■.▲ 만들기
>
>
>
> • 가장 큰 소수
> 높은 자리부터 큰 수를 놓습니다. ➡ 4.1
> • 가장 작은 소수
> 높은 자리부터 작은 수를 놓습니다. ➡ 1.4

55 수 카드 4장 중 2장을 한 번씩만 사용하여 가장 큰 소수를 만들어 보세요.

2 6 8 1

(   )

서술형
56 수 카드 5 , 3 , 7 중에서 2장을 한 번씩만 사용하여 가장 작은 소수 ■.▲를 만들려고 합니다. 풀이 과정을 쓰고 답을 구해 보세요.

풀이 _____

_____

_____

답 _____

57 수 카드 3장을 한 번씩만 모두 사용하여 소수 ●■.▲를 만들려고 합니다. 가장 큰 소수와 둘째로 큰 소수를 각각 만들어 보세요.

4 9 7

가장 큰 소수 (   )

둘째로 큰 소수 (   )

심화유형 1   □ 안에 들어갈 수 있는 수 구하기

1부터 9까지의 수 중에서 □ 안에 들어갈 수 있는 수를 모두 구해 보세요.

$$0.\square < \frac{5}{10}$$

(   )

● 핵심 **NOTE** ・ 분수를 소수로 고치거나 소수를 분수로 고쳐서 수의 형태를 같게 만든 후에 크기를 비교합니다.

1-1   1부터 9까지의 수 중에서 □ 안에 들어갈 수 있는 수를 모두 구해 보세요.

$$0.7 < \frac{\square}{10}$$

(   )

1-2   1부터 9까지의 수 중에서 □ 안에 들어갈 수 있는 수를 모두 구해 보세요.

$$1.6 < 1.\square < 2.3$$

(   )

2 접은 모양의 크기를 분수로 나타내기

정사각형 모양의 종이를 다음과 같이 2번 접은 후에 펼쳤을 때  모양은 전체의 얼마인지 분수로 나타내 보세요.

(   )

● 핵심 NOTE ・ 반으로 계속 접은 후 펼쳤을 때 나누어진 조각 수

접은 횟수(번)	1	2	3	4	…
조각 수(개)	2	$2×2$	$2×2×2$	$2×2×2×2$	…

2-1 원 모양의 종이를 다음과 같이 3번 접은 후에 펼쳤을 때 모양은 전체의 얼마인지 분수로 나타내 보세요.

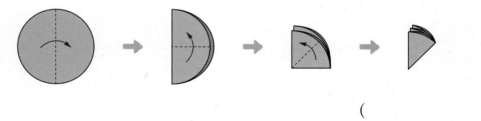

(   )

2-2 다음과 같이 색칠한 직사각형 모양의 종이를 3번 접은 후에 펼쳤을 때 색칠한 부분은 전체의 얼마인지 구하려고 합니다. 나눈 전체 조각 수가 분모인 분수로 나타내 보세요.

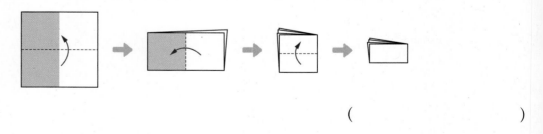

(   )

심화유형 3 나머지 부분을 소수로 나타내기

밭 전체의 $\frac{3}{10}$에 양파를, 0.1에 배추를, 나머지 부분에 무를 심었습니다. 무를 심은 부분은 전체의 얼마인지 소수로 나타내 보세요.

(   )

● **핵심 NOTE**   • 전체를 똑같이 10으로 나눈 그림을 그려서 문제를 해결합니다.

               • 전체가 1이므로 한 칸은 $\frac{1}{10}=0.1$이 됩니다.

3-1 두유 전체의 0.5는 진하가 마셨고, $\frac{2}{10}$는 동수가 마셨습니다. 나머지를 예린이가 마셨다면 예린이가 마신 두유는 전체의 얼마인지 소수로 나타내 보세요.

(   )

6

3-2 선재는 꽃밭 전체의 $\frac{1}{10}$에 튤립을 심고, 0.4에 코스모스를 심었습니다. 나머지 꽃밭에 장미를 심었다면 가장 넓은 부분에 심은 꽃은 무엇이고, 심은 부분은 전체의 얼마인지 소수로 나타내 보세요.

(   ), (   )

통합
교과유형 **4**

수학 ➕ 과학

부분을 분수로 나타내기

프랙털은 '쪼개다'라는 뜻을 가지고 있는데 부분과 전체가
똑같은 모양을 하고 있는 구조를 말합니다. 단순한 모양이
반복되면서 복잡한 전체 모양을 만드는 것으로 자연에서
쉽게 찾을 수 있는데 공작의 깃털 무늬, 나뭇가지, 구름과
산 등이 프랙털 구조입니다. 넷째 프랙털 도형에서 색칠한
부분은 전체의 얼마인지 분수로 나타내 보세요.

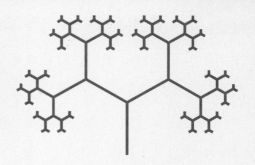

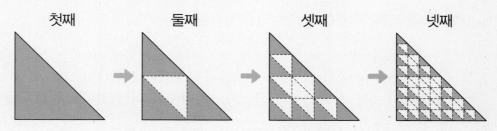

첫째   둘째   셋째   넷째

1단계 넷째 도형에서 전체 칸수와 색칠한 부분의 칸수 각각 구하기

2단계 넷째 도형에서 색칠한 부분은 전체의 얼마인지 분수로 나타내기

(   )

● 핵심 **NOTE**   **1단계** 칸수의 규칙을 알아보고, 넷째에서 전체 칸수와 색칠한 부분의 칸수를 구합니다.

               2단계 전체 칸수와 색칠한 부분의 칸수를 이용하여 분수로 나타냅니다.

4-1   다음은 사각형 모양의 프랙털 도형입니다. 넷째 도형에서 색칠한 부분은 전체의 얼마인지 분수로 나
타내 보세요.

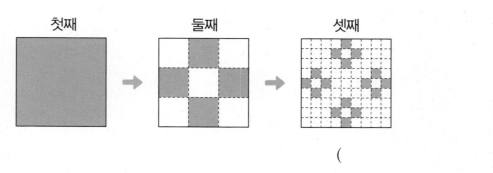

첫째   둘째   셋째

(   )

단원 평가 Level ❶

점수

확인

1 같은 크기의 조각이 몇 개 있는지 구해 보세요.

(1) 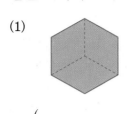 (2)

( ) ( )

2 ☐ 안에 알맞게 써넣으세요.

부분 은 전체 를 똑같이

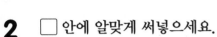

☐(으)로 나눈 것 중의 ☐이므로 ☐(이)

라 쓰고 ☐ (이)라고 읽습니다.

3 ☐ 안에 알맞은 분수 또는 소수를 써넣으세요.

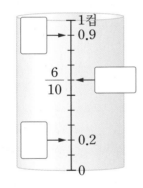

4 색칠한 부분을 분수와 소수로 나타내 보세요.

 분수 소수

5 주어진 분수만큼 색칠하고 ○ 안에 >, =, < 중 알맞은 것을 써넣으세요.

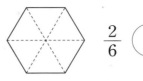 $\dfrac{2}{6}$ ○ $\dfrac{5}{6}$

6 두 분수의 크기를 비교하여 ○ 안에 >, =, < 중 알맞은 것을 써넣으세요.

(1) $\dfrac{1}{8}$ ○ $\dfrac{5}{8}$

(2) $\dfrac{11}{12}$ ○ $\dfrac{10}{12}$

7 ☐ 안에 알맞은 수를 써넣으세요.

1.6은 0.1이 ☐ 개이고 4.2는 0.1이

☐ 개이므로 1.6과 4.2 중에서 더 큰

소수는 ☐ 입니다.

8 ☐ 안에 알맞은 분수를 써넣고 ○ 안에 >, =, < 중 알맞은 것을 써넣으세요.

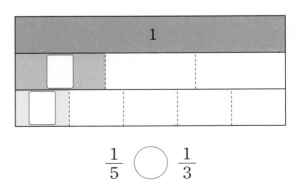

$\dfrac{1}{5}$ ○ $\dfrac{1}{3}$

6

9 전체를 똑같이 넷으로 나누어 보세요.

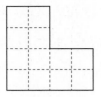

10 ⊙과 ⓒ의 합을 구해 보세요.

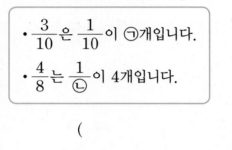

( )

11 1이 2개, 0.1이 8개인 수를 수직선에 나타내 보세요.

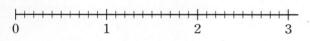

12 같은 것끼리 이어 보세요.

2 cm 3 mm	•	• 49 mm •	• 8.7 cm
8 cm 7 mm	•	• 87 mm •	• 4.9 cm
4 cm 9 mm	•	• 23 mm •	• 2.3 cm

13 가장 큰 수와 가장 작은 수를 각각 찾아 써 보세요.

$$\frac{1}{12} \quad \frac{1}{7} \quad \frac{1}{2} \quad \frac{1}{5} \quad \frac{1}{10}$$

가장 큰 수 ( )

가장 작은 수 ( )

14 나타내는 수가 다른 것을 찾아 기호를 써 보세요.

⊙ 3.8보다 0.1만큼 더 큰 수

ⓒ 0.1이 40개인 수

ⓔ 3과 0.9만큼인 수

ⓡ $\frac{1}{10}$이 39개인 수

( )

15 전체에 알맞은 도형을 2개 그려 보세요.

 전체를 똑같이 8로 나눈 것 중의 3입니다.

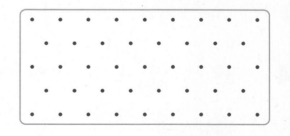

16 1부터 9까지의 수 중에서 □ 안에 들어갈 수 있는 수를 구해 보세요.

$$\frac{6}{10} < 0.\square < \frac{8}{10}$$

( )

17 색 테이프의 $\frac{3}{8}$이 12 cm입니다. 전체 색 테이프의 길이를 구해 보세요.

( )

18 영민이는 케이크를 똑같이 8조각으로 나누어 전체의 $\frac{1}{4}$만큼 먹었습니다. 영민이가 먹은 케이크는 몇 조각인지 구해 보세요.

( )

19 수진이는 철사를 똑같이 7조각으로 나누어 그 중에서 2조각으로 모빌을 만들었습니다. 남은 철사는 전체의 얼마인지 분수로 나타내려고 합니다. 풀이 과정을 쓰고 답을 구해 보세요.

풀이

답

20 □ 안에 들어갈 수 있는 수는 모두 몇 개인지 풀이 과정을 쓰고 답을 구해 보세요.

$$\frac{5}{13} < \frac{\square}{13} < \frac{12}{13}$$

풀이

답

단원 평가 Level ❷

1 색칠한 부분이 나타내는 분수가 다른 하나를 찾아 기호를 써 보세요.

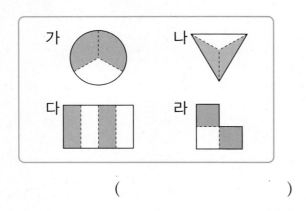

( )

2 같은 것끼리 이어 보세요.

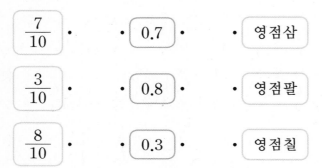

$\frac{7}{10}$ · · 0.7 · · 영점삼

$\frac{3}{10}$ · · 0.8 · · 영점팔

$\frac{8}{10}$ · · 0.3 · · 영점칠

3 돌림판에서 노란색 부분은 전체의 얼마인지 분수로 나타내 보세요.

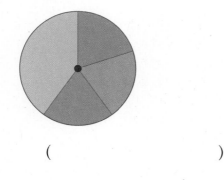

( )

4 전체를 똑같이 나누어 $\frac{3}{10}$ 만큼 색칠해 보세요.

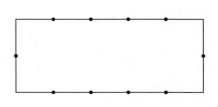

5 ☐ 안에 알맞은 수를 써넣으세요.

0.1이 20개인 수 ➡ ☐

0.1이 9개인 수 ➡ ☐
_____
0.1이 29개인 수 ➡ ☐

6 오른쪽 그림은 전체를 똑같이 5 로 나눈 것 중의 3입니다. 전체에 알맞은 도형을 모두 찾아 기호를 써 보세요.

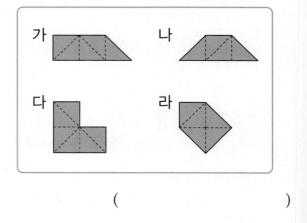

( )

7 ○ 안에 >, =, < 중 알맞은 것을 써넣으세요.

⑴ 3 ◯ $\frac{1}{10}$이 25개인 수

⑵ 0.1이 64개인 수 ◯ 6.8

8 형광펜의 길이는 10 cm와 5 mm만큼입니다. 형광펜의 길이는 몇 cm인지 소수로 나타내 보세요.

(   )

9 세 모둠에서 먹고 남은 떡의 양입니다. 각 모둠에서 먹은 떡의 양을 분수로 나타내고, 적게 먹은 모둠부터 차례로 써 보세요.

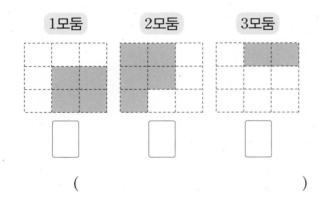

1모둠   2모둠   3모둠

(   )

10 ㉠과 ㉡의 차를 구해 보세요.

- $\dfrac{3}{4}$ 은 $\dfrac{1}{4}$ 이 ㉠개입니다.
- $\dfrac{1}{7}$ 이 6개이면 $\dfrac{6}{㉡}$ 입니다.

(   )

11 2부터 9까지의 수 중에서 ☐ 안에 들어갈 수 있는 수를 모두 구해 보세요.

$$\dfrac{1}{5} > \dfrac{1}{\square}$$

(   )

12 가장 작은 분수는 어느 것일까요? (   )

① $\dfrac{3}{6}$ ② $\dfrac{1}{6}$ ③ $\dfrac{1}{7}$

④ $\dfrac{1}{9}$ ⑤ $\dfrac{5}{6}$

13 재우와 민하가 우유 한 병을 나누어 마셨습니다. 재우는 전체의 $\dfrac{4}{7}$ 를 마셨고, 나머지는 민하가 마셨다면 누가 더 많이 마셨을까요?

(   )

14 누가 케이크를 더 많이 먹었는지 바르게 설명한 것을 찾아 기호를 써 보세요.

민수: 나는 케이크의 $\dfrac{1}{4}$ 을 먹었어.

서아: 나는 케이크의 $\dfrac{3}{8}$ 을 먹었어.

㉠ 두 사람이 먹은 케이크의 양은 같습니다.
㉡ 민수가 더 많이 먹었습니다.
㉢ 서아가 더 많이 먹었습니다.

(   )

6

15 직사각형의 네 변의 길이의 합은 몇 cm인지 소수로 나타내 보세요.

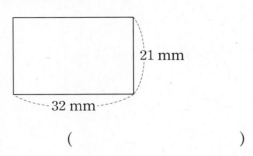

21 mm

32 mm

(   )

16 작은 수부터 차례로 기호를 써 보세요.

ㄱ 0.1이 43개인 수

ㄴ 4.7

ㄷ $\frac{1}{10}$이 35개인 수

(   )

17 1부터 9까지의 수 중에서 □ 안에 들어갈 수 있는 수를 모두 구해 보세요.

$$\frac{2}{10} < 0.\square < 0.7$$

(   )

18 조건에 맞는 소수 ■.▲를 모두 구해 보세요.

• $\frac{9}{10}$보다 작은 수입니다.

• 0.3과 0.8 사이의 수입니다.

• 0.1이 4개인 수보다 큰 수입니다.

(   )

19 ㄱ과 ㄴ 중 더 큰 분수는 어느 것인지 기호를 쓰려고 합니다. 풀이 과정을 쓰고 답을 구해 보세요.

• $\frac{5}{8}$는 ㄱ이 5개인 수

• $\frac{4}{5}$는 ㄴ이 4개인 수

풀이 _____

_____

_____

답 _____

20 수 카드 4장 중에서 2장을 한 번씩만 사용하여 소수를 만들려고 합니다. 만들 수 있는 소수 중에서 5.6보다 작은 소수는 모두 몇 개인지 풀이 과정을 쓰고 답을 구해 보세요.

4   5   6   7

풀이 _____

_____

_____

답 _____

계산이 아닌   개념을 깨우치는

수학을 품은 연산

디딤돌
연산
수학

1~6학년(학기용)

수학 공부의 새로운 패러다임

상위권의 기준

상위권의 기준
최상위
사고력

수학 좀 한다면
디딤돌

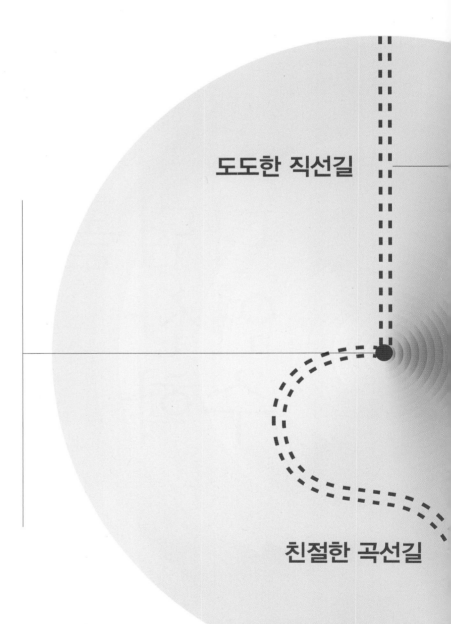

도도한 직선길

친절한 곡선길

수학 좀 한다면

실력 보강
자료집

A⁺

3
1

수학 좀 한다면

초등수학

실력 보강 자료집

3
1

- **서술형 문제** | 서술형 문제를 집중 연습해 보세요.

- **단원 평가** | 시험에 잘 나오는 문제를 한번 더 풀어 단원을 확실하게 마무리해요.

1 □ 안에 알맞은 수는 얼마인지 풀이 과정을 쓰고 답을 구해 보세요.

$$\square + 178 = 825 - 269$$

풀이 ⑩ $825 - 269 = 556$이므로

$\square + 178 = 556$입니다.

따라서 $\square = 556 - 178$, $\square = 378$입니다.

답   378

1⁺ □ 안에 알맞은 수는 얼마인지 풀이 과정을 쓰고 답을 구해 보세요.

$$\square - 396 = 497 + 288$$

풀이

답

2 가장 큰 수와 가장 작은 수의 합은 얼마인지 풀이 과정을 쓰고 답을 구해 보세요.

| 275 | 581 | 369 | 648 |

풀이 ⑩ 가장 큰 수는 648이고, 가장 작은 수는 275입니다.

따라서 가장 큰 수와 가장 작은 수의 합은 $648 + 275 = 923$입니다.

답   923

2⁺ 가장 큰 수와 가장 작은 수의 합은 얼마인지 풀이 과정을 쓰고 답을 구해 보세요.

| 436 | 189 | 573 | 342 |

풀이

답

3 계산에서 잘못된 곳을 찾아 까닭을 쓰고, 바르게 계산해 보세요.

까닭 ....

....

....

▶ 같은 자리 수끼리 뺄 수 없을 때에는 바로 윗자리에서 받아내림하여 계산합니다.

1

4 박물관에 어제는 527명이 입장했고, 오늘은 635명이 입장했습니다. 어제와 오늘 박물관에 입장한 사람은 모두 몇 명인지 풀이 과정을 쓰고 답을 구해 보세요.

풀이 ....

....

....

답 ....

▶ '모두', '더 많이' 등의 말이 있으면 합을 구합니다.

5 꿈빛 초등학교의 학생은 825명이고, 별빛 초등학교의 학생은 918명입니다. 어느 학교의 학생이 몇 명 더 많은지 풀이 과정을 쓰고 답을 구해 보세요.

풀이 ....

....

....

답 .... , ...

▶ 두 학교의 학생 수 825와 918의 크기를 비교한 후 큰 수에서 작은 수를 뺍니다.

1. 덧셈과 뺄셈 **3**

6 두 수를 골라 덧셈식을 만들려고 합니다. ☐ 안에 들어갈 두 수는 무엇인지 풀이 과정을 쓰고 답을 구해 보세요.

> ▶ 먼저 일의 자리 수의 합이 8이 되는 두 수를 찾습니다.

| 346 | 575 | 402 | 183 |

☐ + ☐ = 758

풀이 _____

_____

_____

답 _____ .

7 ☐ 안에 들어갈 수 있는 수 중에서 가장 큰 세 자리 수는 얼마인지 풀이 과정을 쓰고 답을 구해 보세요.

> ▶ 먼저 437+165를 계산해 봅니다.

437+165 > ☐

풀이 _____

_____

_____

답 _____

8 수 모형이 나타내는 수보다 128만큼 더 작은 수는 얼마인지 풀이 과정을 쓰고 답을 구해 보세요.

> ▶ 일 모형 10개는 십 모형 1개와 같습니다.

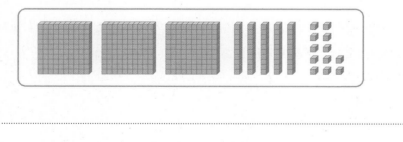

풀이 _____

_____

_____

답 _____

9 두 수를 골라 차가 가장 큰 뺄셈식을 만들고 계산하려고 합니다. 풀이 과정을 쓰고 답을 구해 보세요.

| 485 | 753 | 364 | 509 |

☐－☐＝☐

풀이 ....

....

....

답 ....

▶ 큰 수에서 작은 수를 뺄수록 차가 큽니다.

10 수 카드 4장 중에서 3장을 골라 한 번씩만 사용하여 세 자리 수를 만들려고 합니다. 만들 수 있는 가장 큰 수와 가장 작은 수의 합은 얼마인지 풀이 과정을 쓰고 답을 구해 보세요.

2 8 5 9

풀이 ....

....

....

답 ....

▶ 높은 자리의 수가 클수록 큰 수이므로 가장 큰 수는 높은 자리부터 큰 수를 차례로 놓고, 가장 작은 수는 높은 자리부터 작은 수를 차례로 놓습니다.

11 어떤 수에 397을 더해야 할 것을 잘못하여 뺐더니 459가 되었습니다. 바르게 계산하면 얼마인지 풀이 과정을 쓰고 답을 구해 보세요.

풀이 ....

....

....

답 ....

▶ 어떤 수를 ☐라고 하여 잘못 계산한 식을 세우고 ☐를 구합니다.

단원 평가 Level ❶

점수

확인

1 계산해 보세요.

(1) $828 + 399$

(2) $531 - 286$

2 다음 계산에서 □ 안의 수 6이 실제로 나타내는 값은 얼마일까요?

$$
\begin{array}{r}
\boxed{6}\ 10 \\
7\ 3\ 9 \\
-\ 3\ 8\ 5 \\
\hline
3\ 5\ 4
\end{array}
$$

( )

3 $498 + 312$를 계산하려고 합니다. □ 안에 알맞은 수를 써넣으세요.

$$498 + 312 = \boxed{}$$
$$+2\downarrow \qquad \downarrow -2$$
$$500 + 310 = \boxed{}$$

4 어림하여 구한 결과가 600보다 큰 것을 찾아 ○표 하세요.

$159 + 395$	$740 - 235$
( )	( )
$384 + 273$	$872 - 426$
( )	( )

5 계산 결과를 찾아 이어 보세요.

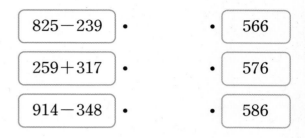

$825 - 239$ •	• 566
$259 + 317$ •	• 576
$914 - 348$ •	• 586

6 계산 결과를 비교하여 ○ 안에 >, =, < 중 알맞은 것을 써넣으세요.

$$916 - 497 \ \bigcirc \ 285 + 137$$

7 계산이 옳게 되도록 선을 그어 보세요.

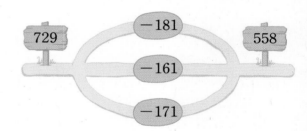

8 다음이 나타내는 수보다 327만큼 더 큰 수를 구해 보세요.

100이 6개, 10이 5개, 1이 8개인 수

( )

9 시후는 324쪽인 위인전을 사서 155쪽을 읽었습니다. 시후가 위인전을 다 읽으려면 몇 쪽을 더 읽어야 할까요?

( )

10 ㉠과 ㉡의 합을 구해 보세요.

> • $742 - 574 = ㉠$
> • $138 + 645 = ㉡$

( )

11 지은이네 집에서 학교까지의 거리는 567 m입니다. 지은이는 걸어서 학교에 갔다가 집으로 돌아왔습니다. 지은이가 걸은 거리는 모두 몇 m일까요?

( )

12 민지와 선우 중에서 오늘 줄넘기를 더 많이 한 사람은 누구일까요?

( )

13 채영이네 집에서 가장 가까운 곳은 가장 먼 곳보다 몇 m 더 가까울까요?

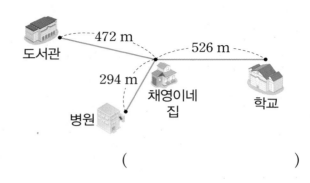

( )

14 차가 300에 가장 가까운 두 수를 어림하여 찾아 써 보세요.

| 716 | 498 | 203 | 395 |

(,)

15 수 카드 5 , 3 , 9 를 한 번씩만 사용하여 가장 큰 세 자리 수를 만들었습니다. 만든 세 자리 수보다 265만큼 더 작은 수는 얼마일까요?

( )

16 1부터 9까지의 수 중에서 □ 안에 들어갈 수 있는 수는 모두 몇 개일까요?

$$672 - \square 96 < 467$$

(　　　　　　　　　)

17 기호 ★에 대하여 ㉠★㉡ = ㉠+㉡+㉠이라고 약속할 때 다음을 계산해 보세요.

$$232 ★ 453$$

(　　　　　　　　　)

18 같은 모양은 같은 수를 나타냅니다. ■와 ●에 알맞은 수를 구해 보세요.

```
    6 8 ■
+   ● ● 7
---------
  1 2 ■ 1
```

■ (　　　　　　　　)
● (　　　　　　　　)

19 성준이는 밤을 335개 주웠고, 지민이는 성준이보다 158개 더 적게 주웠습니다. 성준이와 지민이가 주운 밤은 모두 몇 개인지 풀이 과정을 쓰고 답을 구해 보세요.

풀이

답

20 종이 2장에 세 자리 수를 각각 한 개씩 써 놓았는데 종이 한 장이 찢어져서 일의 자리 수만 보입니다. 두 수의 차가 457일 때, 찢어진 종이에 적힌 세 자리 수는 얼마인지 풀이 과정을 쓰고 답을 구해 보세요.

| 1 | 294 |

풀이

답

단원 평가 Level ❷

1 빈칸에 두 수의 합을 써넣으세요.

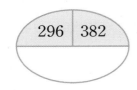

2 □ 안에 알맞은 수를 써넣으세요.

$364+471$

$=300+400+$ □ $+$ □

$=$ □ $+$ □ $=$ □

3 계산에서 잘못된 곳을 찾아 바르게 계산해 보세요.

$$\begin{array}{r} 5\ 4\ 0 \\ -\ 2\ 7\ 5 \\ \hline 2\ 7\ 5 \end{array} \rightarrow$$

4 빈칸에 알맞은 수를 써넣으세요.

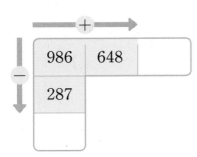

5 계산기에 다음과 같은 순서로 눌렀을 때 나오는 수는 얼마일까요?

( )

6 계산 결과가 가장 큰 것은 어느 것일까요?

( )

① $726-254$ ② $910-442$

③ $804-391$ ④ $685-128$

⑤ $997-518$

7 삼각형 안에 적힌 수의 합을 구해 보세요.

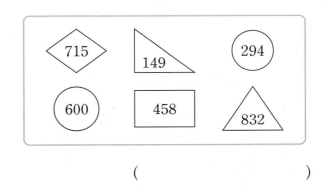

( )

8 다음이 나타내는 수보다 226만큼 더 작은 수를 구해 보세요.

| 100이 3개, 10이 11개, 1이 2개인 수 |

( )

9 민성이네 집에서 문구점을 지나 학교까지 가는 거리는 몇 m인지 구해 보세요.

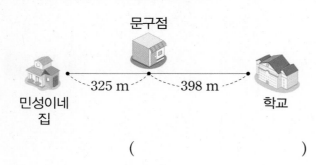

( )

10 합이 576이 되는 두 수를 찾아 ○표 하세요.

| 338 | 197 | 248 | 379 |

11 빈칸에 알맞은 수를 써넣으세요.

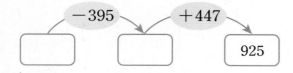

12 민서네 학교의 남학생은 627명이고 여학생은 남학생보다 128명 더 적습니다. 민서네 학교의 전체 학생은 몇 명일까요?

( )

13 형석이는 아버지, 어머니와 함께 농장에 가서 딸기를 905개 땄습니다. 그중에서 아버지가 276개, 어머니가 382개를 땄다면 형석이가 딴 딸기는 몇 개일까요?

( )

14 재민이는 길이가 932 cm인 빨간색 끈과 760 cm인 파란색 끈을 가지고 있습니다. 이 중에서 빨간색 끈은 758 cm를, 파란색 끈은 395 cm를 사용하였습니다. 남은 끈의 길이는 어느 것이 몇 cm 더 길까요?

( ), ( )

15 ☐ 안에 알맞은 수를 써넣으세요.

(1)
```
    6 ☐ 8
  + ☐ 5 ☐
 ───────
  1 0 5 2
```

(2)
```
    ☐ 7 ☐
  − 4 9 6
 ───────
    3 ☐ 9
```

16 어떤 수에 284를 더해야 할 것을 잘못하여 뺐더니 397이 되었습니다. 바르게 계산한 값은 얼마일까요?

(   )

17 다음 두 수는 각각 세 자리 수입니다. 두 수의 합이 896일 때 두 수의 차를 구해 보세요.

| 72☐ | ☐68 |

(   )

18 ☐ 안에 들어갈 수 있는 세 자리 수 중에서 가장 작은 수를 구해 보세요.

$$576+182 > 920-☐$$

(   )

19 수 카드 4장 중에서 3장을 골라 한 번씩만 사용하여 세 자리 수를 만들 때 만들 수 있는 가장 큰 수와 둘째로 작은 수의 합은 얼마인지 풀이 과정을 쓰고 답을 구해 보세요.

☐7☐ ☐8☐ ☐3☐ ☐5☐

풀이 _____

_____

_____

_____

답 _____

20 세나와 세호가 설날 아침에 먹은 음식의 열량입니다. 누가 먹은 음식의 열량이 몇 킬로칼로리 더 많은지 풀이 과정을 쓰고 답을 구해 보세요.

세나	떡국	동태전	식혜
	363 킬로칼로리	247 킬로칼로리	255 킬로칼로리

세호	떡국	갈비찜
	363 킬로칼로리	541 킬로칼로리

풀이 _____

_____

_____

_____

답 _____ , _____

서술형 문제

1 다음 도형은 각이 아닙니다. 그 까닭을 써 보세요.

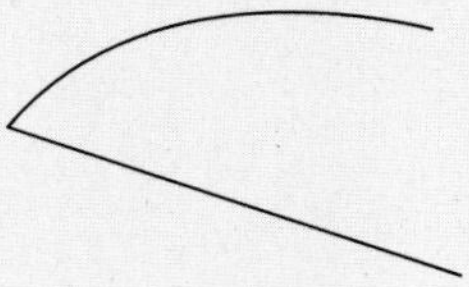

까닭 예 각은 한 점에서 그은 두 반직선으로 이루어진 도형입니다. 반직선은 곧은 선인데 주어진 도형은 굽은 선이 있으므로 각이 아닙니다.

1⁺ 다음 도형은 각이 아닙니다. 그 까닭을 써 보세요.

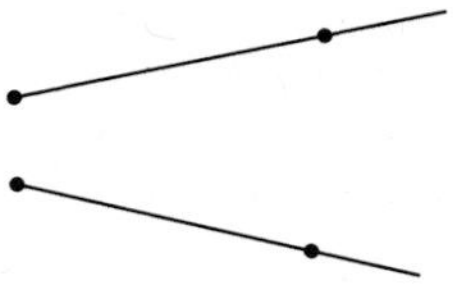

까닭 _____

2 네 변의 길이의 합이 32 cm인 정사각형이 있습니다. 이 정사각형의 한 변의 길이는 몇 cm인지 풀이 과정을 쓰고 답을 구해 보세요.

풀이 예 정사각형은 네 변의 길이가 모두 같으므로 한 변의 길이를 ☐ cm라고 하면

☐＋☐＋☐＋☐＝32입니다.

8＋8＋8＋8＝32이므로 ☐＝8입니다.

따라서 정사각형의 한 변의 길이는 8 cm입니다.

답 8 cm

2⁺ 네 변의 길이의 합이 20 cm인 정사각형이 있습니다. 이 정사각형의 한 변의 길이는 몇 cm인지 풀이 과정을 쓰고 답을 구해 보세요.

풀이 _____

답 _____

3 오른쪽 그림에서 선분은 반직선보다 몇 개 더 많은지 풀이 과정을 쓰고 답을 구해 보세요.

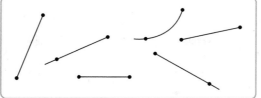

▶ · 선분: 두 점을 곧게 이은 선
· 반직선: 한 점에서 시작하여 한쪽으로 끝없이 늘인 곧은 선

풀이 ....

....

답 ....

---

4 오른쪽 도형 중 각이 가장 많은 도형을 찾아 기호를 쓰려고 합니다. 풀이 과정을 쓰고 답을 구해 보세요.

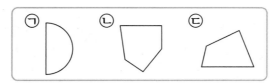

▶ 한 점에서 그은 두 반직선으로 이루어진 도형을 각이라고 합니다.

2

풀이 ....

....

답 ....

---

5 오른쪽 도형에서 찾을 수 있는 직각은 모두 몇 개인지 풀이 과정을 쓰고 답을 구해 보세요.

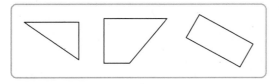

▶ 삼각자의 ○표 한 부분을 대었을 때 꼭 맞게 겹쳐지면 직각입니다.

풀이 ....

....

답 ....

6 오른쪽 색종이를 점선을 따라 자르면 어떤 도형이 몇 개 생기는지 풀이 과정을 쓰고 답을 구해 보세요.

▶ 한 각이 직각인 삼각형을 직각삼각형이라고 합니다.

풀이 ....

....

....

답 .... , ...

7 오른쪽과 같은 직사각형 모양의 종이를 잘라서 가장 큰 정사각형을 만들었습니다. 만든 정사각형의 네 변의 길이의 합은 몇 cm인지 풀이 과정을 쓰고 답을 구해 보세요.

5 cm

3 cm

▶ 정사각형은 네 변의 길이가 모두 같습니다.

풀이 ....

....

....

답 ....

8 가로가 4 cm, 세로가 3 cm인 직사각형 3개로 오른쪽과 같은 도형을 만들었습니다. 빨간색 선의 길이는 몇 cm인지 풀이 과정을 쓰고 답을 구해 보세요.

4 cm

3 cm

▶ 4 cm인 변과 3 cm인 변 몇 개로 이루어져 있는지 알아봅니다.

풀이 ....

....

....

답 ....

9 4개의 점 중에서 2개의 점을 이어 그을 수 있는 반직선은 모두 몇 개인지 풀이 과정을 쓰고 답을 구해 보세요.

▶ 한 점에서 시작하여 그을 수 있는 반직선은 몇 개인지 알아봅니다.

풀이 ....

....

....

답 ....

10 오른쪽 도형에서 찾을 수 있는 크고 작은 각은 모두 몇 개인지 풀이 과정을 쓰고 답을 구해 보세요.

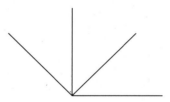

▶ 작은 각 1개, 2개, 3개로 이루어진 각의 수를 알아봅니다.

2

풀이 ....

....

....

답 ....

11 오른쪽 도형에서 찾을 수 있는 크고 작은 직사각형은 모두 몇 개인지 풀이 과정을 쓰고 답을 구해 보세요.

▶ 작은 직사각형 1개, 2개, 3개, ...로 이루어진 직사각형의 수를 알아봅니다.

풀이 ....

....

....

답 ....

단원 평가 Level ❶

1 직선 ㄱㄴ을 찾아 기호를 써 보세요.

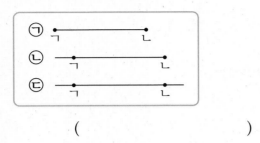

( )

2 각의 이름을 써 보세요.

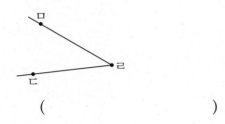

( )

3 직각삼각형은 어느 것일까요? ( )

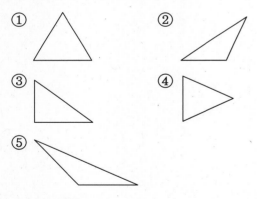

4 선분 ㅅㅇ이 반직선 ㅇㅅ이 되도록 그려 보세요.

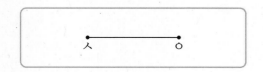

5 직사각형을 모두 찾아 기호를 써 보세요.

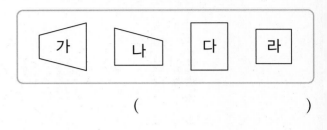

( )

6 도형에서 각을 모두 찾아 ○표 하세요.

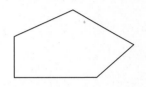

7 모눈종이에 크기가 다른 정사각형을 2개 그려 보세요.

8 꼭짓점 ㄹ을 옮겨 직사각형으로 만들려고 합니다. 어느 점으로 옮겨야 할까요? ( )

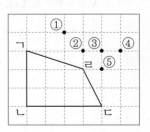

9 설명하는 도형의 이름을 써 보세요.

> • 세 개의 선분으로 둘러싸인 도형입니다.
> • 각이 3개 있습니다.
> • 직각이 1개 있습니다.

(   )

10 직사각형에 대한 설명으로 틀린 것은 어느 것일까요? (   )

① 변이 4개 있습니다.
② 꼭짓점이 4개 있습니다.
③ 마주 보는 두 변의 길이가 같습니다.
④ 네 변의 길이가 모두 같습니다.
⑤ 네 각이 모두 직각입니다.

11 직각이 가장 많은 도형을 찾아 기호를 써 보세요.

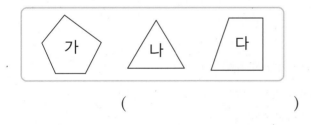

(   )

12 도형에서 직각을 모두 찾아 ⌐ 으로 나타내 보세요.

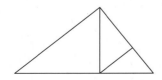

13 4개의 점 중에서 2개의 점을 이어서 그을 수 있는 선분은 모두 몇 개일까요?

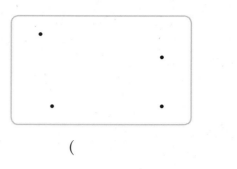

(   )

14 한 변의 길이가 13 cm인 정사각형이 있습니다. 이 정사각형의 네 변의 길이의 합은 몇 cm 일까요?

(   )

15 설명하는 시각을 구해 보세요.

> • 12시와 5시 사이의 시각입니다.
> • 시계의 긴바늘은 12를 가리킵니다.
> • 시계의 긴바늘과 짧은바늘이 이루는 작은 쪽의 각은 직각입니다.

(   )

16 직사각형의 네 변의 길이의 합이 28 cm일 때 ☐ 안에 알맞은 수를 구해 보세요.

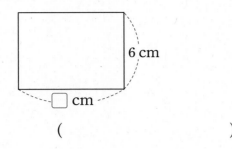

6 cm

☐ cm

(　　　　　　　　)

17 길이가 40 cm인 철사를 겹치지 않게 사용하여 한 변의 길이가 9 cm인 정사각형을 한 개 만들었습니다. 정사각형을 만들고 남은 철사의 길이는 몇 cm일까요?

(　　　　　　　　)

18 도형에서 찾을 수 있는 크고 작은 각은 모두 몇 개일까요?

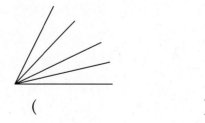

(　　　　　　　　)

19 태하의 설명이 옳은지 틀린지 쓰고, 그 까닭을 써 보세요.

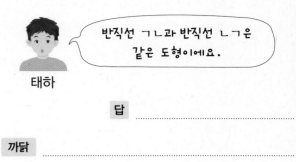

반직선 ㄱㄴ과 반직선 ㄴㄱ은 같은 도형이에요.

태하

답 ....

까닭 ....

....

....

....

20 오른쪽 도형에서 찾을 수 있는 크고 작은 직각삼각형은 모두 몇 개인지 풀이 과정을 쓰고 답을 구해 보세요.

풀이 ....

....

....

....

답 ....

단원 평가 Level ❷

[1~2] 도형을 보고 물음에 답하세요.

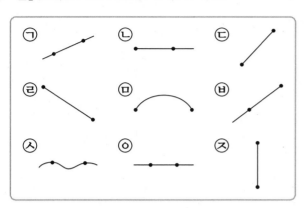

1 직선을 모두 찾아 기호를 써 보세요.

( )

2 선분은 반직선보다 몇 개 더 많을까요?

( )

3 각 ㄱㄴㄹ을 그려 보세요.

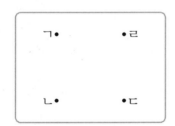

4 각이 있는 도형을 모두 고르세요. ( )

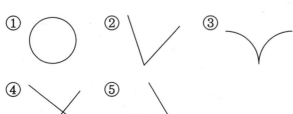

5 삼각형을 점선을 따라 접은 도형은 어떤 도형이 될까요?

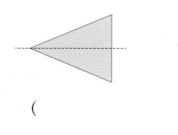

( )

6 직사각형과 정사각형을 모두 찾아 각각 기호를 써 보세요.

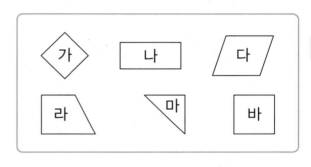

직사각형	정사각형

7 직각이 가장 많은 도형은 어느 것일까요?

( )

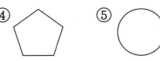

8 도형에서 직각을 찾아 바르게 쓴 것은 어느 것 일까요? (   )

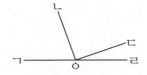

① 각 ㄱㅇㄴ   ② 각 ㄱㅇㄷ
③ 각 ㄴㅇㄷ   ④ 각 ㄴㅇㄹ
⑤ 각 ㄷㅇㄹ

9 직각삼각형을 모두 찾아 기호를 써 보세요.

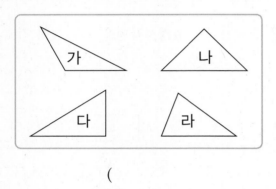

(   )

10 직사각형에 대한 설명으로 옳은 것을 찾아 기호를 써 보세요.

　⊙ 직각이 4개입니다.
　⊙ 정사각형이라고 할 수 있습니다.
　⊙ 이웃하는 변의 길이가 항상 같습니다.

(   )

11 점 종이에 주어진 선분을 한 변으로 하는 직각 삼각형 2개를 그려 보세요.

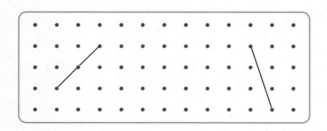

12 도형에서 찾을 수 있는 직각은 모두 몇 개인지 구해 보세요.

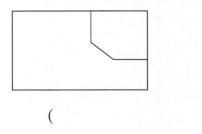

(   )

13 시계의 긴바늘과 짧은바늘이 이루는 작은 쪽의 각이 직각인 시각을 모두 찾아 기호를 써 보세요.

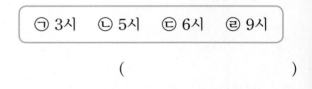

　⊙ 3시　　ⓒ 5시　　ⓒ 6시　　ⓔ 9시

(   )

14 직사각형 모양의 종이를 점선을 따라 자르면 직각삼각형이 몇 개 만들어질까요?

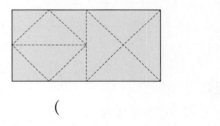

(   )

15 크기가 같은 정사각형 2개와 직사각형 1개가 되 도록 정사각형 안에 선을 그어 보세요.

16 네 변의 길이의 합이 24 cm인 정사각형이 있습니다. 이 정사각형의 한 변의 길이는 몇 cm일까요?

(   )

17 한 변의 길이가 7 cm인 정사각형 3개로 만든 도형입니다. 빨간색 선의 길이는 몇 cm인지 구해 보세요.

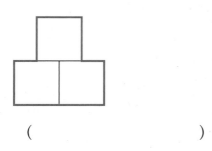

(   )

18 도형에서 찾을 수 있는 크고 작은 직사각형은 모두 몇 개일까요?

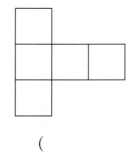

(   )

19 두 사각형의 같은 점과 다른 점을 설명해 보세요.

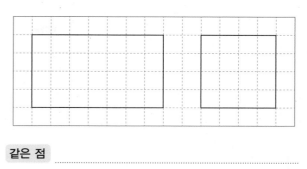

같은 점 _____

_____

다른 점 _____

_____

20 그림과 같은 직사각형 모양의 종이를 잘라서 가장 큰 정사각형을 만들었습니다. 만들고 남은 직사각형의 네 변의 길이의 합은 몇 cm인지 풀이 과정을 쓰고 답을 구해 보세요.

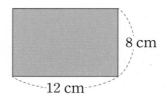

8 cm

12 cm

풀이 _____

_____

_____

_____

답 _____

1 □ 안에 알맞은 수가 큰 것부터 차례로 기호를 쓰려고 합니다. 풀이 과정을 쓰고 답을 구해 보세요.

$$\begin{aligned} &\text{㉠ } 35 \div \square = 7 \\ &\text{㉡ } 27 \div \square = 3 \\ &\text{㉢ } 48 \div \square = 6 \end{aligned}$$

풀이 ⑩ ㉠ $35 \div \square = 7$

➡ $7 \times \square = 35$, $\square = 5$

㉡ $27 \div \square = 3$ ➡ $3 \times \square = 27$, $\square = 9$

㉢ $48 \div \square = 6$ ➡ $6 \times \square = 48$, $\square = 8$

$9 > 8 > 5$이므로 □ 안에 알맞은 수가 큰 것부터 차례로 기호를 쓰면 ㉡, ㉢, ㉠입니다.

답 ㉡, ㉢, ㉠

1⁺ □ 안에 알맞은 수가 작은 것부터 차례로 기호를 쓰려고 합니다. 풀이 과정을 쓰고 답을 구해 보세요.

$$\begin{aligned} &\text{㉠ } 30 \div \square = 5 \\ &\text{㉡ } 64 \div \square = 8 \\ &\text{㉢ } 12 \div \square = 3 \end{aligned}$$

풀이

답

2 재우네 학교 3학년 학생들이 빈 병을 모았습니다. 세 반에서 모은 빈 병을 한 봉지에 6개씩 담으면 몇 봉지가 되는지 풀이 과정을 쓰고 답을 구해 보세요.

1반	2반	3반
20개	16개	18개

풀이 ⑩ 세 반에서 모은 빈 병은 모두

$20 + 16 + 18 = 54$(개)입니다.

따라서 빈 병을 담은 봉지는 $54 \div 6 = 9$(봉지)가 됩니다.

답 9봉지

2⁺ 현수네 학교 3학년 학생들이 헌 책을 모았습니다. 세 반에서 모은 헌 책을 한 상자에 8권씩 담으면 몇 상자가 되는지 풀이 과정을 쓰고 답을 구해 보세요.

1반	2반	3반
21권	26권	25권

풀이

답

3 뺄셈식 $15-5-5-5=0$을 나눗셈식으로 나타내려고 합니다. 풀이 과정을 쓰고 답을 구해 보세요.

▶ 뺄셈식에서 나누는 수, 몫을 찾습니다.

풀이 ....

....

....

답 ....

4 상자에 감자를 남김없이 똑같이 나누어 담으려고 합니다. 가, 나, 다 중 어느 상자에 담아야 할지 풀이 과정을 쓰고 답을 구해 보세요.

▶ 감자의 수를 상자의 수로 나눌 수 있는 것을 찾습니다.

가　　　　나　　　　다

풀이 ....

....

....

답 ....

5 수 카드를 한 번씩만 사용하여 곱셈식과 나눗셈식을 2개씩 만들려고 합니다. 풀이 과정을 쓰고 답을 구해 보세요.

▶ 곱셈식으로 2개의 나눗셈식을, 나눗셈식으로 2개의 곱셈식을 만들 수 있습니다.

6　　30　　5

풀이 ....

....

답 ....,

6 1부터 9까지의 수 중에서 ☐ 안에 들어갈 수 있는 수는 모두 몇 개인지 풀이 과정을 쓰고 답을 구해 보세요.

> ▶ 54÷9를 계산하여 ☐ 안에 들어갈 수 있는 수를 구합니다.

$$54 \div 9 > \square$$

풀이 ....

....

....

답 ....

7 튤립이 15송이 있습니다. 이 튤립을 꽃병 3개에 똑같이 나누어 꽂으려고 합니다. 꽃병 한 개에 튤립을 몇 송이씩 꽂아야 하는지 풀이 과정을 쓰고 답을 구해 보세요.

> ▶ 전체 튤립 수를 꽃병 수로 나눕니다.

풀이 ....

....

....

답 ....

8 어떤 수를 9로 나누었더니 몫이 4였습니다. 어떤 수를 6으로 나눈 몫은 얼마인지 풀이 과정을 쓰고 답을 구해 보세요.

> ▶ 어떤 수를 ☐라고 하여 어떤 수를 구하는 식을 세웁니다.

풀이 ....

....

....

답 ....

9 수 카드 3장 중에서 2장을 골라 한 번씩만 사용하여 만들 수 있는 두 자리 수 중에서 7로 나누어지는 수를 모두 구하려고 합니다. 풀이 과정을 쓰고 답을 구해 보세요.

3 5 6

▶ 7로 나누어지는 수는 7단 곱셈구구의 곱과 같습니다.

풀이 ....

....

....

답 ....

10 공책이 8권씩 3묶음 있습니다. 이 공책을 한 사람에게 4권씩 나누어 주려고 합니다. 몇 명에게 나누어 줄 수 있는지 풀이 과정을 쓰고 답을 구해 보세요.

▶ 공책은 모두 몇 권인지 알아봅니다.

풀이 ....

....

....

답 ....

11 오른쪽 그림과 같은 정사각형 모양의 도화지가 있습니다. 이 도화지를 잘라 한 변의 길이가 4 cm인 정사각형을 몇 개까지 만들 수 있는지 풀이 과정을 쓰고 답을 구해 보세요.

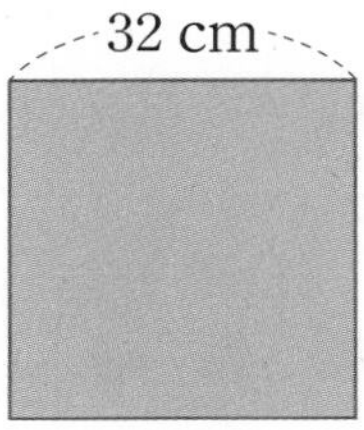

32 cm

▶ 정사각형 모양 도화지의 한 변은 4 cm의 몇 배인지 알아봅니다.

풀이 ....

....

....

답 ....

단원 평가 Level ❶

1 나눗셈식 $30 \div 5 = 6$에 대한 설명으로 틀린 것을 찾아 기호를 써 보세요.

> ㉠ 30 나누기 5는 6과 같습니다.
> ㉡ 30에서 6을 5번 빼면 0이 됩니다.
> ㉢ 30개를 5개씩 묶으면 6묶음이 됩니다.

(   )

2 다음을 뺄셈식과 나눗셈식으로 각각 나타내 보세요.

> 27에서 9를 3번 빼면 0이 됩니다.

뺄셈식 ....

나눗셈식 ....

3 $3 \times 6 = 18$을 이용하여 몫을 구할 수 있는 나눗셈식을 모두 찾아 ○표 하세요.

$18 \div 3$	$18 \div 6$	$18 \div 9$
( )	( )	( )

4 바둑돌 24개를 3개씩 나누려고 합니다. 바둑돌을 3개씩 묶어 보고 모두 몇 묶음이 되는지 나눗셈식으로 나타내 보세요.

$$\boxed{} \div \boxed{} = \boxed{}$$

5 나눗셈식을 보고 곱셈식을 2개 만들어 보세요.

> $54 \div 6 = 9$

곱셈식 ....

....

6 ㉠에 공통으로 들어갈 수를 구해 보세요.

> $㉠ \times 7 = 42 \quad \longleftrightarrow \quad 42 \div 7 = ㉠$

(   )

7 사탕 24개를 4상자에 똑같이 나누어 담으려고 합니다. 한 상자에 몇 개씩 담아야 할까요?

식 ....

답 ....

8 ☐ 안에 알맞은 수를 써넣으세요.

$$\boxed{6 \times 5 = 30} \quad \begin{array}{l} 30 \div 6 = \boxed{} \\ 30 \div 5 = \boxed{} \end{array}$$

9 그림을 보고 곱셈식과 나눗셈식으로 나타내 보세요.

곱셈식 _____ ,
_____

나눗셈식 _____ ,
_____

10 나눗셈의 몫이 6보다 작은 것을 모두 고르세요. (   )

① $64 \div 8$ ② $45 \div 9$

③ $36 \div 6$ ④ $35 \div 7$

⑤ $49 \div 7$

11 책 56권을 책꽂이에 꽂으려고 합니다. 책꽂이 한 칸에 책을 8권씩 꽂는다면 책꽂이는 몇 칸 필요할까요?

식 _____

답 _____

12 야구공을 상자에 똑같이 나누어 담으려고 합니다. 상자의 수에 따라 야구공을 몇 개씩 담을 수 있는지 구해 보세요.

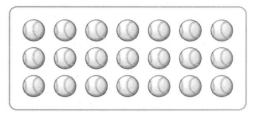

3상자에 담을 때: 한 상자에 ☐ 개씩

7상자에 담을 때: 한 상자에 ☐ 개씩

13 주차장에 있는 자동차의 바퀴 수를 세어 보았더니 36개였습니다. 자동차는 몇 대일까요?

(   )

14 1부터 9까지의 수 중에서 ☐ 안에 들어갈 수 있는 수는 모두 몇 개일까요?

$$40 \div 8 < \square$$

(   )

15 색종이가 한 묶음에 27장씩 2묶음 있습니다. 이 색종이를 9명에게 똑같이 나누어 주려고 합니다. 한 명에게 몇 장씩 줄 수 있을까요?

(   )

16 곱셈표가 지워졌습니다. ☐ 안에 알맞은 수를 구해 보세요.

×	2	3	4			7
					12	14
				☐		21
4	8	12		20	24	28
5	10	15	20	25	30	35
6	12	18	24	30	36	42

( )

17 길이가 36 m인 도로의 한쪽에 처음부터 끝까지 4 m 간격으로 나무를 심으려고 합니다. 나무는 모두 몇 그루 필요한지 구해 보세요. (단, 나무의 두께는 생각하지 않습니다.)

( )

18 1☐는 두 자리 수이고 3으로 나눌 수 있습니다. 다음 나눗셈의 몫이 가장 크게 될 때 ☐ 안에 알맞은 수를 구해 보세요.

$$1\boxed{} \div 3$$

( )

19 재석이는 색종이를 33장 가지고 있습니다. 이 중에서 5장을 동생에게 주고 나머지는 친구 4명에게 똑같이 나누어 주려고 합니다. 친구 한 명에게 몇 장씩 주면 되는지 풀이 과정을 쓰고 답을 구해 보세요.

풀이

답

20 어떤 수를 2로 나누어야 할 것을 잘못하여 3으로 나누었더니 몫이 6이 되었습니다. 바르게 계산한 몫은 얼마인지 풀이 과정을 쓰고 답을 구해 보세요.

풀이

답

단원 평가 Level ❷

점수

확인

1 밤 12개를 2개의 접시에 똑같이 나누어 담으면 접시 한 개에 밤이 몇 개씩인지 □ 안에 알맞은 수를 써넣으세요.

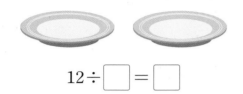

$$12 \div \boxed{} = \boxed{}$$

2 48 ÷ 8의 몫을 구하기 위해 필요한 곱셈식을 써 보세요.

곱셈식 _____

3 여러 칸으로 된 상자가 있습니다. 도넛 9개를 각 칸에 똑같이 나누어 담으려고 합니다. 어느 상자에 담아야 하는지 ○표 하세요.

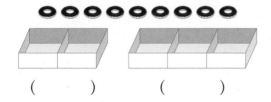

(   )   (   )

4 30 ÷ 6 = 5를 뺄셈식으로 바르게 나타낸 것에 ○표 하세요.

| $30 - 6 - 6 - 6 - 6 - 6 = 0$ | (   ) |

| $30 - 5 - 5 - 5 - 5 - 5 - 5 = 0$ | (   ) |

5 곱셈식을 보고 나눗셈식 2개로 나타내 보세요.

$$9 \times 6 = 54$$

나눗셈 _____ , _____

6 나눗셈의 몫이 같은 것끼리 이어 보세요.

| 36 ÷ 9 | • | | • | 49 ÷ 7 |

| 14 ÷ 2 | • | | • | 20 ÷ 5 |

| 27 ÷ 3 | • | | • | 72 ÷ 8 |

7 나눗셈의 몫의 크기를 비교하여 ○ 안에 >, =, < 중 알맞은 것을 써넣으세요.

$$42 \div 7 \bigcirc 35 \div 5$$

8 문장을 보고 물음에 답하세요.

> 연필 18자루를 한 명에게 3자루씩 6명에게 나누어 주었습니다.

(1) 문장에 알맞은 나눗셈식을 써 보세요.

나눗셈 _____

(2) (1)에서 구한 나눗셈식을 보고 곱셈식 2개로 나타내 보세요.

곱셈식 _____ , _____

3

9 □를 사용하여 나눗셈식으로 나타내고 □를 구해 보세요.

> 56을 어떤 수로 나누면 8과 같습니다.

나눗셈식 _____

답 _____

10 □ 안에 알맞은 수를 써넣으세요.

$$72 \div \boxed{} = 32 \div 4$$

11 딸기 20개를 4개의 케이크에 똑같이 나누어 올리려고 합니다. 케이크 한 개에 딸기를 몇 개씩 올릴 수 있을까요?

( )

12 한 봉지에 12개씩 들어 있는 사탕이 4봉지 있습니다. 이 사탕을 한 사람에게 8개씩 나누어 준다면 몇 명에게 줄 수 있을까요?

( )

13 빈칸에 알맞은 수를 써넣으세요.

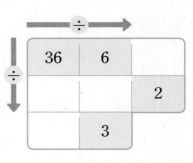

14 □ 안에 알맞은 수가 가장 큰 것을 찾아 기호를 써 보세요.

> ㉠ $63 \div \boxed{} = 9$ ㉡ $\boxed{} \div 2 = 4$
>
> ㉢ $35 \div 7 = \boxed{}$ ㉣ $45 \div \boxed{} = 5$

( )

15 귤 35개를 봉지에 똑같이 나누어 담으려고 합니다. 귤을 한 봉지에 몇 개씩 몇 봉지에 나누어 담을 수 있는지 구해 보세요.

$\boxed{}$개씩 $\boxed{}$봉지

$\boxed{}$개씩 $\boxed{}$봉지

16 수 카드 4장 중에서 2장을 골라 두 자리 수를 만들려고 합니다. 만들 수 있는 두 자리 수 중에서 9로 나누어지는 수를 모두 구해 보세요.

| 2 | 3 | 6 | 7 |

(   )

17 곶감 18개가 있습니다. 어머니께서 정민이와 동생에게 곶감 18개를 똑같이 나누어 주셨습니다. 정민이가 곶감을 3일 동안 똑같이 나누어 먹으려면 하루에 곶감을 몇 개씩 먹어야 할까요?

(   )

18 어떤 수를 8로 나눈 몫을 다시 4로 나누었더니 몫이 2가 되었습니다. 어떤 수를 구해 보세요.

(   )

19 직사각형 모양의 도화지를 잘라 한 변의 길이가 8 cm인 정사각형을 몇 개까지 만들 수 있는지 풀이 과정을 쓰고 답을 구해 보세요.

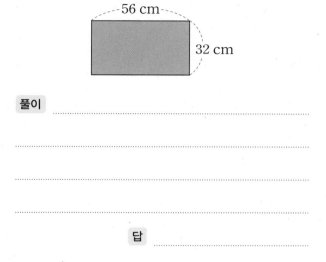

풀이

답

20 윤서네 모둠과 민호네 모둠 중 한 명이 먹은 사탕이 더 많은 모둠은 어느 모둠인지 풀이 과정을 쓰고 답을 구해 보세요.

> 윤서: 우리 모둠은 사탕 28개를 4명이 똑같이 나누어 먹었어.
> 민호: 우리 모둠은 사탕 30개를 5명이 똑같이 나누어 먹었어.

풀이

답

1 1부터 9까지의 수 중에서 ☐ 안에 들어갈 수 있는 수를 모두 구하려고 합니다. 풀이 과정을 쓰고 답을 구해 보세요.

$$34 \times \square < 27 \times 4$$

풀이 예 $27 \times 4 = 108$이므로 $34 \times \square < 108$ 입니다.

$\square = 1$일 때, $34 \times 1 = 34$ ➡ $34 < 108$

$\square = 2$일 때, $34 \times 2 = 68$ ➡ $68 < 108$

$\square = 3$일 때, $34 \times 3 = 102$ ➡ $102 < 108$

$\square = 4$일 때, $34 \times 4 = 136$ ➡ $136 > 108$

따라서 ☐ 안에 들어갈 수 있는 수는 1, 2, 3입니다.

답 　　1, 2, 3

1⁺ 1부터 9까지의 수 중에서 ☐ 안에 들어갈 수 있는 수를 모두 구하려고 합니다. 풀이 과정을 쓰고 답을 구해 보세요.

$$57 \times \square < 49 \times 3$$

풀이

답

2 어떤 수에 6을 곱해야 할 것을 잘못하여 더했더니 52가 되었습니다. 바르게 계산한 값은 얼마인지 풀이 과정을 쓰고 답을 구해 보세요.

풀이 예 어떤 수를 ☐라고 하면 $\square + 6 = 52$입니다. $\square = 52 - 6$, $\square = 46$이므로 어떤 수는 46입니다.

따라서 바르게 계산하면 $46 \times 6 = 276$입니다.

답 　　276

2⁺ 어떤 수에 9를 곱해야 할 것을 잘못하여 더했더니 63이 되었습니다. 바르게 계산한 값은 얼마인지 풀이 과정을 쓰고 답을 구해 보세요.

풀이

답

3 계산에서 잘못된 곳을 찾아 까닭을 쓰고, 바르게 계산해 보세요.

▶ 십의 자리를 계산할 때 일의 자리에서 올림한 수가 있는지 없는지 알아봅니다.

까닭 _____

_____

_____

4 가장 큰 수와 가장 작은 수의 곱은 얼마인지 풀이 과정을 쓰고 답을 구해 보세요.

| 21 | 9 | 6 | 15 |

▶ 먼저 수의 크기를 비교하여 가장 큰 수와 가장 작은 수를 찾습니다.

풀이 _____

_____

_____

답 _____

5 정민이는 하루에 줄넘기를 83번씩 합니다. 정민이가 일주일 동안 한 줄넘기는 몇 번인지 풀이 과정을 쓰고 답을 구해 보세요.

▶ 일주일은 7일입니다.

풀이 _____

_____

_____

답 _____

6 어림하여 구한 결과가 100보다 큰 것을 찾아 기호를 쓰려고 합니다. 풀이 과정을 쓰고 답을 구해 보세요.

▶ 곱해지는 수를 몇십으로 어림합니다.

$$\bigcirc \ 28 \times 3 \qquad \bigcirc \ 21 \times 5 \qquad \bigcirc \ 48 \times 2$$

풀이

답

7 자전거 보관소에 두발자전거 49대와 세발자전거 28대가 있습니다. 자전거 바퀴는 모두 몇 개인지 풀이 과정을 쓰고 답을 구해 보세요.

▶ 두발자전거와 세발자전거의 바퀴 수를 각각 구하여 더합니다.

풀이

답

8 색종이가 한 봉지에 18장씩 들어 있는데 한 상자에 색종이를 3봉지씩 담아 포장하였습니다. 5상자에 들어 있는 색종이는 모두 몇 장인지 풀이 과정을 쓰고 답을 구해 보세요.

▶ 먼저 한 상자에 들어 있는 색종이 수를 구합니다.

풀이

답

9 □ 안에 알맞은 수는 얼마인지 풀이 과정을 쓰고 답을 구해 보세요.

$$36 \times \square = 252$$

▶ 일의 자리 계산을 먼저 합니다.

풀이 _____

_____

_____

답 _____

10 긴 의자가 32개 있습니다. 한 의자에 9명씩 앉았더니 마지막 의자에는 3명만 앉았습니다. 의자에 앉아 있는 사람은 모두 몇 명인지 풀이 과정을 쓰고 답을 구해 보세요.

▶ 9명씩 앉아 있는 의자는 31개 입니다.

풀이 _____

_____

_____

답 _____

4

11 수 카드 3장을 한 번씩만 사용하여 (몇십몇)×(몇)의 곱셈식을 만들려고 합니다. 만들 수 있는 곱셈식 중에서 가장 작은 곱은 얼마인지 풀이 과정을 쓰고 답을 구해 보세요.

▶ $25 \times 9 = 225$, $95 \times 2 = 190$ 과 같이 십의 자리 계산이 같을 경우 곱하는 수가 작을수록 곱이 작습니다.

| 8 | 3 | 7 |

풀이 _____

_____

_____

답 _____

단원 평가 Level ❶

1 그림을 보고 □ 안에 알맞은 수를 써넣으세요.

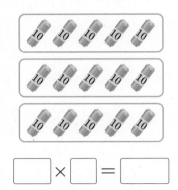

$$\boxed{} \times \boxed{} = \boxed{}$$

2 빈칸에 두 수의 곱을 써넣으세요.

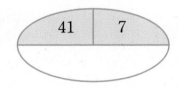

3 어림하기 위한 식에 ○표 하세요.

(1)

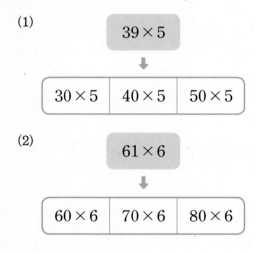

| 30×5 | 40×5 | 50×5 |

(2)

61×6

| 60×6 | 70×6 | 80×6 |

4 계산해 보세요.

$$19 \times 5 = \boxed{}$$

$$19 \times 6 = \boxed{}$$

$$19 \times 7 = \boxed{}$$

5 계산 결과를 찾아 이어 보세요.

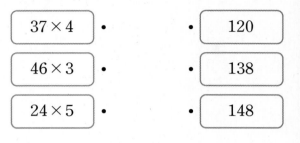

6 빈칸에 알맞은 수를 써넣으세요.

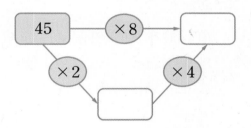

7 곱의 크기를 비교하여 ○ 안에 >, =, < 중 알맞은 것을 써넣으세요.

(1) $43 \times 4 \bigcirc 29 \times 6$

(2) $24 \times 8 \bigcirc 25 \times 7$

8 눈금 한 칸의 길이는 모두 같습니다. 전체의 길이를 구해 보세요.

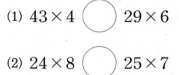

9 보기 와 같이 계산해 보세요.

> 보기
>
> $$32 \times 6 = 32 \times 5 + 32$$
> $$= 160 + 32 = 192$$

45×5 ....

....

10 ㉠과 ㉡ 사이에 있는 두 자리 수는 모두 몇 개일까요?

> ㉠ 37×2 ㉡ 27×3

(   )

11 성준이는 매일 아침에 아몬드를 7개씩 먹습니다. 성준이가 5월 한 달 동안 먹은 아몬드는 모두 몇 개일까요?

(   )

12 36×4와 곱이 같은 것을 찾아 기호를 써 보세요.

> ㉠ 12×6 ㉡ 18×8 ㉢ 14×9

(   )

13 수 카드를 한 번씩만 사용하여 (몇십몇) × (몇)의 곱셈식을 만들려고 합니다. 가장 큰 두 자리 수와 나머지 수의 곱을 구해 보세요.

7   3   9

(   )

14 구슬이 24개씩 6줄로 놓여 있습니다. 이 구슬을 한 줄에 18개씩 놓으면 몇 줄이 될까요?

(   )

15 ☐ 안에 알맞은 수를 써넣으세요.

$$
\begin{array}{r}
7\ \boxed{} \\
\times\qquad 3 \\
\hline
\boxed{}\,\boxed{}\ 7 \\
\end{array}
$$

16 계산 결과가 400에 가장 가깝게 되도록 □ 안에 알맞은 수를 구해 보세요.

$$46 \times \square$$

( )

17 1부터 9까지의 수 중에서 □ 안에 들어갈 수 있는 수들의 합을 구해 보세요.

$$35 \times 5 > \square 4 \times 7$$

( )

18 어떤 두 자리 수의 십의 자리 수와 일의 자리 수를 바꾸어 3을 곱했더니 216이 되었습니다. 처음 두 자리 수에 3을 곱하면 얼마가 되는지 구해 보세요.

( )

19 곧게 뻗은 도로 한쪽에 처음부터 끝까지 가로등 8개를 14 m 간격으로 세웠습니다. 도로의 길이는 몇 m인지 풀이 과정을 쓰고 답을 구해 보세요. (단, 가로등의 두께는 생각하지 않습니다.)

풀이

답

20 동화책을 윤성이는 하루에 42쪽씩 4일 동안 읽었고, 준수는 하루에 38쪽씩 5일 동안 읽었습니다. 동화책을 누가 몇 쪽 더 많이 읽었는지 풀이 과정을 쓰고 답을 구해 보세요.

풀이

답

단원 평가 Level ❷

1 계산해 보세요.

(1) 52×3

(2) 84×6

2 곱이 다른 하나는 어느 것일까요? (   )

① 90×2 ② 30×6

③ 20×9 ④ 70×2

⑤ 60×3

3 오른쪽 곱셈식의 ☐ 안의 수 1이 실제로 나타내는 수는 얼마일까요?

$$\begin{array}{r} \boxed{1} \\ 4\ 7 \\ \times\quad 2 \\ \hline 9\ 4 \end{array}$$

(   )

4 ☐ 안에 알맞은 수를 써넣으세요.

$32 \times 4 =$ ☐

$\times 2 \downarrow \qquad \downarrow \times 2$

$64 \times 4 =$ ☐

5 빈칸에 알맞은 수를 써넣으세요.

6 계산 결과가 같은 것끼리 이어 보세요.

35×3	•		•	12×8
16×5	•		•	15×7
24×4	•		•	40×2

7 사탕이 45개씩 들어 있는 봉지가 2봉지 있습니다. 사탕은 모두 몇 개일까요?

식 _____

답 _____

8 빈칸에 알맞은 수를 써넣으세요.

	×	→
×	18	4
↓	5	54

9 혜민이는 매일 종이학을 57개씩 접었습니다. 혜민이가 6일 동안 접은 종이학은 모두 몇 개일까요?

(   )

10 두 곱의 합을 구해 보세요.

37 × 7	92 × 3

(   )

11 곱이 가장 작은 것은 어느 것일까요? (   )

① 18 × 6   ② 20 × 5
③ 48 × 2   ④ 34 × 3
⑤ 29 × 4

12 하루에 땅콩을 민지는 14개, 수연이는 12개 먹습니다. 두 사람이 5일 동안 먹은 땅콩은 모두 몇 개일까요?

(   )

13 지워진 수를 구해 보세요.

(   )

14 ☐ 안에 알맞은 수를 써넣으세요.

$$21 \times \boxed{} = 42 \times 3$$

15 제과점에서 쿠키 240개를 만들었습니다. 한 봉지에 25개씩 담아 9봉지를 팔았다면 남은 쿠키는 몇 개일까요?

(   )

16 어떤 수에 7을 곱해야 할 것을 잘못하여 7을 뺐더니 43이 되었습니다. 바르게 계산하면 얼마일까요?

( )

17 1부터 9까지의 수 중에서 □ 안에 들어갈 수 있는 수를 모두 구해 보세요.

$$16 \times \boxed{} > 110$$

( )

18 수 카드 2 , 9 , 7 을 한 번씩만 사용하여 (몇십몇) × (몇)의 곱셈식을 만들려고 합니다. 곱이 가장 큰 곱셈식을 만들고 계산해 보세요.

$$\boxed{}\boxed{} \times \boxed{} = \boxed{}$$

19 예린이는 매일 동화책을 26쪽씩 읽습니다. 예린이가 일주일 동안 읽은 동화책은 모두 몇 쪽인지 풀이 과정을 쓰고 답을 구해 보세요.

풀이

답

20 그림과 같이 길이가 40 cm인 색 테이프 4장을 5 cm씩 겹쳐서 이어 붙였습니다. 이어 붙인 색 테이프의 전체 길이는 몇 cm인지 풀이 과정을 쓰고 답을 구해 보세요.

40 cm — 40 cm ...
5 cm   5 cm

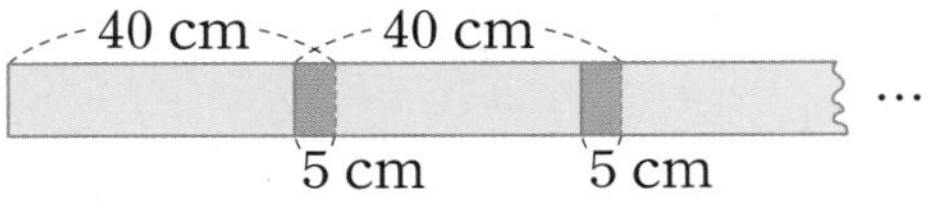

풀이

답

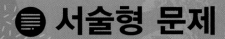 서술형 문제

1 빨대의 길이를 재어 보니 112 mm였습니다. 빨대의 길이는 몇 cm 몇 mm인지 풀이 과정을 쓰고 답을 구해 보세요.

풀이 ㉐ 1 cm = 10 mm입니다.

$$112 \, mm = 110 \, mm + 2 \, mm$$
$$= 11 \, cm + 2 \, mm$$
$$= 11 \, cm \, 2 \, mm$$

따라서 빨대의 길이는 11 cm 2 mm입니다.

답   11 cm 2 mm

1⁺ 색연필의 길이를 재어 보니 135 mm였습니다. 색연필의 길이는 몇 cm 몇 mm인지 풀이 과정을 쓰고 답을 구해 보세요.

풀이

답

2 미진이는 오전 11시 40분에 기차를 타서 오후 2시 20분에 기차에서 내렸습니다. 미진이가 기차를 탄 시간은 몇 시간 몇 분인지 풀이 과정을 쓰고 답을 구해 보세요.

풀이 ㉐ 오후 2시 20분은 14시 20분입니다.

(기차를 탄 시간)

= (기차에서 내린 시각) − (기차를 탄 시각)

= 14시 20분 − 11시 40분

= 2시간 40분

답   2시간 40분

2⁺ 축구 경기가 오전 11시 50분에 시작하여 오후 1시 35분에 끝났습니다. 축구 경기를 한 시간은 몇 시간 몇 분인지 풀이 과정을 쓰고 답을 구해 보세요.

풀이

답

3 단위를 잘못 쓴 문장을 찾아 기호를 쓰고, 바르게 고쳐 보세요.

> ㉠ 학교 운동장 긴 쪽의 길이는 약 150 km입니다.
> ㉡ 설악산의 높이는 약 1708 m입니다.

답 ....

바르게 고치기 ....

....

▶ 1 km = 1000 m임을 생각하 며 학교 운동장 긴 쪽의 길이 와 설악산의 높이를 어림해 봅 니다.

4 집에서 수영장까지의 거리는 약 6 km입니다. 집에서 도서관까지의 거 리는 약 몇 km인지 풀이 과정을 쓰고 답을 구해 보세요.

집   도서관   수영장

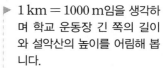

약 6 km

풀이 ....

....

....

답 ....

▶ 도서관은 집과 수영장의 가운 데쯤에 있습니다.

5 책상 정리를 유성이는 9분 32초 동안 했고, 서준이는 581초 동안 했습니 다. 책상 정리를 누가 더 오래 했는지 풀이 과정을 쓰고 답을 구해 보세요.

풀이 ....

....

....

답 ....

▶ ■초로 단위를 같게 하거나 ●분 ■초로 단위를 같게 하 여 비교합니다.

6 민호네 집에서 가장 먼 곳은 어디인지 풀이 과정을 쓰고 답을 구해 보세요.

▶ ■ m로 단위를 같게 하거나 ● km ■ m로 단위를 같게 하여 비교합니다.

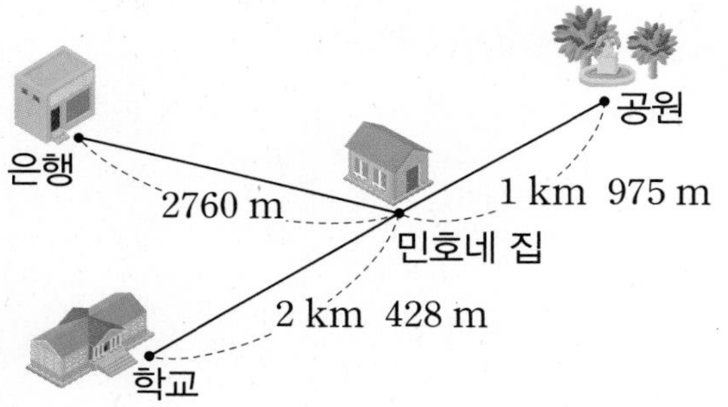

은행 ―― 2760 m ―― 민호네 집

공원 1 km 975 m

학교 ―― 2 km 428 m

풀이 _____

_____

_____

답 _____

7 길이가 긴 것부터 차례로 기호를 쓰려고 합니다. 풀이 과정을 쓰고 답을 구해 보세요.

▶ 단위를 mm로 통일하여 길이를 비교합니다.

| ㉠ 3 cm 5 mm | ㉡ 305 mm |
| ㉢ 350 mm | ㉣ 30 cm 4 mm |

풀이 _____

_____

_____

답 _____

8 오른쪽은 은찬이가 피아노 연습을 시작한 시각입니다. 1시간 15분 40초 동안 피아노 연습을 했다면 은찬이가 피아노 연습을 끝낸 시각은 몇 시 몇 분 몇 초인지 풀이 과정을 쓰고 답을 구해 보세요.

▶ (피아노 연습을 끝낸 시각)
= (피아노 연습을 시작한 시각)
+ (피아노 연습을 한 시간)

풀이 _____

_____

_____

답 _____

9 수환이는 오전 11시 20분부터 오후 3시 45분까지 놀이공원에 있었습니다. 수환이가 놀이공원에 있었던 시간은 몇 시간 몇 분인지 풀이 과정을 쓰고 답을 구해 보세요.

> 오후 시각을 13시, 14시, ...로 나타내 계산합니다.

풀이 ....

....

....

답 ....

10 어느 날 해가 뜬 시각은 오전 6시 22분 18초이고 해가 진 시각은 오후 7시 14분 35초입니다. 이날 낮의 길이는 몇 시간 몇 분 몇 초인지 풀이 과정을 쓰고 답을 구해 보세요.

> 낮의 길이는 해가 뜬 시각부터 해가 진 시각까지입니다.

풀이 ....

....

....

답 ....

5

11 하루에 10분씩 늘어지는 시계가 있습니다. 이 시계를 오늘 오전 10시에 정확하게 맞추었다면 다음 날 오후 10시에 이 시계가 가리키는 시각은 오후 몇 시 몇 분인지 풀이 과정을 쓰고 답을 구해 보세요.

> 하루는 24시간입니다. 24시간 동안 10분이 늘어지므로 12시간 동안에는 5분이 늘어집니다.

풀이 ....

....

....

답 ....

단원 평가 Level ❶

1 길이를 쓰고 읽어 보세요.

> 2 km보다 870 m 더 긴 길이

쓰기 (   )

읽기 (   )

2 주어진 길이를 자로 그어 보세요.

> 2 cm 7 mm

3 길이가 1 km보다 긴 것을 모두 찾아 기호를 써 보세요.

> ㉠ 비행기의 길이
> ㉡ 서울에서 부산까지의 거리
> ㉢ 한라산의 높이
> ㉣ 운동장 긴 쪽의 길이

(   )

4 못의 길이는 몇 cm 몇 mm일까요?

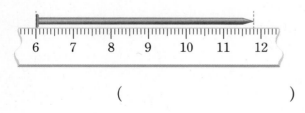

(   )

5 시각에 맞게 초침을 그려 넣으세요.

6 ☐ 안에 알맞은 수를 써넣으세요.

(1) 4분 30초 = ☐ 초

(2) 320초 = ☐ 분 ☐ 초

7 시간의 단위가 알맞지 않은 것은 어느 것일까요? (   )

① 목욕하는 시간: 30분

② 물 한 잔 마시는 시간: 10초

③ 집에서 학교까지 걸어가는 시간: 10분

④ 동화책 한 권을 읽는 시간: 15초

⑤ 하루에 학교에서 생활하는 시간: 5시간

8 계산해 보세요.

$$\begin{array}{r} 8\text{시}\ \ 45\text{분}\ \ 30\text{초} \\ -\ 3\text{시}\ \ 37\text{분}\ \ 51\text{초} \\ \hline \end{array}$$

9 틀린 것을 찾아 기호를 써 보세요.

> ㉠ 28 mm = 2 cm 8 mm
> ㉡ 5 cm 6 mm = 56 mm
> ㉢ 4 km 73 m = 473 m
> ㉣ 1940 m = 1 km 940 m

(   )

10 단위를 잘못 말한 사람의 이름을 쓰고, 옳게 고쳐 보세요.

> 은성: 우리 아빠 키는 약 175 m야.
> 진영: 내 신발 길이는 약 210 mm야.

잘못 말한 사람 ....

옳게 고친 문장 ....

....

11 길이가 가장 긴 것은 어느 것일까요?

(   )

① 48 mm   ② 7 cm 5 mm
③ 8 cm 1 mm   ④ 86 mm
⑤ 69 mm

12 왼쪽 시각에서 15초 뒤의 시각을 오른쪽 시계에 그려 보세요.

13 학교에서 친구들 집까지의 거리를 나타낸 것입니다. 학교에서 집이 가장 먼 친구는 누구일까요?

상훈	영하	시우
978 m	1 km 306 m	1027 m

(   )

14 시간이 더 긴 것의 기호를 써 보세요.

> ㉠ 11분 28초－3분 49초
> ㉡ 2분 17초＋6분 35초

(   )

15 ☐ 안에 알맞은 수를 써넣으세요.

	시간	20 분		초
－	4 시간		분	46 초
	7 시간	50 분		9 초

16 그림과 같이 길이가 8 cm 7 mm인 색 테이프 3장을 14 mm씩 겹쳐서 이어 붙였습니다. 이어 붙인 색 테이프의 전체 길이는 몇 cm 몇 mm일까요?

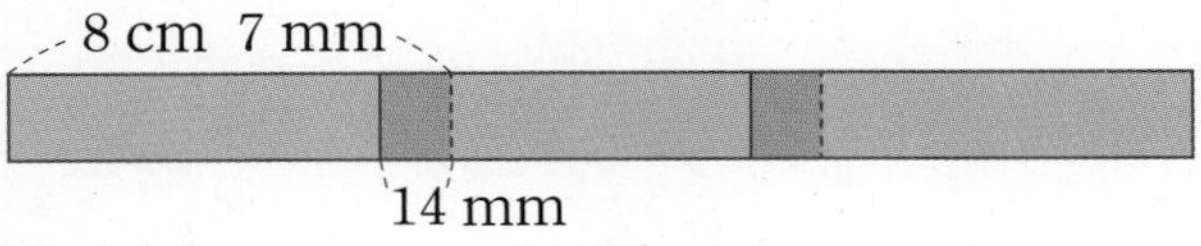

(   )

17 어느 날의 낮의 길이는 13시간 11분 27초였습니다. 이날 낮의 길이는 밤의 길이보다 몇 시간 몇 분 몇 초 더 길었는지 구해 보세요.

(   )

18 1시간에 5초씩 늦어지는 시계가 있습니다. 이 시계를 오늘 오전 7시에 정확하게 맞추었다면 다음 날 오전 9시에 이 시계가 가리키는 시각은 오전 몇 시 몇 분 몇 초일까요?

(   )

19 현호의 키는 132 cm보다 6 mm 더 크고, 민아의 키는 현호보다 3 cm 8 mm 더 작습니다. 민아의 키는 몇 cm 몇 mm인지 풀이 과정을 쓰고 답을 구해 보세요.

풀이

답

20 진우는 4시 17분 43초에 요리를 시작하였습니다. 요리를 다 끝낸 후 시계를 보니 7시 3분 20초였습니다. 진우가 요리를 한 시간은 몇 시간 몇 분 몇 초인지 풀이 과정을 쓰고 답을 구해 보세요.

풀이

답

단원 평가 Level ❷

1 km 단위를 사용하여 길이를 나타내야 하는 것에 ◯표 하세요.

| 학교 건물의 높이 | 서울에서 강릉까지의 거리 | 손가락의 길이 |

(   )   (   )   (   )

2 mm 단위를 바르게 쓴 것을 찾아 기호를 써 보세요.

> ㉠ 냉장고의 높이는 2 mm입니다.
> ㉡ 누나의 키는 150 mm입니다.
> ㉢ 동화책 긴 쪽의 길이는 200 mm입니다.

(   )

3 그림을 보고 ☐ 안에 알맞은 수를 써넣으세요.

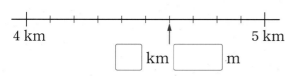

4 km   5 km

☐ km ☐ m

4 같은 길이끼리 이어 보세요.

| 185 mm | • | • | 7 cm 8 mm |

| 78 mm | • | • | 21 cm 3 mm |

| 213 mm | • | • | 18 cm 5 mm |

5 1초 동안 할 수 있는 일을 모두 찾아 ◯표 하세요.

- 눈 한 번 깜빡이기   (   )
- 50 m 달리기   (   )
- 박수 한 번 치기   (   )
- 간식 먹기   (   )

6 ☐ 안에 알맞은 수를 써넣으세요.

(1) 320초 = ☐ 분 20초

(2) ☐ 분 53초 = 173초

7 다음 시각에서 45분 전의 시각을 구해 보세요.

(   )

8 길이가 긴 것부터 차례로 기호를 써 보세요.

> ㉠ 1 km 3 m   ㉡ 1 km 320 m
> ㉢ 1300 m   ㉣ 1030 m

(   )

9 아버지의 발의 길이는 27 cm 9 mm이고 삼촌의 발의 길이는 272 mm입니다. 아버지와 삼촌 중에서 발의 길이가 더 긴 사람은 누구일까요?

(   )

10 바르게 계산한 것의 기호를 써 보세요.

> ⊙ 34분 20초＋5분 50초 ＝ 40분 10초
> ⓒ 9분 15초－3분 42초 ＝ 5분 23초

(   )

11 나래와 채은이의 200 m 달리기 기록입니다. 나래와 채은이의 달리기 기록의 합과 차를 구해 보세요.

이름	나래	채은
기록	51초	1분 18초

합 (   )

차 (   )

12 ☐ 안에 알맞은 수를 써넣으세요.

11 km 750 m＋☐ km ☐ m

＝ 34 km 300 m

13 민지와 성우는 모형 자동차 경주를 하였습니다. 결승점까지 민지의 모형 자동차는 25분 48초가 걸렸고 성우의 모형 자동차는 38분 33초가 걸렸습니다. 결승점까지 누구의 모형 자동차가 몇 분 몇 초 더 빨리 들어왔는지 구해 보세요.

(   ), (   )

14 민선이가 운동을 시작한 시각과 끝낸 시각입니다. 민선이가 운동을 한 시간은 몇 분 몇 초일까요?

시작한 시각   끝낸 시각

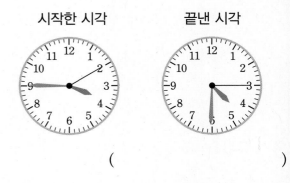

(   )

15 길이가 24 cm인 철사 3개를 9 mm씩 겹치게 이어 붙였습니다. 이어 붙인 철사의 전체 길이는 몇 cm 몇 mm가 될까요?

(   )

16 지민이네 집에서 공원까지 가는 길입니다. ㉠ 길과 ㉡ 길 중 어느 길로 가는 것이 더 가까운지 구해 보세요.

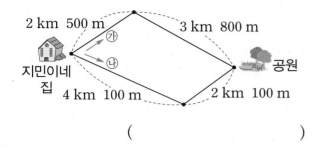

2 km 500 m ㉠ 3 km 800 m
㉡
지민이네 집 4 km 100 m 2 km 100 m 공원

(   )

17 오늘 해가 뜬 시각은 오전 7시 15분 32초이고 해가 진 시각은 오후 5시 57분 19초입니다. 오늘 낮의 길이는 몇 시간 몇 분 몇 초일까요?

(   )

18 우진이네 학교는 9시 5분에 1교시를 시작하여 40분 동안 수업을 하고 10분을 쉽니다. 4교시 가 끝나는 시각은 오후 몇 시 몇 분일까요?

(   )

19 직사각형 모양의 땅 가와 나의 세로의 길이의 차는 몇 m인지 풀이 과정을 쓰고 답을 구해 보세요.

가   3260 m   나   2 km 810 m

풀이 _____

_____

_____

_____

답 _____

20 다해는 수학 공부를 1시 38분에 시작하여 1시 간 47분 동안 했습니다. 다해가 수학 공부를 끝낸 시각은 몇 시 몇 분인지 풀이 과정을 쓰고 답을 구해 보세요.

풀이 _____

_____

_____

_____

답 _____

1 1부터 9까지의 수 중에서 ☐ 안에 들어갈 수 있는 수는 모두 몇 개인지 풀이 과정을 쓰고 답을 구해 보세요.

$$\frac{5}{7} > \frac{\square}{7}$$

풀이 예 분모가 7로 같으므로 분자가 클수록 큰 수입니다.

따라서 분자의 크기를 비교하면 5 > ☐이므로

☐ 안에 들어갈 수 있는 수는 1, 2, 3, 4로 모두 4개입니다.

답 4개

1⁺ 1부터 9까지의 수 중에서 ☐ 안에 들어갈 수 있는 수는 모두 몇 개인지 풀이 과정을 쓰고 답을 구해 보세요.

$$\frac{2}{13} < \frac{\square}{13} < \frac{9}{13}$$

풀이

답

2 민수가 가지고 있는 연필의 길이는 8 cm보다 0.4 cm 더 길고, 종혁이가 가지고 있는 연필의 길이는 8.6 cm입니다. 누구의 연필이 더 긴지 풀이 과정을 쓰고 답을 구해 보세요.

풀이 예 (민수의 연필의 길이) = 8.4 cm

(종혁이의 연필의 길이) = 8.6 cm

따라서 8.4 < 8.6이므로 종혁이의 연필이 더 깁니다.

답 종혁

2⁺ 찬영이가 가지고 있는 막대의 길이는 11 cm보다 0.6 cm 더 길고, 민아가 가지고 있는 막대의 길이는 11.2 cm입니다. 누구의 막대가 더 긴지 풀이 과정을 쓰고 답을 구해 보세요.

풀이

답

3 도형에서 색칠한 부분을 분수로 나타낼 수 있는지 쓰고, 그 까닭을 써 보세요.

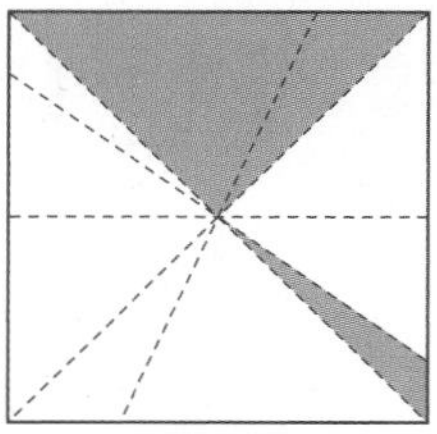

답 _____

까닭 _____

_____

▶ 전체를 똑같이 ■로 나눈 것 중의 ▲를 분수 $\frac{▲}{■}$로 나타냅니다.

4 같은 크기의 빵을 소희는 $\frac{1}{5}$만큼 먹었고, 수영이는 $\frac{1}{8}$만큼 먹었습니다. 빵을 더 많이 먹은 사람은 누구인지 풀이 과정을 쓰고 답을 구해 보세요.

풀이 _____

_____

_____

답 _____

▶ 분자가 1인 분수는 분모가 클수록 작은 수입니다.

$$■ > ▲ \Rightarrow \frac{1}{■} < \frac{1}{▲}$$

5 은성이는 케이크 전체의 0.6을 먹었습니다. 은성이가 먹고 남은 케이크는 전체의 얼마인지 소수로 나타내려고 합니다. 풀이 과정을 쓰고 답을 구해 보세요.

풀이 _____

_____

_____

답 _____

▶ $0.6 = \frac{6}{10}$ 이므로 전체를 10으로 나눈 것 중의 6입니다.

6

6 진성이네 집에서 학교까지의 거리는 0.8 km이고, 진성이네 집에서 도서관까지의 거리는 $\frac{7}{10}$ km입니다. 학교와 도서관 중에서 진성이네 집에서 더 가까운 곳은 어디인지 풀이 과정을 쓰고 답을 구해 보세요.

▶ 0.8, $\frac{7}{10}$ 을 둘 다 소수로 나타내거나 분수로 나타내 크기를 비교합니다.

풀이 _____

_____

_____

답 _____

7 1부터 9까지의 수 중에서 ☐ 안에 들어갈 수 있는 수는 모두 몇 개인지 풀이 과정을 쓰고 답을 구해 보세요.

▶ 소수점 왼쪽 부분이 같으면 소수 부분의 크기만 비교합니다.

$$2.9$$
소수점 왼쪽 　소수
부분　　부분

$$5.3 < 5.\square < 5.8$$

풀이 _____

_____

_____

답 _____

8 가장 큰 수를 찾아 기호를 쓰려고 합니다. 풀이 과정을 쓰고 답을 구해 보세요.

▶ 0.1의 수가 많을수록 큰 수입니다.

㉠ 0.1이 46개인 수

㉡ $\frac{1}{10}$ 이 43개인 수

㉢ 0.1이 49개인 수

풀이 _____

_____

_____

답 _____

9 □ 안에 알맞은 수가 큰 것부터 차례로 기호를 쓰려고 합니다. 풀이 과정을 쓰고 답을 구해 보세요.

> ▶ 0.1이 ■▲개이면 ■.▲입니다.

> ㉠ □은/는 0.1이 70개입니다.
>
> ㉡ 0.1이 □개인 수는 2.8입니다.
>
> ㉢ 3.4는 0.1이 □개입니다.

풀이 _____

_____

_____

답 _____

10 오른쪽 조건을 만족시키는 분수를 모두 쓰려고 합니다. 풀이 과정을 쓰고 답을 구해 보세요.

> • 단위분수입니다.
>
> • $\frac{1}{4}$보다 작은 분수입니다.
>
> • 분모는 8보다 작습니다.

> ▶ 단위분수는 분모가 클수록 작은 수입니다.

풀이 _____

_____

_____

답 _____

6

11 오른쪽 도형에서 색칠한 부분은 전체의 얼마인지 단위분수로 나타내려고 합니다. 풀이 과정을 쓰고 답을 구해 보세요.

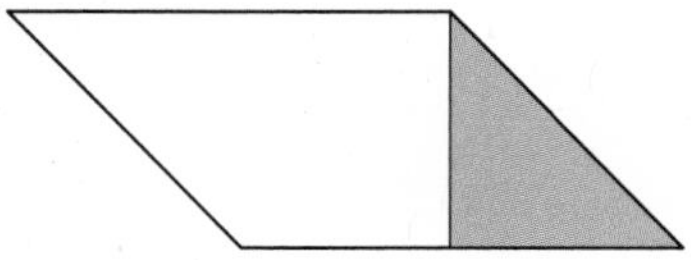

> ▶ 색칠한 부분과 같은 모양과 크기로 주어진 도형을 나누어 봅니다.

풀이 _____

_____

_____

답 _____

단원 평가 Level ❶

1 전체를 똑같이 넷으로 나눈 도형을 찾아 기호를 써 보세요.

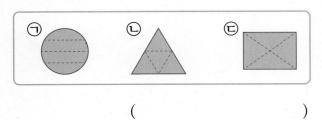

(   )

2 색칠한 부분을 소수로 나타내 보세요.

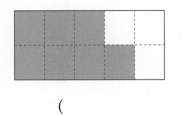

(   )

3 주어진 분수만큼 색칠해 보세요.

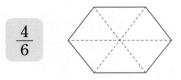

$\dfrac{4}{6}$

4 분수의 크기를 비교하여 ○ 안에 >, =, < 중 알맞은 것을 써넣으세요.

(1) $\dfrac{5}{8}$ ◯ $\dfrac{3}{8}$

(2) $\dfrac{9}{14}$ ◯ $\dfrac{11}{14}$

5 ☐ 안에 알맞은 소수를 써넣으세요.

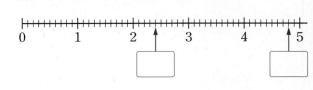

6 분수의 크기를 잘못 비교한 것을 찾아 기호를 써 보세요.

⊙ $\dfrac{1}{9} < \dfrac{1}{5}$ ⊙ $\dfrac{1}{13} > \dfrac{1}{11}$

(   )

7 3.6보다 큰 수를 모두 고르세요. (   )

① 2.8   ② 3.4   ③ 4.1

④ 3.2   ⑤ 3.7

8 지우의 연필의 길이는 10 cm보다 8 mm 더 깁니다. 지우 연필의 길이는 몇 cm인지 소수로 나타내 보세요.

(   )

9 전체에 알맞은 도형을 찾아 기호를 써 보세요.

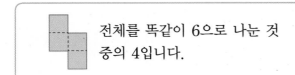

전체를 똑같이 6으로 나눈 것 중의 4입니다.

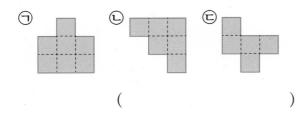

( )

10 가장 큰 수를 찾아 기호를 써 보세요.

㉠ 0.1이 51개인 수

㉡ $\frac{1}{10}$이 53개인 수

㉢ 0.1이 48개인 수

( )

11 동우는 테이프를 똑같이 10조각으로 나누어 그중에서 4조각을 사용했습니다. 사용하고 남은 테이프는 전체의 얼마인지 소수로 나타내 보세요.

( )

12 연호의 털실의 길이는 $\frac{6}{10}$ m, 윤지의 털실의 길이는 0.8 m입니다. 누구의 털실이 더 짧을까요?

( )

13 분모가 15인 분수 중에서 $\frac{7}{15}$보다 크고 $\frac{13}{15}$ 보다 작은 분수는 모두 몇 개일까요?

( )

14 2부터 9까지의 수 중에서 ☐ 안에 들어갈 수 있는 수를 모두 구해 보세요.

$$\frac{1}{\square} > \frac{1}{5}$$

( )

15 나타내는 수가 다른 것을 찾아 기호를 써 보세요.

㉠ 0.1이 68개인 수

㉡ 1이 6개, 0.1이 8개인 수

㉢ $\frac{1}{10}$이 68개인 수

㉣ 7과 0.2만큼인 수

( )

6

16 ㉠+㉡의 값을 구해 보세요.

> • 1.3은 0.1이 ㉠개입니다.
> • 0.1이 ㉡개인 수는 5.4입니다.

( )

17 1부터 9까지의 수 중에서 □ 안에 들어갈 수 있는 수를 모두 구해 보세요.

$$0.3 < \frac{\square}{10} < \frac{7}{10}$$

( )

18 정호는 주스를 전체의 $\frac{5}{9}$ 만큼 마셨습니다. 남은 주스를 하루에 전체의 $\frac{1}{9}$ 씩 마시려고 합니다. 남은 주스를 다 마시는 데 며칠이 걸릴까요?

( )

19 윤진이는 도화지 전체의 $\frac{7}{12}$ 에 노란색을 색칠하고, 나머지 부분에는 파란색을 색칠하였습니다. 더 많은 부분에 색칠한 색은 무슨 색인지 풀이 과정을 쓰고 답을 구해 보세요.

풀이

답

20 수 카드 3장 중 2장을 골라 한 번씩만 사용하여 7.4보다 큰 소수 ■.●를 만들려고 합니다. 만들 수 있는 소수는 모두 몇 개인지 풀이 과정을 쓰고 답을 구해 보세요.

4 7 9

풀이

답

단원 평가 Level ❷

1 색칠한 부분을 분수로 나타내 보세요.

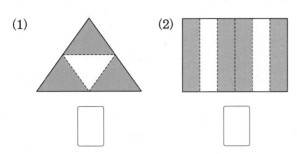

(1)

(2)

2 같은 것끼리 이어 보세요.

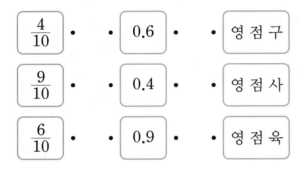

$\dfrac{4}{10}$ • • 0.6 • • 영 점 구

$\dfrac{9}{10}$ • • 0.4 • • 영 점 사

$\dfrac{6}{10}$ • • 0.9 • • 영 점 육

3 도형을 똑같이 나누어 $\dfrac{3}{5}$ 만큼 색칠해 보세요.

4 소수의 크기를 비교하여 ○ 안에 >, =, < 중 알맞은 것을 써넣으세요.

(1) 1.8 ◯ 3.1

(2) 6.4 ◯ 6.2

5 ☐ 안에 알맞은 수를 써넣으세요.

(1) 0.1이 10개인 수는 ☐ 입니다.

(2) 5.1은 $\dfrac{1}{10}$ 이 ☐ 개입니다.

6 머리핀의 길이는 몇 cm인지 소수로 나타내 보세요.

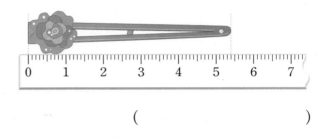

( )

7 종현이는 피자 한 판을 사서 그중 $\dfrac{2}{8}$ 를 먹었습니다. 남은 피자는 먹은 피자의 몇 배일까요?

( )

8 가장 큰 수와 가장 작은 수를 써 보세요.

$\dfrac{2}{7}$ $\dfrac{6}{7}$ $\dfrac{1}{7}$

가장 큰 수 ( )

가장 작은 수 ( )

9 미술 시간에 철사를 아람이는 $\frac{1}{11}$ m, 현수는 $\frac{1}{5}$ m, 민지는 $\frac{1}{7}$ m 사용하였습니다. 철사를 가장 적게 사용한 사람은 누구일까요?

( )

10 다음과 같은 색 테이프 2장을 겹치지 않게 이어 붙였습니다. 이어 붙인 색 테이프의 길이는 몇 cm인지 소수로 나타내 보세요.

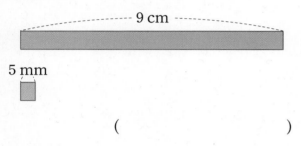

9 cm

5 mm

( )

11 수수깡을 호연이는 6 cm 7 mm, 현철이는 6.9 cm 가지고 있습니다. 누가 더 긴 수수깡을 가지고 있을까요?

( )

12 1부터 9까지의 수 중에서 ☐ 안에 들어갈 수 있는 수는 모두 몇 개일까요?

$$1.\square < 1.6$$

( )

13 ☐ 안에 들어갈 수 있는 수를 모두 구해 보세요.

$\boxed{\frac{1}{9}\text{이 2개인 수}} < \boxed{\frac{\square}{9}} < \boxed{\frac{1}{9}\text{이 5개인 수}}$

( )

14 전체 철사의 $\frac{1}{4}$ 만큼의 길이가 3 cm이면 전체 철사의 길이는 몇 cm일까요?

( )

15 수 카드 $\boxed{5}$, $\boxed{9}$, $\boxed{7}$, $\boxed{3}$ 중에서 한 장을 사용하여 분자가 1인 분수를 만들려고 합니다. 가장 큰 분수를 써 보세요.

( )

16 케이크 전체의 $\dfrac{2}{10}$는 혜정이가 먹고, 0.7은 민수가 먹었습니다. 나머지를 가은이가 먹었다면 가은이가 먹은 양은 전체의 얼마인지 소수로 나타내 보세요.

(   )

17 큰 수부터 차례로 기호를 써 보세요.

> ㉠ $\dfrac{1}{10}$이 31개인 수
> ㉡ 3.3
> ㉢ 이 점구
> ㉣ 0.1이 36개인 수

(   )

18 조건을 만족시키는 소수 ■.▲를 구해 보세요.

> • 0.2와 0.9 사이의 수입니다.
> • 0.5보다 큰 수입니다.
> • $\dfrac{7}{10}$보다 작은 수입니다.

(   )

19 조건을 만족시키는 분수는 모두 몇 개인지 풀이 과정을 쓰고 답을 구해 보세요.

> • 분자가 1입니다.
> • $\dfrac{1}{3}$보다 작고 $\dfrac{1}{12}$보다 큰 분수입니다.

풀이 _____

_____

_____

답 _____

20 리본 1 m를 똑같이 10조각으로 나누었습니다. 그중 수지가 3조각, 찬수가 4조각을 사용했습니다. 남은 리본의 길이는 몇 m인지 소수로 나타내려고 합니다. 풀이 과정을 쓰고 답을 구해 보세요.

풀이 _____

_____

_____

_____

답 _____

6

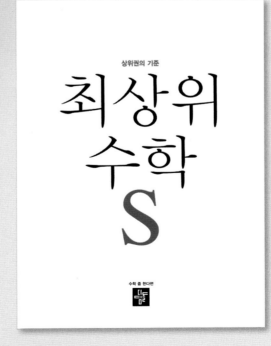

한걸음 한걸음 디딤돌을 걷다 보면
수학이 완성됩니다.

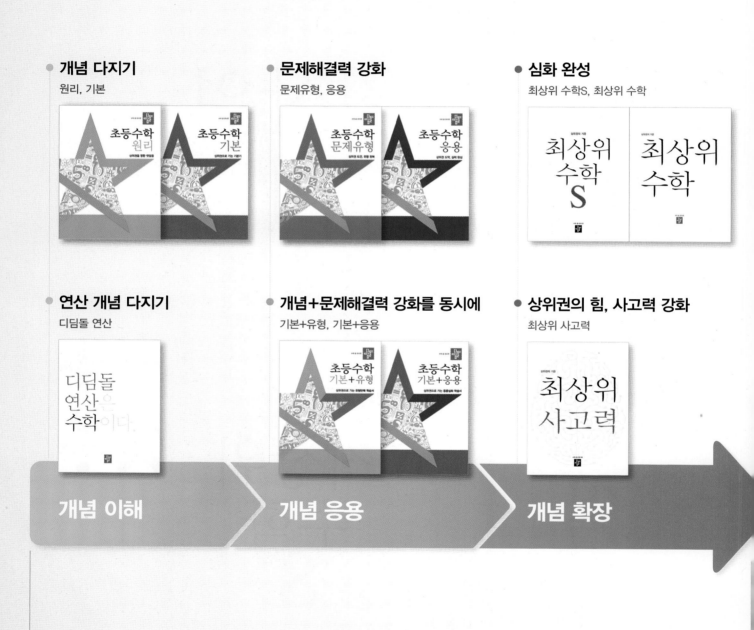

- **개념 다지기**
  원리, 기본

  초등수학 원리 · 초등수학 기본

- **문제해결력 강화**
  문제유형, 응용

  초등수학 문제유형 · 초등수학 응용

- **심화 완성**
  최상위 수학S, 최상위 수학

  최상위 수학 S · 최상위 수학

- **연산 개념 다지기**
  디딤돌 연산

  디딤돌 연산은 수학이다.

- **개념+문제해결력 강화를 동시에**
  기본+유형, 기본+응용

  초등수학 기본+유형 · 초등수학 기본+응용

- **상위권의 힘, 사고력 강화**
  최상위 사고력

  최상위 사고력

개념 이해 → **개념 응용** → **개념 확장**

학습 능력과 목표에 따라
맞춤형이 가능한 디딤돌 초등 수학

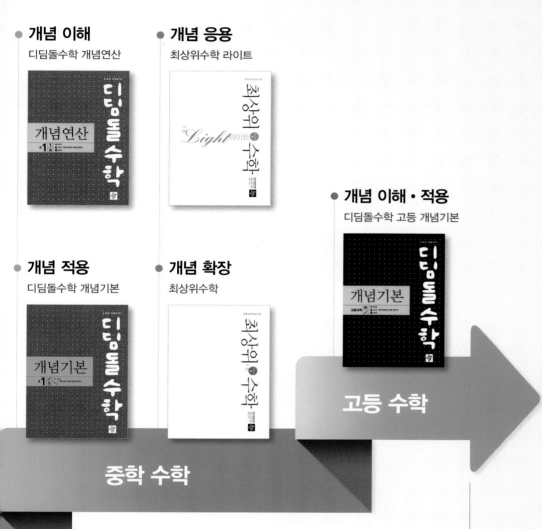

● **개념 이해**
디딤돌수학 개념연산

● **개념 응용**
최상위수학 라이트

● **개념 이해 · 적용**
디딤돌수학 고등 개념기본

● **개념 적용**
디딤돌수학 개념기본

● **개념 확장**
최상위수학

중학 수학

고등 수학

초등부터
고등까지

수학 좀 한다면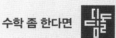

개념을 이해하고, 깨우치고, 꺼내 쓰는
올바른 중고등 개념 학습서

수능까지 연결되는 독해 로드맵

디딤돌 독해력은 수능까지 연결되는 체계적인 라인업을 통하여

수능에서 요구하는 핵심 독해 원리에 대한 이해는 물론,

단계 별로 심화되며 연결되는 학습의 과정을 통해

깊이 있고 종합적인 독해 사고의 능력까지 기를 수 있도록 도와줍니다.

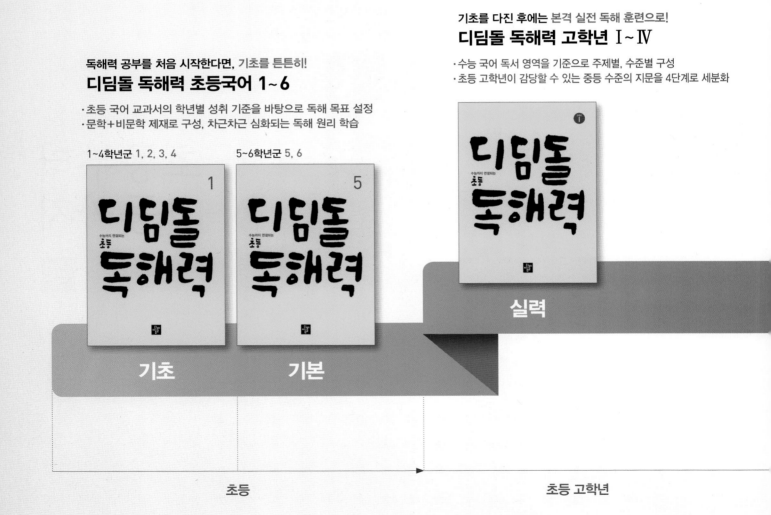

기초를 다진 후에는 본격 실전 독해 훈련으로!
디딤돌 독해력 고학년 Ⅰ~Ⅳ

· 수능 국어 독서 영역을 기준으로 주제별, 수준별 구성
· 초등 고학년이 감당할 수 있는 중등 수준의 지문을 4단계로 세분화

독해력 공부를 처음 시작한다면, 기초를 튼튼히!
디딤돌 독해력 초등국어 1~6

· 초등 국어 교과서의 학년별 성취 기준을 바탕으로 독해 목표 설정
· 문학+비문학 제재로 구성, 차근차근 심화되는 독해 원리 학습

1~4학년군 1, 2, 3, 4   5~6학년군 5, 6

기초   기본   실력

초등   초등 고학년

기본+응용 | 정답과 풀이

3/1

수학 좀 한다면

디딤돌

정답과 풀이

1 덧셈과 뺄셈

이 단원에서는 초등 과정에서의 덧셈과 뺄셈 학습을 마무리하게 됩니다.

덧셈과 뺄셈은 가장 기초적인 연산으로 십진법의 개념을 잘 이해하고 있어야만 명확하게 연산의 원리, 방법을 알 수 있으므로 기계적으로 계산 학습을 하기보다는 자릿값의 이해를 통해 연산 원리를 이해하는 학습이 되도록 지도해 주세요. 이후 네 자리 수 이상의 덧셈, 뺄셈은 교과서에서 별도로 다루지 않기 때문에 이번 단원에서 학습한 '십진법에 따른 계산 원리'로 큰 수의 덧셈, 뺄셈도 할 수 있어야 합니다. 또한 덧셈에서 적용되는 교환법칙이나 등호의 개념 이해를 바탕으로 한 문제들을 풀어 보면서 연산의 성질을 이해하고, 중등 과정으로의 연계가 매끄러울 수 있도록 구성하였습니다.

교과서 개념 이해 1 (세 자리 수)+(세 자리 수)를 알아볼까요(1)
8~9쪽

1 (1) 800, 80, 5, 885 (2) 800, 85, 885

2 (1) 예

(2) 310, 340 (3) 310, 340, 650

3 654

4 (1) 759, 700, 50, 9 (2) 574, 500, 70, 4

5
```
    3 0 4
+   2 5 1
    5 5 5
```

6 (1) 778 (2) 628 (3) 836 (4) 574

7 (1) > (2) > (3) <   **8** 358, 458, 558

3 각 자리마다 나타내는 값이 다르므로 자리를 맞추어 계산합니다.

4 각 자리 수끼리 더하여 계산합니다.

5 각 자리 수를 맞추어 쓴 후 계산합니다.

6 (3)
```
    7 1 3
+   1 2 3
    8 3 6
```
(4)
```
    3 2 4
+   2 5 0
    5 7 4
```

7 (1) 300+219=519 ➡ 519>500
  (2) 112+203=315 ➡ 315>310
  (3) 241+458=699 ➡ 699<700

8 같은 수에 100씩 커지는 수를 더하면 합도 100씩 커집니다.

교과서 개념 이해 2 (세 자리 수)+(세 자리 수)를 알아볼까요(2)
10~11쪽

! • 10, 10

1 (1) 700, 70, 12, 782 (2) 770, 12, 782

2 (1) 예

(2) 220, 230 (3) 220, 230, 450

3 6 / 1, 3, 6 / 1, 6, 3, 6

4 10

5 (1) 775 (2) 722 (3) 817 (4) 619

6 702   **7** 784

8 622, 632, 642   **9** 953, 953

4 일의 자리 계산 7+7=14에서 십의 자리 수 1을 십의 자리로 받아올림하여 십의 자리 수 0 위에 1이라고 작게 씁니다.
이때 1은 십의 자리 수이므로 10을 나타냅니다.

5 (3)
```
      1
    2 0 8
+   6 0 9
    8 1 7
```
(4)
```
      1
    3 6 6
+   2 5 3
    6 1 9
```

6 310+392=702

7 수직선은 328에서 456만큼 더 간 수를 나타냅니다.
```
      1
    3 2 8
+   4 5 6
    7 8 4
```

8 같은 수에 10씩 커지는 수를 더하면 합도 10씩 커집니다.

9 390에 10을 더하면 400이 되므로 더한 10만큼 10을 빼 줍니다.

$$\underset{400}{\underline{390+10}}+\underset{553}{\underline{563-10}}=953$$

교과서 개념 이해 3 (세 자리 수)+(세 자리 수)를 알아볼까요(3)   12~13쪽

❗ •1 •1 •1

1 (1) 500, 130, 12, 642 (2) 12, 130, 500, 642

2 (1) 예

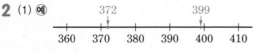

(2) 370, 400 (3) 370, 400, 770

3 603

4 (1) 1, 1 / 7, 1, 4 (2) 1, 1 / 1, 5, 1, 5

5 1, 100

6 (1) 1192 (2) 830 (3) 811 (4) 1351

7 (위에서부터) 861, 776 **8** 300, 300

9 (위에서부터) 327, 1120

---

5 십의 자리 계산 10+90+20=120에서 백의 자리 수 1을 백의 자리로 받아올림하여 백의 자리 수 8 위에 1이라고 작게 씁니다. 이때 1은 백의 자리 수이므로 100을 나타냅니다.

6 (3)
```
    1 1
    5 4 2
  + 2 6 9
  ───────
    8 1 1
```
(4)
```
    1 1
    3 8 7
  + 9 6 4
  ───────
  1 3 5 1
```

7 376+485=376+400+85
       =776+85=861

8 149에 1을 더하면 150이 되므로 더한 1만큼 1을 빼 줍니다.

$$\underset{150}{\underline{149+1}}+\underset{150}{\underline{151-1}}=300$$

9 158+169=327
    158+962=1120

개념 적용 기본기 다지기   14~17쪽

1 700 / 20, 4 **2** 예 600, 585

3 > **4** 648

5 571

6 예 일의 자리 계산 7+6=13에서 10을 십의 자리로 받아올림해야 하는데 하지 않았습니다.
```
      1
    4 2 7
  + 2 3 6
  ───────
    6 6 3
```

7 (1) 597 (2) 802 **8** 844

9 ©, ㉠, ㉡ **10** 981

11 ㉠ **12**

13 (   ) (○) (   )

14 (왼쪽에서부터) 423, 1201

15 506 cm

16 853, 637, 1490(또는 637, 853, 1490)

17 가 **18** (1) 817 (2) 1012

19 1211 **20** 562개

21 561 cm **22** 415명

23 예 가 꾸러미, 가 꾸러미 **24** 1440명

25 318, 195, 513(또는 195, 318, 513)

26 643 **27** 1059

---

2 273과 312를 각각 몇백쯤으로 어림하여 구하면 273+312 ➡ 약 300+300=600입니다.
➡ 273+312=585

3 302+265=567, 126+432=558
➡ 567>558

4 ㉠ 100이 2개, 10이 2개, 1이 3개인 수는 223입니다.
㉡ 10이 12개인 수는 100이 1개, 10이 2개이므로 100이 4개, 10이 2개, 1이 5개인 수는 425입니다.
➡ ㉠+㉡=223+425=648

5 수 모형이 나타내는 수는 254입니다.
➡ 254+317=571

서술형
6

단계	문제 해결 과정
①	잘못 계산한 까닭을 썼나요?
②	잘못 계산한 곳을 찾아 바르게 계산했나요?

7 (1) ㉠＋㉣＝438＋159＝597

(2) ㉡＋㉢＝231＋571＝802

8 가장 큰 수는 708이고, 가장 작은 수는 136입니다.

➡ 708＋136＝844

9 ㉠ 434＋226＝660

㉡ 291＋362＝653

㉢ 384＋295＝679

➡ 679＞660＞653

10 1이 15개인 수는 10이 1개, 1이 5개이므로 100이 5개,

10이 4개, 1이 5개인 수는 545입니다.

➡ 545＋436＝981

11 ㉠
$$\begin{array}{r} {\scriptstyle 1\ 1} \\ 4\ 2\ 8 \\ +\ 5\ 7\ 4 \\ \hline 1\ 0\ 0\ 2 \end{array}$$
㉡
$$\begin{array}{r} {\scriptstyle 1\ 1} \\ 6\ 7\ 6 \\ +\ 2\ 9\ 5 \\ \hline 9\ 7\ 1 \end{array}$$

12
$$\begin{array}{r} {\scriptstyle 1\ 1} \\ 3\ 3\ 6 \\ +\ 6\ 9\ 5 \\ \hline 1\ 0\ 3\ 1 \end{array}$$
$$\begin{array}{r} {\scriptstyle 1} \\ 5\ 2\ 7 \\ +\ 5\ 3\ 4 \\ \hline 1\ 0\ 6\ 1 \end{array}$$
$$\begin{array}{r} {\scriptstyle 1} \\ 7\ 1\ 8 \\ +\ 3\ 6\ 3 \\ \hline 1\ 0\ 8\ 1 \end{array}$$

13 396은 400에 가까운 수이므로 400＋200＝600에서

200에 가까운 수를 찾으면 204입니다.

➡ 396＋204＝600

14
$$\begin{array}{r} {\scriptstyle 1\ 1} \\ 2\ 8\ 4 \\ +\ 1\ 3\ 9 \\ \hline 4\ 2\ 3 \end{array}$$
$$\begin{array}{r} {\scriptstyle 1\ 1} \\ 4\ 2\ 3 \\ +\ 7\ 7\ 8 \\ \hline 1\ 2\ 0\ 1 \end{array}$$

15 (두 사람이 뛴 거리의 합)＝227＋279＝506 (cm)

16 합이 가장 크려면 가장 큰 수와 둘째로 큰 수를 더해야
합니다.

가장 큰 수: 853, 둘째로 큰 수: 637

➡ 853＋637＝1490

17 (약수터~쉼터~전망대)＝209＋495＝704 (m)

(약수터~폭포~전망대)＝386＋474＝860 (m)

따라서 갈 수 있는 길은 가입니다.

18 (1) 135＋451＋231＝586＋231＝817

(2) 509＋263＋240＝772＋240＝1012

19 331＋185＋695＝516＋695＝1211

20 (어제와 오늘 딴 배의 수)＝345＋217＝562(개)

21 (초록색 끈의 길이)＝415＋146＝561 (cm)

22 (그림그리기에 참여한 학생 수)

＝284＋131＝415(명)

23

	가 꾸러미	나 꾸러미
어림하기	약 700＋400＝1100	약 900＋300＝1200
계산하기	670＋420＝1090	880＋270＝1150

24 (오늘 입장한 관람객 수)＝643＋154＝797(명)

(어제와 오늘 입장한 관람객 수)

＝643＋797＝1440(명)

25 주어진 수를 몇백몇십쯤으로 어림해 보면

318 ➡ 320쯤, 405 ➡ 410쯤, 276 ➡ 280쯤,

195 ➡ 200쯤이므로 합이 500에 가까운 두 수는 318

과 195, 276과 195입니다.

318＋195＝513, 276＋195＝471이므로 500에

가장 가까운 덧셈식은 318＋195＝513입니다.

26 395 ◉ 124＝395＋124＋124

＝519＋124＝643

27 197 ◈ 665＝197＋665＋197

＝862＋197＝1059

교과서 개념 이해 **4 (세 자리 수)−(세 자리 수)를 알아볼까요(1)** 18~19쪽

1 (1) 600, 20, 2, 622   (2) 620, 2, 622

2 (1) 예

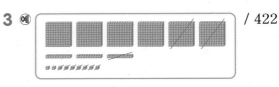

(2) 600, 300   (3) 600, 300, 300

3 예

／ 422

4 (1) 253, 200, 50, 3   (2) 164, 100, 60, 4

5
```
    9 7 6
  − 3 5 2
  ─────────
    6 2 4
```

6 (1) 525 (2) 388 (3) 323 (4) 473

7 (1) > (2) < (3) >   **8** 561, 571, 581

4 각 자리 수끼리 빼서 계산합니다.

5 각 자리 수를 맞추어 쓴 후 계산합니다.

6 (3)
```
    7 6 3
  − 4 4 0
  ─────────
    3 2 3
```
(4)
```
    5 7 8
  − 1 0 5
  ─────────
    4 7 3
```

7 (1) 858−116=742 ➡ 742>740
(2) 659−217=442 ➡ 442<450
(3) 426−102=324 ➡ 324>320

8 10씩 커지는 수에서 같은 수를 빼면 차도 10씩 커집니다.

---

5 (세 자리 수)−(세 자리 수)를 알아볼까요(2) 20~21쪽

❗ • 십 • 백

1 (1) 300, 55, 355 (2) 5, 350, 355

2 (1) 예
```
       673                    718
  ──┬───┬───┬───┬───┬───┬───┬──
   660 670 680 690 700 710 720
```
(2) 720, 670 (3) 720, 670, 50

3 5 / 5, 10, 7, 5 / 5, 10, 2, 7, 5

4 700

5 (1) 171 (2) 576 (3) 308 (4) 274

6 260   **7** 123

8 578, 577, 576   **9** 340, 340

4 십의 자리 계산 10−70을 할 수 없으므로 백의 자리에서 1을 받아내림합니다. 백의 자리 계산에서 1을 십의 자리로 받아내림하였으므로 백의 자리 수 8에서 1을 빼어 7이라고 작게 씁니다. 이때 7은 백의 자리 수이므로 700을 나타냅니다.

5 (3)
```
      7 10
    4 8̶ 3
  − 1 7 5
  ─────────
    3 0 8
```
(4)
```
      5 10
    6̶ 2̶ 8
  − 3 5 4
  ─────────
    2 7 4
```

---

6 큰 수에서 작은 수를 뺍니다.
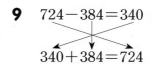
```
      4 10
    5̶ 2̶ 8
  − 2 6 8
  ─────────
    2 6 0
```

7 수직선은 418에서 295만큼 되돌아온 수를 나타냅니다.
```
      3 10
    4̶ 1̶ 8
  − 2 9 5
  ─────────
    1 2 3
```

8 같은 수에서 1씩 커지는 수를 빼면 차는 1씩 작아집니다.

9 724−384=340
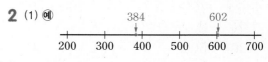
340+384=724

---

6 (세 자리 수)−(세 자리 수)를 알아볼까요(3) 22~23쪽

❗ • 10 • 10

1 (1) 300, 67, 367 (2) 7, 60, 300, 367

2 (1) 예
```
              384              602
  ──┬───┬───┬─┬─┬───┬───┬─┬─┬──
   200 300 400 500 600 700
```
(2) 600, 400 (3) 600, 400, 200

3 267   **4** 13, 130

5 (1) 88 (2) 173 (3) 289 (4) 576

6 (위에서부터) 247, 502   **7** (위에서부터) 556, 349

8 (1) < (2) >   **9** 154 cm

4 일의 자리 계산 4−7을 할 수 없으므로 십의 자리에서 1을 받아내림하여 십의 자리 수 4에서 1을 뺀 3을 씁니다. 십의 자리 계산 30−50을 할 수 없으므로 백의 자리에서 1을 받아내림합니다. 따라서 ㉠에 알맞은 수는 10+3=13이고 10이 13개인 수는 130입니다.

5 (3)
```
      7 10 10
    8̶ 1̶ 6̶
  − 5 2 7
  ─────────
    2 8 9
```
(4)
```
      6 13 10
    7̶ 4̶ 0̶
  − 1 6 4
  ─────────
    5 7 6
```

6 802−555=802−300−255
　　　　　=502−255=247

7 $825-269=556$
$825-476=349$

8 (1) 어떤 수에서 같은 수를 빼면 어떤 수가 클수록 차가
더 큽니다.
→ $755<801$이므로 $755-296<801-296$입니다.
(2) 같은 수에서 작은 수를 뺄수록 차가 더 큽니다.
→ $478<578$이므로 $953-478>953-578$입니다.

9 $5\,m=500\,cm$임을 이용합니다.
(남은 철사의 길이)$=500-346=154\,(cm)$

---

28 20, 5 / 23, 400

29 예 320, 322

30 969, 301

31 병원, 123 m

32 358

33 451

34 ㉡

35

485   −319   266
  −119
  −219

36 323

37 853, 171, 682

38 292

39 예 십의 자리에서 일의 자리로 받아내
림한 수를 빼지 않고 십의 자리를 계산
했습니다.

$$\begin{array}{r} {}^{8}\;{}^{14}\;{}^{10} \\ 9\;5\;3 \\ -\;3\;6\;7 \\ \hline 5\;8\;6 \end{array}$$

40 (　　) (○)

41 469

42 377

43 620, 586, 34

44 5 / 28

45 (1) 213 (2) 376

46 68

47 157

48 738

49 55 cm

50 젤리, 18개

51 287번

52 1005

53 189

54 218

---

29 569와 247을 각각 몇백몇십쯤으로 어림하여 구하면
$569-247$ → 약 $570-250=320$입니다.
→ $569-247=322$

30 몇백몇십쯤으로 어림해 보면 301 → 300,
354 → 350, 969 → 970, 668 → 670입니다.
따라서 차가 670에 가까운 두 수는 969와 301입니다.

31 $751<874$이고 $874-751=123\,(m)$이므로 집에서
병원이 학교보다 123 m 더 멉니다.

32 $982-624=358$

33 $732-281=451$

34 ㉡ $542-236=306$

35 $485-319=166\,(\times)$
$485-119=366\,(\times)$
$485-219=266\,(\bigcirc)$

36 $672-348=324$이므로 □ 안에는 324보다 작은 수
가 들어가야 합니다.
따라서 □ 안에 들어갈 수 있는 수 중에서 가장 큰 세 자
리 수는 323입니다.

37 차가 가장 크려면 가장 큰 수에서 가장 작은 수를 빼야
합니다.
가장 큰 수: 853, 가장 작은 수: 171
→ $853-171=682$

38 만들 수 있는 가장 큰 수는 753입니다.
$753>461$이므로 $753-461=292$입니다.

서술형
39

단계	문제 해결 과정
①	잘못 계산한 까닭을 썼나요?
②	잘못 계산한 곳을 찾아 바르게 계산했나요?

40 $536-137=399$, $624-266=358$
→ $399>358$

41 ㉠ 740   ㉡ 271
→ ㉠$-$㉡$=740-271=469$

42 $571-\square=194$ → $\square=571-194$, $\square=377$

43 계산 결과를 어림한 후 생각해 봅니다. 차가 가장 작으려
면 백의 자리 수끼리의 차가 작은 두 수를 골라 뺄셈식을
만듭니다. → $620-586=34$

44 연필을 상자로만 살 수 있으므로 남는 연필을 가장 적게 하려면 5상자를 사야 합니다. 연필 5상자는 500자루이므로 남는 연필은 $500-472=28$(자루)입니다.

45 (1) $712-364-135=348-135=213$
(2) $846-197-273=649-273=376$

46 $516-197-251=319-251=68$

47 가장 큰 수: 756
➡ $756-291-308=465-308=157$

48 $964 \diamond 113=964-113-113$
$\qquad\qquad\quad =851-113=738$

49 (분홍색 털실의 길이)$-$(하늘색 털실의 길이)
$\quad =251-196=55\,(\text{cm})$

50 (남은 사탕의 수)$=511-165=346$(개)
(남은 젤리의 수)$=762-398=364$(개)
따라서 젤리가 $364-346=18$(개) 더 많이 남았습니다.

51 동호: $348+156=504$(번)
윤지: $504-217=287$(번)

52 어떤 수를 □라고 하면 $\square-213=579$,
$\square=579+213$, $\square=792$입니다.
따라서 바르게 계산하면 $792+213=1005$입니다.

서술형
53 예 어떤 수를 □라고 하면 $354+\square=742$이므로
$\square=742-354$, $\square=388$입니다.
➡ $388-199=189$

단계	문제 해결 과정
①	어떤 수를 구했나요?
②	어떤 수에서 199를 뺀 값을 구했나요?

54 찢어진 종이에 적힌 수를 □라고 하면
$435+\square=653$, $\square=653-435$, $\square=218$입니다.
따라서 찢어진 종이에 적힌 세 자리 수는 218입니다.

응용력 기르기
28~31쪽

1 (위에서부터) (1) 3, 5, 6 (2) 3, 7, 4

1-1 (위에서부터) (1) 8, 8, 5 (2) 8, 2, 4

1-2 654, 176

2 1211, 693 ・・・ **2-1** 904, 558

2-2 398

3 487 ・・・ **3-1** 375

3-2 7, 8, 9

4 1단계 예 예지: $574+298=872$ (킬로칼로리),
동생: $484+262=746$ (킬로칼로리)
2단계 예 $872-746=126$ (킬로칼로리)
/ 예지, 126 킬로칼로리

4-1 145 킬로칼로리

1 (1)
$\begin{array}{r} \text{㉢}4\text{㉠} \\ +\ 2\text{㉡}8 \\ \hline 6\ 1\ 3 \end{array}$
・㉠$+8=13$에서 ㉠$=13-8$, ㉠$=5$입니다.
・$1+4+$㉡$=11$에서 ㉡$=11-5$, ㉡$=6$입니다.
・$1+$㉢$+2=6$에서 ㉢$=6-3$, ㉢$=3$입니다.

(2)
$\begin{array}{r} 7\ 4\ 6 \\ -\ \text{㉡}9\text{㉠} \\ \hline 3\ \text{㉡}9 \end{array}$
・$10+6-$㉠$=9$에서 ㉠$=16-9$, ㉠$=7$입니다.
・$4-1+10-9=$㉡에서 ㉡$=4$입니다.
・$7-1-$㉢$=3$에서 ㉢$=6-3$, ㉢$=3$입니다.

1-1 (1)
$\begin{array}{r} 5\ \text{㉡}2 \\ +\ 9\ 4\text{㉠} \\ \hline 1\ \text{㉢}3\ 0 \end{array}$
・$2+$㉠$=10$에서 ㉠$=10-2$, ㉠$=8$입니다.
・$1+$㉡$+4=13$에서 ㉡$=13-5$, ㉡$=8$입니다.
・$1+5+9=15$, ㉢$=5$

(2)
$\begin{array}{r} \text{㉡}0\text{㉠} \\ -\ 2\ \text{㉡}5 \\ \hline 5\ 5\ 7 \end{array}$
・$10+$㉠$-5=7$에서 ㉠$=7-5$, ㉠$=2$입니다.
・백의 자리에서 십의 자리로 받아내림한 10 중 1을 일의 자리로 받아내림했으므로 십의 자리에는 9가 남아 있습니다.
$9-$㉡$=5$에서 ㉡$=9-5$, ㉡$=4$입니다.
・㉢$-1-2=5$에서 ㉢$=5+3$, ㉢$=8$입니다.

1-2 두 수를 각각 ㉠5㉡, ㉢㉣6이라고 하면
덧셈식의 일의 자리 계산: ㉡$+6=10$에서
㉡$=10-6$, ㉡$=4$입니다.

덧셈식의 십의 자리 계산: $1+5+$㉣$=13$에서
㉣$=13-6$, ㉣$=7$입니다.
덧셈식과 뺄셈식의 백의 자리 계산:
$1+$㉠$+$㉢$=8$이고, ㉠$-1-$㉢$=4$이므로 ㉠$=6$,
㉢$=1$입니다.
따라서 두 수는 654, 176입니다.

2 가장 큰 수는 952이고, 가장 작은 수는 259입니다.
➡ 합: $952+259=1211$, 차: $952-259=693$

2-1 가장 큰 수는 731이고, 가장 작은 수는 137, 둘째로 작
은 수는 173입니다.
➡ 합: $731+173=904$, 차: $731-173=558$

2-2 십의 자리 숫자가 0인 가장 큰 세 자리 수는 806이고,
가장 작은 세 자리 수는 406, 둘째로 작은 세 자리 수는
408입니다. ➡ $806-408=398$

3 $314+□=800$이라고 하면 $□=800-314$,
$□=486$입니다.
$314+□>800$이려면 □ 안에는 486보다 큰 수가 들
어가야 합니다.
따라서 □ 안에 들어갈 수 있는 수 중에서 가장 작은 세
자리 수는 487입니다.

3-1 $649-□=275$라고 하면 $□=649-275$, $□=374$
입니다.
$649-□<275$이려면 □ 안에는 374보다 큰 수가 들
어가야 합니다.
따라서 □ 안에 들어갈 수 있는 수 중에서 가장 작은 세
자리 수는 375입니다.

3-2 $70□-439=267$이라고 하면 $70□=267+439$,
$70□=706$에서 $□=6$입니다.
$70□-439>267$이려면 □ 안에는 6보다 큰 수가 들
어가야 합니다.
따라서 □ 안에 들어갈 수 있는 수는 7, 8, 9입니다.

4-1 종우가 먹은 과일의 열량은
$465+115=580$ (킬로칼로리)이고, 민하가 먹은 과일
의 열량은 $190+245=435$ (킬로칼로리)입니다.
따라서 종우가 먹은 과일의 열량은 민하가 먹은 과일의
열량보다 $580-435=145$ (킬로칼로리) 더 많습니다.

---

1 (위에서부터) 60, 100, 396, 300, 90, 6

2 (1) 955 (2) 434   **3** 952

4 8, 800   **5** 721, 217

6 (위에서부터) 1265, 849

7 183, 183   **8** 560 mL

9 624장   **10** $>$

11 (1) 305 (2) 486   **12** 나

13 280   **14** 787

15 563, 271, 292   **16** 592 m

17 6, 8

18 531, 458, 204, 785(또는 458, 531, 204, 785)

19 762명   **20** 211

2 받아올림과 받아내림에 주의하여 계산합니다.

3
$$\begin{array}{r} 1\ 1\ \\ 3\ 6\ 5 \\ +\ 5\ 8\ 7 \\ \hline 9\ 5\ 2 \end{array}$$

4 십의 자리 계산 $30-70$을 할 수 없으므로 백의 자리에
서 1을 받아내림하여 계산합니다. 백의 자리에는 십의
자리로 받아내림한 수 1을 빼어 8이라고 씁니다.
이때 8은 백의 자리 수이므로 800을 나타냅니다.

5 합: $252+469=721$
차: $469-252=217$

6 $449+816=449+400+416$
$\qquad\qquad =849+416=1265$

7 $417-234=183$
$417-183=234$

8 (미영이가 마신 우유의 양)
$=$(어제 마신 우유의 양)$+$(오늘 마신 우유의 양)
$=250+310=560$ (mL)

9 수진이가 모은 붙임딱지의 수는 519보다 105만큼 더
큰 수입니다.
➡ $519+105=624$(장)

10 $873-457=416,\ 600-186=414$
➡ $416>414$

11 (1) $428+277=\underset{305}{\underline{400+\overset{428}{28}+277}}$

(2) $512+374=\underset{486}{\underline{400+\overset{512}{112}+374}}$

12 가: $284+247=531\,(m)$, 나: $524\,m$
$531>524$이므로 더 짧은 길은 나입니다.

13 10이 12개인 수는 100이 1개, 10이 2개이므로 100이 5개, 10이 2개, 1이 6개인 수는 526입니다.
➡ $526-246=280$

14 만들 수 있는 가장 큰 수는 641이고, 가장 작은 수는 146입니다.
➡ $641+146=787$

15 주어진 수를 몇백몇십쯤으로 어림해 보면 702 ➡ 700, 271 ➡ 270, 563 ➡ 560, 377 ➡ 380이므로 차가 300에 가까운 두 수는 702와 377, 563과 271입니다.
$702-377=325$, $563-271=292$이므로 300에 가장 가까운 뺄셈식은 $563-271=292$입니다.

16 (ⓒ에서 ②까지의 거리)
$=$(㉠에서 ②까지의 거리)$-$(㉠에서 ⓒ까지의 거리)
　$-$(ⓒ에서 ②까지의 거리)
$=953-207-154=746-154=592\,(m)$

17 일의 자리 계산: $8+●=14$
　　　　　　➡ $●=14-8,\ ●=6$
십의 자리 계산: $1+7+♥=16$
　　　　　　➡ $♥=16-8,\ ♥=8$

18 계산 결과가 가장 크려면 가장 작은 수를 빼고 나머지 두 수를 더하면 됩니다. $531>458>204$이므로 531과 458을 더하고 204를 빼면 됩니다.
➡ $531+458-204=989-204=785$

서술형
19 예 영화를 예매한 관객 수의 합에서 취소한 관객 수를 뺍니다.
$549+381=930,\ 930-168=762$
따라서 취소하지 않은 관객은 762명입니다.

평가 기준	배점(5점)
영화를 예매한 관객 수를 구했나요?	2점
취소하지 않은 관객 수를 구했나요?	3점

서술형
20 예 어떤 수를 □라고 하면 □$+252=715$입니다.
□$=715-252$, □$=463$
따라서 바르게 계산하면 $463-252=211$입니다.

평가 기준	배점(5점)
어떤 수를 구했나요?	3점
바르게 계산한 값을 구했나요?	2점

1단원 단원 평가 Level ❷　35~37쪽

1 300, 29, 329　　**2** (1) 841　(2) 267

3　　$\begin{array}{r}{\scriptstyle 1\ 1}\\ 7\ 6\ 4\\ +\ 5\ 4\ 8\\ \hline 1\ 3\ 1\ 2\end{array}$　　**4** 610, 610

5 (1) $100+600$에 ○표　(2) $800-400$에 ○표

6 ✕　　　**7** 594명

8 658명　　**9** 386, 139에 ○표

10 1031　　**11** 285

12 504명　　**13** 1425

14 456　　**15** 1, 2, 3

16 303 m　　**17** 113

18 (위에서부터) 4, 2, 9, 3 / 4, 2, 9, 3

19 1094　　**20** 385 cm

2 (1)　$\begin{array}{r}{\scriptstyle 1\ 1}\\ 4\ 8\ 9\\ +\ 3\ 5\ 2\\ \hline 8\ 4\ 1\end{array}$　(2)　$\begin{array}{r}{\scriptstyle 4\ 10\ 10}\\ 5\ 1\ 3\\ -\ 2\ 4\ 6\\ \hline 2\ 6\ 7\end{array}$

3 십의 자리 계산 $1+6+4=11$에서 10을 백의 자리로 받아올림해야 하는데 하지 않았습니다.

4 197에 3을 더하면 200이 되므로 더한 3만큼 3을 빼 줍니다.
$\underset{200}{\underline{197+3}}+\underset{410}{\underline{413-3}}=610$

5 (1) 101을 어림하면 100쯤이고, 583을 어림하면 600쯤이므로 $100+600$으로 어림하여 구할 수 있습니다.
(2) 772를 어림하면 800쯤이고, 395를 어림하면 400쯤이므로 $800-400$으로 어림하여 구할 수 있습니다.

6 $379+257=636$, $128+418=546$
$971-425=546$, $819-183=636$

7 $223+371=594$(명)

8 $371+287=658$(명)

9 일의 자리 수끼리의 합의 일의 자리 숫자가 5인 두 수는 274와 261, 386과 139입니다.
➡ $274+261=535$ ($\times$)
$386+139=525$ ($\bigcirc$)

10 1이 17개인 수는 10이 1개, 1이 7개이므로 100이 3개, 10이 7개, 1이 7개인 수는 377입니다.
➡ $377+654=1031$

11 $804-\square=519$ ➡ $\square=804-519$, $\square=285$

12 (오늘 방문자 수)$=174+156=330$(명)
(어제와 오늘 방문자 수)$=174+330=504$(명)

13 $572 ♥ 281=572+281+572$
$=853+572=1425$

14 찢어진 종이에 적힌 수를 $\square$라고 하면
$169+\square=625$, $\square=625-169$, $\square=456$입니다.

15
$$\begin{array}{r} {\scriptstyle 1\ 1} \\ 5\ 3\ 8 \\ +\ \square\ 6\ 5 \\ \hline 0\ 3 \end{array}$$
받아올림이 2번 있으려면 백의 자리에서 받아올림을 하지 않아야 합니다.
따라서 $1+5+\square$가 10보다 작아야 하므로 $\square$ 안에 들어갈 수 있는 수는 1, 2, 3입니다.

16 (집에서 도서관을 지나 학교까지 가는 거리)
$=352+468=820$ (m)
(집에서 문구점까지의 거리)$=820-517=303$ (m)

17 $410-\square=296$이라고 하면 $\square=410-296$,
$\square=114$입니다.
$410-\square>296$이려면 $\square$ 안에는 114보다 작은 수가 들어가야 합니다.
따라서 $\square$ 안에 들어갈 수 있는 수 중에서 가장 큰 세 자리 수는 113입니다.

18 두 수를 각각 6㉠3, ㉡8㉢이라고 하면
덧셈식의 일의 자리 계산: $3+㉢=12$에서
$㉢=12-3=9$입니다.
뺄셈식의 십의 자리 계산: $10+㉠-1-8=5$이므로
$1+㉠=5$, $㉠=4$입니다.
덧셈식의 백의 자리 계산: $1+6+㉡=9$이므로
$㉡=2$입니다.
따라서 두 수는 643과 289입니다.
➡ $643+289=932$, $643-289=354$

서술형
19 ⑩ 어떤 수를 $\square$라고 하면 $\square-153=788$입니다.
$\square=788+153$, $\square=941$
따라서 바르게 계산하면 $941+153=1094$입니다.

평가 기준	배점(5점)
어떤 수를 구했나요?	3점
바르게 계산한 값을 구했나요?	2점

서술형
20 ⑩ (전체 길이)$=293+349=642$ (cm)
$642=㉠+257$이므로 $㉠=642-257$,
$㉠=385$ (cm)입니다.

평가 기준	배점(5점)
전체 길이를 구했나요?	2점
㉠의 길이를 구했나요?	3점

2 평면도형

이 단원에서는 2학년에서 학습한 삼각형, 사각형들을 좀 더 구체적으로 알아봅니다. 2학년에서 배운 평면도형들은 입체도형을 '2차원 도형으로 추상화'한 관점에서 접근했다면, 3학년에서는 '선이 모여 평면도형이 되는' 관점으로 평면도형을 생각할 수 있도록 합니다.
따라서 선, 각을 차례로 배운 후 평면도형을 학습하면서 변의 길이, 각의 크기에 따른 평면도형의 여러 종류들과 그 관계까지 살펴봅니다. 직각을 이용하여 분류하는 활동을 통해 직각삼각형을 학습합니다. 마지막으로 여러 가지 사각형을 분류하는 활동으로 직사각형을, 직사각형과 비교하는 활동을 통해 정사각형을 이해하는 학습을 하게 됩니다.

교과서 개념 이해 1 선의 종류를 알아볼까요
40~41쪽

❗ • 같습니다에 ○표   • 같지 않습니다에 ○표

1 나, 다 / 가, 라

2 ( )
(○)

3 직선

4 ④

5 선분 ㄱㄴ, 선분 ㅅㅇ(또는 선분 ㄴㄱ, 선분 ㅇㅅ) /
직선 ㅁㅂ, 직선 ㅋㅌ(또는 직선 ㅂㅁ, 직선 ㅌㅋ) /
반직선 ㄷㄹ, 반직선 ㅊㅈ

6 예 두 점을 곧게 이은 선이 아니므로 선분이 아닙니다.

7~9
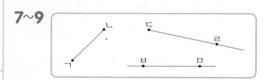

10 (1) × (2) ○ (3) ○

1 구부러지거나 휘어지지 않고 반듯하게 쭉 뻗은 선이 곧은 선이고, 휘어진 선, 곡선, 구부러진 선이 굽은 선입니다.

2 두 점을 곧게 이은 선을 선분이라고 합니다.

3 선분을 양쪽으로 끝없이 늘인 곧은 선을 직선이라고 합니다.

4 점 ㄱ에서 시작하여 점 ㄴ을 지나는 반직선을 찾습니다.

참고 | ②도 반직선이지만 점 ㄴ에서 시작하여 점 ㄱ을 지나므로 반직선 ㄴㄱ입니다. 반직선 ㄱㄴ과 반직선 ㄴㄱ이 다름에 주의합니다.

5 선분은 두 점을 곧게 이은 선이고, 직선은 선분을 양쪽으로 끝없이 늘인 곧은 선이고, 반직선은 한 점에서 시작하여 한쪽으로 끝없이 늘인 곧은 선입니다.

7 점 ㄴ과 점 ㄱ을 곧게 이어 봅니다.

8 점 ㅁ과 점 ㅂ을 지나는 곧은 선을 긋습니다.

9 점 ㄷ에서 시작하여 점 ㄹ을 지나는 곧은 선을 긋습니다. 반드시 점 ㄷ에서 시작해야 합니다.

10 (1) 선분, 반직선은 시작점이 있지만 직선은 시작점이 없습니다.

교과서 개념 이해 2 각과 직각을 알아볼까요
42~43쪽

❗ • 각   • 직각

1 (위에서부터) 변, 꼭짓점, 변

2 ㉠, ㉢

3 ㉣

4 각 ㄱㄴㄷ(또는 각 ㄷㄴㄱ) / 변 ㄴㄱ, 변 ㄴㄷ

5
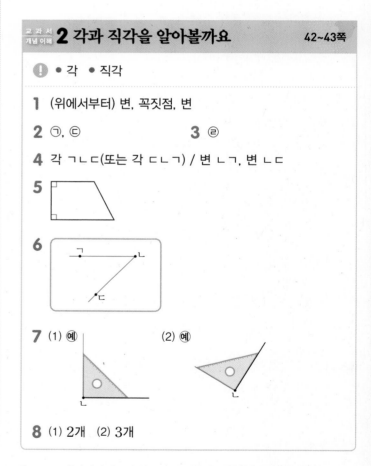

6

7 (1) 예   (2) 예

8 (1) 2개   (2) 3개

1 꼭짓점: 각을 이루는 두 반직선이 만나는 점
변: 각을 이루는 두 반직선

2 한 점에서 그은 두 반직선으로 이루어진 도형을 각이라고 합니다.

3 각은 모든 변이 곧은 선입니다.
ⓛ은 각 ㄷㅁㄹ(또는 각 ㄹㅁㄷ)입니다.

4 각을 읽을 때는 각의 꼭짓점이 가운데에 오도록 읽습니다.

5 삼각자의 직각 부분과 꼭 맞게 겹쳐지는 각을 찾습니다.

6 점 ㄴ이 꼭짓점이 되도록 그립니다.

7 삼각자에서 직각이 있는 부분을 점 ㄴ 위에 대고 직각을 그릴 수 있습니다.

8 삼각자의 직각 부분과 꼭 맞게 겹쳐지는 부분을 찾습니다.

(1) 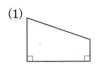 (2)

기본기 다지기
44~47쪽

1 (1) 직선 (2) 반직선 (3) 선분

2 (1) 선분 ㄷㄹ(또는 선분 ㄹㄷ)
　(2) 직선 ㅈㅊ(또는 직선 ㅊㅈ)

3 6개　　　　　　　　**4** 윤지

5 例 반직선은 한 점에서 시작하여 한쪽으로 끝없이 늘인 곧은 선인데 주어진 도형은 두 점을 곧게 이은 선이므로 반직선이 아닙니다. / 선분 ㄱㄴ(또는 선분 ㄴㄱ)

6 6개　　　　　　　　**7** ④

8 4개

9 例 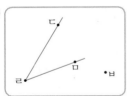, 例 점 ㄹ / 변 ㄹㄷ, 변 ㄹㅁ

10 ②

11 例 각은 반직선 2개로 이루어져 있는 도형입니다. 주어진 도형은 굽은 선 2개로 이루어져 있으므로 각이 아닙니다.

12 각 ㅁㄹㄴ(또는 각 ㄴㄹㅁ), 각 ㄴㄹㄷ(또는 각 ㄷㄹㄴ), 각 ㅁㄹㄷ(또는 각 ㄷㄹㅁ)

13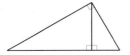

---

14 나, 가, 라, 다

15 (1) 例 　　　　　(2) 例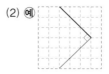

16 각 ㄱㅇㄴ(또는 각 ㄴㅇㄱ), 각 ㄷㅇㅁ(또는 각 ㅁㅇㄷ), 각 ㅁㅇㅅ(또는 각 ㅅㅇㅁ)

17 3시, 9시에 ○표　　　**18** 5개

19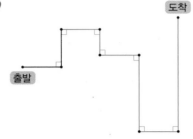

20 (1) 3개 (2) 2개 (3) 1개 (4) 6개

21 3개　　　　　　　**22** 3개

23 6개　　　　　　　**24** 12개

---

1 직선은 선분을 양쪽으로 끝없이 늘인 곧은 선이고, 반직선은 한 점에서 시작하여 한쪽으로 끝없이 늘인 곧은 선이고, 선분은 두 점을 곧게 이은 선입니다.

2 (1) 점 ㄷ과 점 ㄹ을 이은 선분입니다.
　➡ 선분 ㄷㄹ 또는 선분 ㄹㄷ
　(2) 점 ㅈ과 점 ㅊ을 지나는 직선입니다.
　➡ 직선 ㅈㅊ 또는 직선 ㅊㅈ

3 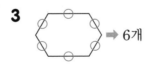 ➡ 6개

4 선분은 두 점을 곧게 이은 선이고, 반직선은 한 점에서 시작하여 한쪽으로 끝없이 늘인 곧은 선입니다.
따라서 잘못 말한 사람은 윤지입니다.

서술형
5

단계	문제 해결 과정
①	주어진 도형이 반직선 ㄱㄴ이 아닌 까닭을 썼나요?
②	주어진 도형의 이름을 바르게 썼나요?

6 점 3개 중에서 한 점을 시작점으로 하여 그릴 수 있는 반직선은 2개이므로 그을 수 있는 반직선은 모두 $2+2+2=6$(개)입니다.

7 ④ 한 점에서 그은 두 반직선으로 이루어진 부분이 없습니다.

8

각 ㄱㄴㄷ, 각 ㄴㄷㄹ, 각 ㄷㄹㄱ, 각 ㄹㄱㄴ ➡ 4개

9 각을 그릴 때는 한 점에서 다른 두 점에 각각 반직선을 그립니다. 각의 꼭짓점을 어느 점으로 하는지에 따라 변은 달라집니다.

10 ① 1개 ② 7개 ③ 4개 ④ 2개 ⑤ 5개

서술형
11

단계	문제 해결 과정
①	각을 바르게 설명했나요?
②	주어진 도형이 각이 아닌 까닭을 썼나요?

14 가: 2개, 나: 4개, 다: 0개, 라: 1개

16 직각은 각 ㄱㅇㄴ, 각 ㄷㅇㅁ, 각 ㅁㅇㅅ으로 모두 3개입니다.

17

3시　　　　9시

18

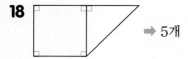 ➡ 5개

20 (1) 작은 각 1개짜리는 각 ㄴㄱㄷ, 각 ㄷㄱㄹ, 각 ㄹㄱㅁ으로 3개입니다.
(2) 작은 각 2개로 이루어진 각은 각 ㄴㄱㄹ, 각 ㄷㄱㅁ으로 2개입니다.
(3) 작은 각 3개로 이루어진 각은 각 ㄴㄱㅁ으로 1개입니다.
(4) 3+2+1=6(개)

21 ∠ ➡ 2개, ⋁ ➡ 1개
따라서 도형에서 찾을 수 있는 크고 작은 각은 모두 2+1=3(개)입니다.

22  ➡ 3개

23 점 ㄷ을 꼭짓점으로 하는 각은 각 ㄴㄷㄱ, 각 ㄱㄷㅁ, 각 ㅁㄷㄹ, 각 ㄴㄷㅁ, 각 ㄱㄷㄹ, 각 ㄴㄷㄹ로 모두 6개입니다.

24 • 점 ㄱ을 꼭짓점으로 하는 각:
각 ㄴㄱㄷ, 각 ㄷㄱㄹ, 각 ㄴㄱㄹ
• 점 ㄴ을 꼭짓점으로 하는 각:
각 ㄱㄴㄹ, 각 ㄹㄴㄷ, 각 ㄱㄴㄷ
• 점 ㄷ을 꼭짓점으로 하는 각:
각 ㄴㄷㄱ, 각 ㄱㄷㄹ, 각 ㄴㄷㄹ
• 점 ㄹ을 꼭짓점으로 하는 각:
각 ㄱㄹㄴ, 각 ㄴㄹㄷ, 각 ㄱㄹㄷ
➡ 3+3+3+3=12(개)

교과서 개념 이해 **3** 직각삼각형을 알아볼까요　　48~49쪽

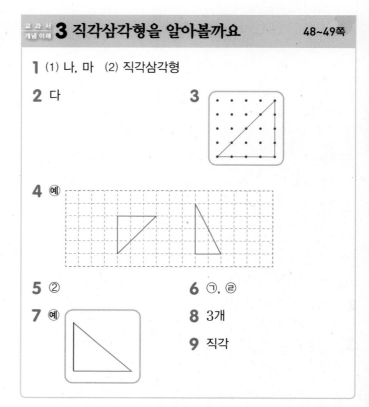

1 (1) 나, 마 (2) 직각삼각형

2 다

3

4 (예)

5 ②

6 ㄱ, ㄹ

7 (예)

8 3개

9 직각

1 한 각이 직각인 삼각형을 직각삼각형이라고 합니다.

2 한 각이 직각인 삼각형을 찾으면 다입니다.

4 한 각이 직각인 삼각형을 2개 그립니다.

5 ②를 점 ㄱ으로 정하면 각 ㄱㄴㄷ이 직각인 직각삼각형이 됩니다.

6 ㄴ 직각삼각형에는 직각이 1개 있습니다.
ㄷ 직각삼각형에는 꼭짓점이 3개 있습니다.

8 한 각이 직각인 삼각형을 찾습니다.

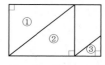

①, ②, ③ ➡ 3개

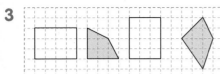 4 직사각형을 알아볼까요

1 (1) 가, 라　(2) 직사각형

2 (○) (　)
　　(　) (○)

3

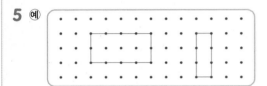

4 6개

5 예

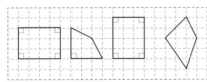

6 예

7 ④

8 (왼쪽에서부터) 5, 8

9 예 네 각이 직각인 사각형이 아닙니다.

1 네 각이 모두 직각인 사각형을 직사각형이라고 합니다.

2 네 각이 모두 직각인 사각형을 찾습니다.

3 직각을 찾아 표시해 보고 직각이 아닌 각이 있는 사각형에 색칠합니다.

4 네 각이 모두 직각인 사각형이 몇 개 생기는지 세어 봅니다.

5 마주 보는 두 변의 길이가 같게 그립니다.

7 ④ 직사각형은 마주 보는 두 변의 길이가 같습니다.

8 직사각형은 마주 보는 두 변의 길이가 같습니다.

9 네 각의 크기가 같지 않습니다. 등 설명이 맞으면 정답입니다.

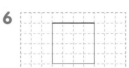 5 정사각형을 알아볼까요

1 (1) 나, 다, 라, 마　(2) 나, 라　(3) 정사각형

2 정사각형　　　　　**3** 다

4 예

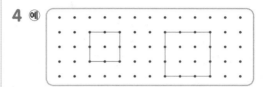

5 점 ㄷ　　　　　**6**

7 ④　　　　　**8** 3

9 예 네 각이 모두 직각이지만 네 변의 길이가 모두 같지는 않습니다.

1 네 각이 모두 직각이고 네 변의 길이가 모두 같은 사각형을 정사각형이라고 합니다.

2 만들어진 도형은 네 각이 모두 직각이고 네 변의 길이가 모두 같은 사각형이므로 정사각형입니다.

3 네 각이 모두 직각이고 네 변의 길이가 모두 같은 사각형은 다입니다.

4 네 각이 모두 직각이고 네 변의 길이가 모두 같아야 합니다.

5

네 각이 모두 직각이고 네 변의 길이가 모두 같게 되는 꼭짓점을 찾습니다.

6 모눈종이에 가로와 세로의 칸 수를 같게 하여 사각형을 그립니다.

7 ④ 정사각형의 크기가 모두 같지는 않습니다. 크기가 달라도 네 각이 모두 직각이고 네 변의 길이가 모두 같은 사각형은 정사각형입니다.

8 정사각형의 네 변의 길이는 모두 같으므로 □ 안에 알맞은 수는 3입니다.

기본기 다지기

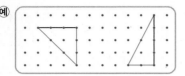

54~57쪽

25 4개
26 (1) ○ (2) × (3) ×

27 예

28 예

29 예 직각삼각형은 한 각이 직각입니다. 주어진 삼각형에는 직각이 없으므로 직각삼각형이 아닙니다.

30 예

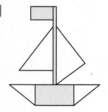

31

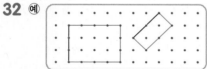

32 예

33

34 5개

35 (위에서부터) 6, 9

36 30 cm

37 6개
38 가, 라, 바

39 가, 바
40 점 ㄹ

41 예 정사각형은 네 각이 모두 직각이고 네 변의 길이가 모두 같습니다. 주어진 도형은 네 변의 길이는 모두 같지만 네 각의 크기가 모두 같지 않으므로 정사각형이 아닙니다.

42 6 cm
43 36 cm

44 ㉠, ㉢
45 ㉠, ㉢

46 지우 / 예 정사각형의 네 각은 모두 직각이므로 직사각형이라고 할 수 있습니다.

47 8
48 6

49 22 cm

---

26 (2) 직각이 1개 있습니다.
(3) 변이 3개 있습니다.

서술형
29

단계	문제 해결 과정
①	직각삼각형을 바르게 설명했나요?
②	직각삼각형이 아닌 까닭을 썼나요?

30 선을 따라 잘랐을 때 한 각이 직각인 삼각형 3개가 만들어지도록 선을 긋습니다.

33 사각형의 네 각이 모두 직각이 되도록 선분을 긋습니다.

34 직각삼각형의 직각은 1개, 직사각형의 직각은 4개입니다.
➡ 1+4=5(개)

36 직사각형은 마주 보는 두 변의 길이가 같으므로 네 변의 길이는 각각 11 cm, 4 cm, 11 cm, 4 cm입니다.
(직사각형의 네 변의 길이의 합)
=11+4+11+4=30 (cm)

37

| ① | ② | ③ |

작은 직사각형 1개짜리: ①, ②, ③ ➡ 3개
작은 직사각형 2개짜리: ①+②, ②+③ ➡ 2개
작은 직사각형 3개짜리: ①+②+③ ➡ 1개
따라서 크고 작은 직사각형은 모두 3+2+1=6(개)입니다.

39 네 각이 모두 직각이고 네 변의 길이가 모두 같은 사각형을 찾습니다.

40 네 각이 모두 직각이고 네 변의 길이가 모두 같게 되는 꼭짓점을 찾습니다.

서술형
41

단계	문제 해결 과정
①	정사각형을 바르게 설명했나요?
②	정사각형이 아닌 까닭을 썼나요?

42 직사각형을 그림과 같이 자르면 한 변의 길이가 6 cm인 정사각형이 됩니다.

43 정사각형은 네 변의 길이가 모두 같으므로 네 변의 길이의 합은 9+9+9+9=36 (cm)입니다.

서술형
46

단계	문제 해결 과정
①	직사각형과 정사각형의 관계를 바르게 말한 사람의 이름을 썼나요?
②	그 까닭을 썼나요?

47 정사각형은 네 변의 길이가 모두 같으므로
$\square+\square+\square+\square=32$입니다.
$8+8+8+8=32$이므로 $\square=8$입니다.

48 직사각형은 마주 보는 두 변의 길이가 같으므로
$\square+4+\square+4=20$, $\square+\square=12$, $\square=6$입니다.

49 정사각형 나는 네 변의 길이가 모두 같으므로 한 변의 길이를 $\square$ cm라고 하면 $\square+\square+\square+\square=28$입니다.
$7+7+7+7=28$이므로 $\square=7$입니다.
➡ (직사각형 가의 네 변의 길이의 합)
$\quad=4+7+4+7=22$ (cm)

응용력 기르기   58~61쪽

1 15개   **1-1** 20개   **1-2** 21개

2 7개   **2-1** 8개   **2-2** 14개

3 6 cm   **3-1** 7   **3-2** 42 cm

4 1단계 예 ㉣로 1개입니다.
     2단계 예 (㉠＋㉡), (㉢＋㉣＋㉤＋㉥＋㉦)으로 2개입니다.
     3단계 예 크고 작은 정사각형의 수는 $1+2=3$(개)입니다.
     / 3개

4-1 8개

1 한 점에서 다른 점과 이어 그을 수 있는 직선은 5개씩이므로 $6\times5=30$(개)입니다.
이때 그은 직선이 2개씩 중복되므로 그을 수 있는 직선은 30개의 절반인 15개입니다.

1-1 한 점에서 다른 점과 이어 그을 수 있는 반직선은 4개씩이므로 $5\times4=20$(개)입니다.

1-2 한 점에서 다른 점과 이어 그을 수 있는 선분은 6개씩이므로 $7\times6=42$(개)입니다.
이때 그은 선분이 2개씩 중복되므로 그을 수 있는 선분은 42개의 절반인 21개입니다.

2

• 작은 삼각형 1개로 이루어진 직각삼각형:
   ①, ②, ③, ④ ➡ 4개

• 작은 삼각형 2개로 이루어진 직각삼각형:
   ①＋②, ③＋④ ➡ 2개
• 작은 삼각형 4개로 이루어진 직각삼각형:
   ①＋②＋③＋④ ➡ 1개
➡ $4+2+1=7$(개)

2-1

①	②
③	
④	

• 작은 직사각형 1개로 이루어진 직사각형:
   ①, ②, ③, ④ ➡ 4개
• 작은 직사각형 2개로 이루어진 직사각형:
   ①＋②, ①＋③, ③＋④ ➡ 3개
• 작은 직사각형 3개로 이루어진 직사각형:
   ①＋③＋④ ➡ 1개
➡ $4+3+1=8$(개)

2-2

①	②	③
④	⑤	⑥
⑦	⑧	⑨

• 작은 정사각형 1개로 이루어진 정사각형:
   ①, ②, ③, ④, ⑤, ⑥, ⑦, ⑧, ⑨ ➡ 9개
• 작은 정사각형 4개로 이루어진 정사각형:
   ①＋②＋④＋⑤, ②＋③＋⑤＋⑥,
   ④＋⑤＋⑦＋⑧, ⑤＋⑥＋⑧＋⑨ ➡ 4개
• 작은 정사각형 9개로 이루어진 정사각형:
   ①＋②＋③＋④＋⑤＋⑥＋⑦＋⑧＋⑨ ➡ 1개
➡ $9+4+1=14$(개)

3 (직사각형 가의 네 변의 길이의 합)
$\quad=5+7+5+7=24$ (cm)
정사각형 나의 한 변의 길이를 $\square$ cm라고 하면
$\square+\square+\square+\square=24$, $\square=6$입니다.
따라서 정사각형 나의 한 변의 길이는 6 cm입니다.

3-1 (정사각형 가의 네 변의 길이의 합)
$\quad=8+8+8+8=32$ (cm)
직사각형 나와 정사각형 가의 네 변의 길이의 합이 같으므로 $9+\square+9+\square=32$, $\square+\square=14$, $\square=7$입니다.

3-2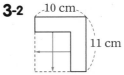

필요한 끈의 길이는 가로가 10 cm, 세로가 11 cm인 직사각형의 네 변의 길이의 합과 같습니다.
➡ $10+11+10+11=42$ (cm)

4-1

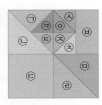

크고 작은 정사각형은 ㅌ, (ㄹ+ㅁ), (ㅅ+ㅇ),
(ㅈ+ㅊ), (ㄱ+ㄴ+ㅌ+ㅋ), (ㅋ+ㅌ+ㅈ+ㅇ),
(ㅅ+ㅇ+ㅈ+ㅊ+ㅂ), (ㄱ+ㄴ+ㄷ+ㄹ+ㅁ+ㅂ
+ㅅ+ㅇ+ㅈ+ㅊ+ㅋ+ㅌ)으로 모두 8개입니다.

2단원 단원 평가 Level ❶ 62~64쪽

1 (위에서부터) 변, 변, 꼭짓점

2 ㄴ

3 선분 ㄷㄹ(또는 선분 ㄹㄷ)

4 아

5
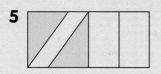

6 ㉠

7 가, 바

8 나, 라

9 예
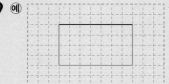

10 3개

11 9개

12 민후

13 예

14 6개

15 9시, 3시

16 8개

17 12개

18 26 cm

19 예 각 ㄱㄴㄷ은 점 ㄴ이 각의 꼭짓점이 되게 각을 그려야
하는데 점 ㄷ이 각의 꼭짓점이 되게 그렸습니다.

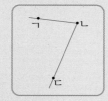

20 12

4 각의 수를 각각 알아봅니다.
가: 3개, 나: 0개, 다: 4개, 라: 4개, 마: 1개, 바: 4개,
사: 0개, 아: 5개

5 한 각이 직각인 삼각형을 찾습니다.

6 ㉠ 각은 한 점에서 그은 두 반직선으로 이루어진 도형입
니다.

7 한 각이 직각인 삼각형은 가, 바입니다.

8 네 각이 모두 직각인 사각형은 나, 라입니다.

10

정사각형은 ②, ⑤, ⑦로 모두 3개가 생깁니다.
①과 ⑥은 직사각형이고 ③과 ④는 직각삼각형입니다.

11 직각의 수를 각각 알아보면 직각삼각형 1개, 직사각형 4
개, 정사각형 4개입니다. ➡ 1+4+4=9(개)

12 반직선은 한 방향으로 끝없이 늘어나므로 길이를 잴 수
없습니다.

13 선을 따라 잘랐을 때 네 각이 모두 직각인 사각형이 8개
가 되도록 선을 긋습니다.

14 점과 점을 지나는 직선을 그어 봅니다.

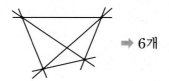

➡ 6개

15

9시   3시

16 작은 각 2개 또는 3개를 합하면 직각이 되므로 직각은
모두 8개입니다.

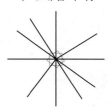

17

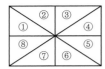

작은 삼각형 1개짜리: ①, ②, ③, ④, ⑤, ⑥, ⑦, ⑧
➡ 8개

작은 삼각형 4개짜리: ⑧+①+②+③, ②+③+④+⑤,
④+⑤+⑥+⑦, ⑥+⑦+⑧+①
➡ 4개

➡ 8+4=12(개)

18

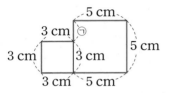

정사각형은 네 변의 길이가 모두 같으므로
㉠=5-3=2 (cm)입니다.
➡ (빨간색 선의 길이)
=3+3+3+5+5+5+2=26 (cm)

^{서술형}
19

평가 기준	배점(5점)
각을 잘못 그린 까닭을 썼나요?	3점
각 ㄱㄴㄷ을 바르게 그렸나요?	2점

^{서술형}
20 (예)

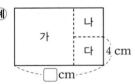

정사각형 나, 다의 한 변의 길이가 4 cm이고 정사각형 가
의 한 변의 길이는 나와 다의 한 변의 길이의 합과 같으므
로 4+4=8 (cm)입니다.
따라서 □ 안에 알맞은 수는 8+4=12입니다.

평가 기준	배점(5점)
나눈 세 정사각형의 한 변의 길이를 각각 구했나요?	2점
□ 안에 알맞은 수를 구했나요?	3점

2^{단원} **단원 평가 Level ❷**　　　65~67쪽

1 선우　　　　　　**2** 1개

3 4개　　　　　　**4** 라, 가, 다, 나

---

5 가, 다　　　　　　**6** ㉠, ㉢

7 [정사각형 그림]　　**8** (예) [도형 그림]

9 ②

10 정사각형, 직사각형에 ○표

11 10개　　　　　　**12** ㉠, ㉢

13 10개　　　　　　**14** 5

15 7 cm　　　　　　**16** 48 cm

17 직각삼각형, 8개　　**18** 12개

19 ^{같은 점} (예) 직사각형과 정사각형은 네 각이 모두 직각입
니다.
^{다른 점} (예) 정사각형은 항상 네 변의 길이가 같지만 직사
각형은 마주 보는 두 변의 길이가 같습니다.

20 16

1 선우: 두 점을 이은 선분은 1개뿐입니다.

2 두 점을 지나는 직선은 1개뿐입니다.

3 도형 가에 있는 각은 3개, 도형 나에 있는 각은 1개입니다.
➡ 3+1=4(개)

4 가: 5개, 나: 0개, 다: 4개, 라: 6개

6 직각이 1개인 직각삼각형입니다.

9 정사각형은 네 변의 길이가 모두 같고 네 각이 모두 직각
인 사각형입니다.

10 정사각형은 직사각형이라고 할 수 있습니다.

11

[오각형에 대각선이 그려진 그림]　➡ 10개

12 정사각형은 네 변의 길이가 모두 같습니다.
직사각형 중에는 네 변의 길이가 같지 않은 사각형도 있
습니다.

13 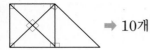 ➡ 10개

14 정사각형은 네 변의 길이가 모두 같으므로
□＋□＋□＋□＝20입니다.
5＋5＋5＋5＝20이므로 □＝5입니다.

15 정사각형은 네 변의 길이가 모두 같으므로 가장 큰 정사각형이 되려면 직사각형의 짧은 변을 한 변으로 해야 합니다.

16 정사각형은 네 변의 길이가 모두 같으므로 만든 직사각형의 변의 길이는 다음과 같습니다.

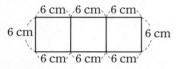

따라서 직사각형의 가로는 18 cm, 세로는 6 cm이므로 네 변의 길이의 합은 18＋6＋18＋6＝48 (cm)입니다.

17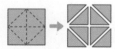

직각삼각형이 8개 생깁니다.

18

㉠		㉡
㉢	㉣	㉤

찾을 수 있는 크고 작은 직사각형은
㉠, ㉡, ㉢, ㉣, ㉤, (㉠＋㉡), (㉢＋㉣), (㉣＋㉤),
(㉡＋㉤), (㉠＋㉢＋㉣), (㉢＋㉣＋㉤),
(㉠＋㉡＋㉢＋㉣＋㉤)으로 모두 12개입니다.

서술형
19

평가 기준	배점(5점)
같은 점과 다른 점 중 한 가지를 썼나요?	2점
같은 점과 다른 점을 한 가지씩 썼나요?	3점

서술형
20 예 정사각형 가의 네 변의 길이의 합은
12＋12＋12＋12＝48 (cm)입니다.
직사각형 나의 네 변의 길이의 합도 48 cm이므로
□＋8＋□＋8＝48, □＋□＝32, □＝16입니다.

평가 기준	배점(5점)
정사각형의 네 변의 길이의 합을 구했나요?	2점
□ 안에 알맞은 수를 구했나요?	3점

3 나눗셈

나눗셈은 3학년에서 처음 배우는 개념으로 2학년까지 학습한 덧셈, 뺄셈, 곱셈구구의 개념을 모두 이용하여 이해할 수 있는 새로운 내용입니다.
3학년의 나눗셈은 곱셈구구의 역연산으로써만 학습하지만 3학년 이후의 나눗셈들은 나머지가 있는 것, 나누는 수와 나머지의 관계, 두 자리 수로 나누기 등 나눗셈의 기본 원리를 바탕으로 한 여러 가지 개념을 한꺼번에 배우게 되므로 처음 나눗셈을 학습할 때, 그 원리를 명확히 알 수 있도록 지도해 주세요.
또한 나눗셈이 가지는 분배법칙의 성질을 초등 수준에서 느껴 볼 수 있도록 문제를 구성하였습니다.
'분배법칙'이라는 용어를 사용하지 않아도 나누는 수를 분해하여 나눌 수 있음을 경험하게 되면 중등 과정에서 어려운 표현으로 연산의 법칙을 배우게 될 때 좀 더 쉽게 이해할 수 있습니다.

교과서 개념 이해 **1** 똑같이 나누어 볼까요(1) 70~71쪽

❗ • 4 / 9, 4

1 (1) 3 (2) 3 (3) 3

2 (1)  (2) 4 (3) 4

3 30, 6, 5   **4** 45÷9＝5

5 63 나누기 7은 9와 같습니다.

6 27, 9, 3

7  / 4, 5

8 (   ) (○)

9 21÷3＝7(또는 21÷3), 7개

7 야구공 20개를 바구니 4개에 똑같이 나누어 담으면 바구니 한 개에 5개씩 담을 수 있으므로 20÷4＝5입니다.

8 8칸짜리 상자에는 초콜릿을 똑같이 나누어 담을 수 없습니다.
6칸짜리 상자에는 초콜릿을 3개씩 똑같이 나누어 담을 수 있습니다.

9 딸기 21개를 3명에게 똑같이 나누어 주면 한 사람이 가지게 되는 딸기는 21÷3＝7(개)입니다.

교과서 개념 이해 **2** 똑같이 나누어 볼까요(2)

1 (1) 4   (2) 3, 4   (3) 4

2 (1) 예

   (2) 8, 8, 0   (3) 8, 2

3 (1) 4, 7   (2) 7명   **4** 6

5

6 예

 / 8

7 24÷4=6(또는 24÷4), 6개

8 56÷7=8(또는 56÷7), 8일

1

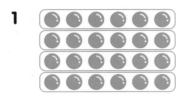

3 풍선 28개를 4개씩 묶으면 7묶음이므로 28÷4=7입니다.

4 30에서 5를 6번 덜어 내면 0이 되므로 이것을 나눗셈식으로 나타내면 30÷5=6입니다.

   참고 | 같은 수를 반복해서 더하는 것을 곱셈식으로 나타낼 수 있습니다.

   5+5+5+5=20 ➡ 5×4=20

5 45에서 9를 5번 덜어 내면 0이 됩니다.

   ➡ 45÷9=5

6 구슬 48개를 6개씩 묶으면 8묶음이므로 48÷6=8입니다.

7 24÷4=6이므로 농구공 24개를 한 바구니에 4개씩 나누어 담으려면 필요한 바구니는 6개입니다.

   다른 풀이 | 24-4-4-4-4-4-4=0

   ͟͟͟͟͟͟ 6번

   ➡ 24÷4=6

8 56쪽짜리 책을 하루에 7쪽씩 매일 읽으면 모두 읽는 데 56÷7=8(일)이 걸립니다.

교과서 개념 이해 **3** 곱셈과 나눗셈의 관계를 알아볼까요

❗ • 2 / 7, 2

1 (1) 4   (2) 6, 4

2 (1) 8, 24 / 8   (2) 8, 24 / 8

3 (1) 5, 7   (2) 7, 5   **4** 8, 6 / 6, 8

5 8, 56 / 8, 7, 56   **6** ㉠, ㉢

7 (1) 9×3=27(또는 9×3), 27개

   (2) 27÷3=9(또는 27÷3), 9개

   (3) 27÷9=3(또는 27÷9), 3상자

8 7, 2, 8

1

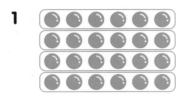

2 참고 | 3×8=24로 나타낸 경우에도 24÷3=8, 24÷8=3 모두 생각할 수 있습니다.

3 (1) 초콜릿 35개를 5묶음으로 똑같이 나누면 한 묶음에 7개씩이므로 35÷5=7입니다.

   (2) 초콜릿 35개를 7개씩 묶으면 5묶음이므로 35÷7=5입니다.

4 ●×▲=■ ＜ ■÷●=▲
                 ■÷▲=●

5 ●÷▲=■ ＜ ▲×■=●
                 ■×▲=●

7 (1) 테니스 공이 9개씩 3줄이므로 테니스 공은 모두 9×3=27(개)입니다.

   (2) 테니스 공 27개를 3상자에 똑같이 나누어 담으면 한 상자에 테니스 공을 27÷3=9(개)씩 담을 수 있습니다.

   (3) 테니스 공 27개를 한 상자에 9개씩 담으면 상자는 27÷9=3(상자) 필요합니다.

8 ㉠㉡÷㉢=9에서 9×㉢=㉠㉡이므로 ㉢에 2, 7, 8을 각각 넣어 봅니다.

   9×2=18, 9×7=63, 9×8=72

   따라서 72÷8=9입니다.

교과서 개념 이해 **4** 나눗셈의 몫을 곱셈식으로 구해 볼까요 76~77쪽

1 (1) 4 (2) 4 (3) 4 **2** (1) 5 (2) 5 (3) 5

3 (1) 4, 4 (2) 8, 8 **4** (1) 7, 7 (2) 3, 3

5 ✕ **6** 3, 3, 3

7 7, 7 / 7명 **8** 9, 9 / 9봉지

1

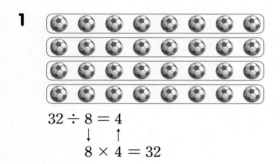

$$32 \div 8 = 4$$
$$8 \times 4 = 32$$

2

$15 \div 3 = 5$
➡ $5 \times 3 = 15$

3 (1) 5와 곱해서 20이 되는 수는 4이므로 20÷5의 몫은 4입니다.
(2) 8과 곱해서 64가 되는 수는 8이므로 64÷8의 몫은 8입니다.

4 (1) $56 \div 8 = 7$
$$8 \times 7 = 56$$
(2) $27 \div 9 = 3$
$$9 \times 3 = 27$$

5 • $36 \div 6 = \square$ ➡ $6 \times \square = 36$ ➡ $\square = 6$
• $36 \div 9 = \square$ ➡ $9 \times \square = 36$ ➡ $\square = 4$

6 18÷6의 몫은 3이므로 6과 곱해서 18이 되는 수는 3입니다.

7 $28 \div 4 = 7$ ➡ $7 \times 4 = 28$

8 $72 \div 8 = 9$ ➡ $8 \times 9 = 72$

교과서 개념 이해 **5** 나눗셈의 몫을 곱셈구구로 구해 볼까요 78~79쪽

❗ • 20, 4

1 (1) 5 (2) 6 (3) 6 **2** 8, 8, 8

3 (1) 12, 15, 18, 21, 24, 27 (2) 7

4

●	4	8	12	16
●÷1	4	8	12	16
●÷2	2	4	6	8

5 4, 5, 6 **6** (1) 9 (2) 5

7 25÷5=5(또는 25÷5), 5개

8 12÷4=3(또는 12÷4), 3장

9 18÷3=6(또는 18÷3), 6권

1

✕	4	5	6	7	8
4	16	20	24	28	32
5	20	25	㉚	35	40
6	24	㉚	36	42	48

2

✕	3	4	5	6	7	8	9
3	9	12	15	18	21	㉔	27
4	12	16	20	24	28	32	36
5	15	20	25	30	35	40	45
6	18	24	30	36	42	㊽	54
7	21	28	35	42	49	56	63
8	24	32	40	48	56	64	72
9	27	36	45	54	63	㉢	81

4

✕	1	2	3	4	5	6	7	8
1	1	2	3	4	5	6	7	8
2	2	④	6	⑧	10	12	14	⑯

4÷2의 몫은 2단 곱셈구구에서 곱이 4인 수를 찾고, 8÷2의 몫은 2단 곱셈구구에서 곱이 8인 수를 찾습니다. 16÷2의 몫은 2단 곱셈구구에서 곱이 16인 수를 찾습니다.

5 • 7단 곱셈구구에서 7×4=28이므로 28÷7=4입니다.
• 7단 곱셈구구에서 7×5=35이므로 35÷7=5입니다.

- 7단 곱셈구구에서 $7 \times 6 = 42$이므로 $42 \div 7 = 6$입니다.

6 (1) 6단 곱셈구구에서 $6 \times 9 = 54$이므로 $54 \div 6 = 9$입니다.

(2) 8단 곱셈구구에서 $8 \times 5 = 40$이므로 $40 \div 8 = 5$입니다.

7~9

×	2	3	4	5	6	7
2	4	6	8	10	12	14
3	6	9	12	15	18	21
4	8	12	16	20	24	28
5	10	15	20	25	30	35
6	12	18	24	30	36	42
7	14	21	28	35	42	49

기본기 다지기
개념 적용　　　　　　　　　　80~85쪽

1 (1) 예

민우　　　지아

(2) 4, 4

2 32, 4, 8　　　　　**3** 진우

4 5, 3　　　　　**5** 3개

6 $20-4-4-4-4-4=0$
(또는 $20-4-4-4-4-4$), 5

7 (1) 4번 (2) $24 \div 6 = 4$(또는 $24 \div 6$)

8 $35 \div 7 = 5$(또는 $35 \div 7$), 5명

9 ㉠

10 $18-3-3-3-3-3-3=0$
(또는 $18-3-3-3-3-3-3$),
$18 \div 3 = 6$(또는 $18 \div 3$) / 6상자

11 8개　　　　　**12** (1) 5, 5 (2) 5, 5

13 $3 \times 7 = 21$, $7 \times 3 = 21$ /
$21 \div 3 = 7$, $21 \div 7 = 3$

14 (1) 9 (2) 5　　　　　**15** 42, 42, 6 / 6개

16 $7 \times 8 = 56$, $8 \times 7 = 56$ /
$56 \div 7 = 8$, $56 \div 8 = 7$

17 5, 7 / $5 \times 7 = 35$, $7 \times 5 = 35$ /
$35 \div 5 = 7$, $35 \div 7 = 5$

18 6 / 6, 24 / 6　　　　　**19** 7, 2, 7, 7

20 (　　) (　○　) (　　)

21 (1) 3, 3 (2) 8, 8　　**22** 4, 6, 4, 6 / 6개

23 7명　　　　　**24** 2분

25 (1) 5 (2) 8　　　　　**26** >

27 (　　) (　○　) (　　)

28 $54 \div 6 = 9$(또는 $54 \div 6$), 9팀

29

●	8	16	24	32
●÷1	8	16	24	32
●÷4	2	4	6	8
●÷8	1	2	3	4

30 (1) 7 (2) 2, 3, 6　　**31** 4명

32 5　　　　　**33**

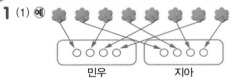

÷		
24	6	4
8	2	4
3	3	

34 ㉣

35 18

36 (1) $10 \div \square = 5$, 2
(2) $\square \div 9 = 6$, 54

37 $27 \div \square = 9$, 3개　　**38** $40 \div \square = 5$, 8개

39 6

---

1 쿠키 8개를 두 사람이 똑같이 나누면 한 사람은 4개씩 먹을 수 있습니다.

3 5는 35를 7로 나눈 몫입니다.

4 사탕은 15개 있습니다.
네모 모양 접시는 3개이므로 한 접시에 $15 \div 3 = 5$(개) 놓을 수 있고, 동그란 모양 접시는 5개이므로 한 접시에 $15 \div 5 = 3$(개) 놓을 수 있습니다.

서술형
5 예 (바구니 한 개에 담은 귤 수)$= 18 \div 2 = 9$(개)
(접시 한 개에 담은 귤 수)$= 9 \div 3 = 3$(개)

단계	문제 해결 과정
①	바구니 한 개에 담은 귤 수를 구했나요?
②	접시 한 개에 담은 귤 수를 구했나요?

6 20에서 나누는 수 4를 5번 빼면 0이 되므로 5가 몫이 됩니다.

7 $\underline{24-6-6-6-6}=0 \Rightarrow 24 \div 6 = 4$
4번

9 ㉠ $\underline{36-9-9-9-9}=0 \Rightarrow 36 \div 9 = 4$
4번

㉡ $\underline{27-9-9-9}=0 \Rightarrow 27 \div 9 = 3$
3번

따라서 몫이 더 큰 것은 ㉠입니다.

11 $16 \div 2 = 8$이므로 햄버거를 8개 만들 수 있습니다.

13 곱셈식으로 나타내면 $3 \times 7 = 21$, $7 \times 3 = 21$이고, 나눗셈식으로 나타내면 $21 \div 3 = 7$, $21 \div 7 = 3$입니다.

14 (1) $2 \times 9 = 18 \Big\langle \begin{array}{l} 18 \div 2 = \boxed{9} \\ 18 \div 9 = 2 \end{array}$

(2) $8 \times 5 = 40 \Big\langle \begin{array}{l} 40 \div 8 = 5 \\ 40 \div \boxed{5} = 8 \end{array}$

15 꽈배기는 모두 $6 \times 7 = 42$(개)입니다. 42개를 7봉지에 똑같이 나누어 담는다면 한 봉지에 $42 \div 7 = 6$(개)씩 담아야 합니다.

16 · 두 수 7과 8을 곱하여 56이 되는 곱셈식을 2개 만듭니다.
$\Rightarrow 7 \times 8 = 56$, $8 \times 7 = 56$
· 가장 큰 수 56을 나누어지는 수로 하여 나눗셈식을 2개 만듭니다.
$\Rightarrow 56 \div 7 = 8$, $56 \div 8 = 7$

17 곱하여 35가 되는 두 수를 찾으면 5와 7입니다.
· 곱셈식: $5 \times 7 = 35$, $7 \times 5 = 35$
· 나눗셈식: $35 \div 5 = 7$, $35 \div 7 = 5$

20 $5 \times 9 = 45 \Rightarrow 45 \div 5 = 9$

서술형
23 예 곱셈식으로 나타내면 $7 \times 7 = 49$이므로 나눗셈식으로 바꾸면 $49 \div 7 = 7$입니다.
따라서 7명에게 나누어 줄 수 있습니다.

단계	문제 해결 과정
①	곱셈식과 나눗셈식을 바르게 세웠나요?
②	몇 명에게 나누어 줄 수 있는지 구했나요?

24 아차산에서 청구까지는 8정거장이므로 곱셈식으로 나타내면 $8 \times 2 = 16$입니다.
나눗셈식으로 바꾸면 $16 \div 8 = 2$이므로 한 구간을 이동하는 데 걸리는 시간은 2분입니다.

25 (1) 곱셈표에서 가로 4나 세로 4 중 한 곳을 선택해서 20을 찾습니다. $\Rightarrow 20 \div 4 = 5$
(2) 곱셈표에서 가로 9나 세로 9 중 한 곳을 선택해서 72를 찾습니다. $\Rightarrow 72 \div 9 = 8$

26 $18 \div 2 = 9$, $42 \div 6 = 7$
$\Rightarrow 9 > 7$

27 $12 \div 3 = 4$, $48 \div 8 = 6$, $28 \div 7 = 4$

29 나눗셈의 몫을 구하여 나눗셈표를 만듭니다.
이때 $\blacksquare \div 1 = \blacksquare$, $\blacksquare \div \blacksquare = 1$이 됨에 주의합니다.

30 (1) $\begin{array}{l} 14 \div 7 = 2 \\ 21 \div 7 = 3 \end{array}$
이므로 두 수를 모두 나눌 수 있는 수는 7입니다.
(2) $\begin{array}{l} 6 \div 2 = 3 \\ 12 \div 2 = 6 \end{array}$ $\begin{array}{l} 6 \div 3 = 2 \\ 12 \div 3 = 4 \end{array}$ $\begin{array}{l} 6 \div 6 = 1 \\ 12 \div 6 = 2 \end{array}$
이므로 두 수를 모두 나눌 수 있는 수는 2, 3, 6입니다.

31 (공깃돌의 수)$= 6 \times 6 = 36$(개)
$36 \div 9 = 4$이므로 4명에게 나누어 줄 수 있습니다.

32 $15 \div \square = 3 \Rightarrow 15 \div 3 = \square$, $\square = 5$

33
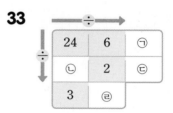

$24 \div 6 = ㉠$, $㉠ = 4$
$24 \div ㉡ = 3$, $24 \div 3 = ㉡$, $㉡ = 8$
$㉡ \div 2 = ㉢$, $8 \div 2 = ㉢$, $㉢ = 4$
$6 \div 2 = ㉣$, $㉣ = 3$

34 ㉠ $16 \div \square = 4 \Rightarrow 16 \div 4 = \square$, $\square = 4$
㉡ $\square \div 2 = 3 \Rightarrow 2 \times 3 = \square$, $\square = 6$
㉢ $49 \div 7 = \square$, $\square = 7$
㉣ $45 \div \square = 5 \Rightarrow 45 \div 5 = \square$, $\square = 9$

35 $12 \div 4 = 3$이므로 $\square \div 6 = 3$입니다.
$6 \times 3 = \square$이므로 $\square = 18$입니다.

36 (1) $10 \div \square = 5$, $10 \div 5 = \square$, $\square = 2$
(2) $\square \div 9 = 6$, $9 \times 6 = \square$, $\square = 54$

37 $27 \div \square = 9$, $27 \div 9 = \square$, $\square = 3$

38 $40 \div \square = 5$, $40 \div 5 = \square$, $\square = 8$

39 어떤 수를 $\square$라고 하면
$\square \div 4 = 9$이므로 $4 \times 9 = \square$, $\square = 36$입니다.
따라서 바르게 계산하면 $36 \div 6 = 6$입니다.

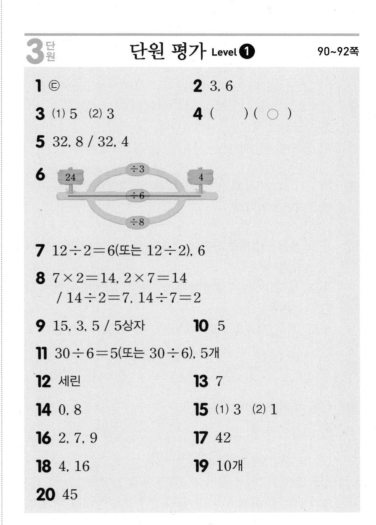

응용력 기르기 86~89쪽

1 8 **1-1** 1 **1-2** 25

2 24, 42 **2-1** 24, 64 **2-2** 3개

3 5그루 **3-1** 16개 **3-2** 7 m

4 **1단계** 예 고등어 1손이 2마리이므로 고등어 9손은
2×9=18(마리)이고, 달걀 1꾸러미가 10개
이므로 달걀 3꾸러미는 30개입니다.

2단계 예 18÷6=3이고 30÷6=5이므로 고등어는
3마리씩, 달걀은 5개씩 줄 수 있습니다.

/ 3, 5

4-1 9상자

1 24÷■=8에서 24÷8=■, ■=3입니다.
15÷▲=3에서 15÷3=▲, ▲=5입니다.
➡ ■+▲=3+5=8

1-1 ●×5=35에서 35÷5=●, ●=7입니다.
56÷7=♥에서 56÷7=8, ♥=8입니다.
➡ ♥-●=8-7=1

1-2 ■÷2=6에서 6×2=■, ■=12입니다.
3×▲=12에서 12÷3=▲, ▲=4입니다.
36÷♥=4에서 36÷4=♥, ♥=9입니다.
➡ ■+▲+♥=12+4+9=25

2 만들 수 있는 두 자리 수는 23, 24, 32, 34, 42, 43이
고, 이 중 6으로 나누어지는 수는 24, 42입니다.
➡ 24÷6=4, 42÷6=7

2-1 만들 수 있는 두 자리 수는 24, 26, 42, 46, 62, 64이
고, 이 중 8로 나누어지는 수는 24, 64입니다.
➡ 24÷8=3, 64÷8=8

2-2 만들 수 있는 두 자리 수는 10, 12, 14, 20, 21, 24,
40, 41, 42이고, 이 중 7로 나누어지는 수는 14, 21,
42입니다.
➡ 14÷7=2, 21÷7=3, 42÷7=6

3 (간격 수)=24÷6=4(군데)
(필요한 나무 수)=4+1=5(그루)

3-1 (간격 수)=63÷9=7(군데)
(도로 한쪽에 필요한 가로등 수)=7+1=8(개)
(도로 양쪽에 필요한 가로등 수)=8×2=16(개)

3-2

다리에 깃발을 9개 꽂았으므로 깃발 사이의 간격 수는
9-1=8(군데)입니다.
(깃발 사이의 간격)=56÷8=7 (m)

4-1 연필 6타는 12+12+12+12+12+12=72(자루)
이므로 연필 72자루를 한 상자에 8자루씩 담는다면
72÷8=9(상자)가 필요합니다.

3단원 단원 평가 Level ❶ 90~92쪽

1 © **2** 3, 6

3 (1) 5 (2) 3 **4** (   )(○)

5 32, 8 / 32, 4

6

7 12÷2=6(또는 12÷2), 6

8 7×2=14, 2×7=14
/ 14÷2=7, 14÷7=2

9 15, 3, 5 / 5상자 **10** 5

11 30÷6=5(또는 30÷6), 5개

12 세린 **13** 7

14 0, 8 **15** (1) 3 (2) 1

16 2, 7, 9 **17** 42

18 4, 16 **19** 10개

20 45

1 © 56÷8=7에서 몫은 7입니다.
참고 | © 곱셈식으로 8×7=56으로도 나타낼 수 있습니다.

2 18에서 3을 6번 덜어 내면 0이 됩니다.
➡ 18÷3=6

3 (1) 7×5=35 ➡ 35÷7=5
(2) 6×3=18 ➡ 18÷6=3

4 4칸짜리 상자에는 사탕을 똑같이 나누어 담을 수 없습니
다. 2칸짜리 상자에는 사탕을 5개씩 똑같이 나누어 담을
수 있습니다.

5

●×▲=■ ⟨ ■÷●=▲
⟨ ■÷▲=●

6
$24÷3=8(×)$
$24÷6=4(○)$
$24÷8=3(×)$

7
$12÷2=6$, $12÷3=4$, $12÷4=3$, $12÷6=2$이므로 몫이 가장 큰 나눗셈식은 $12÷2=6$입니다.

8

●×▲=■ ⟨ ■÷●=▲
⟨ ■÷▲=●

★÷♥=◆ ⟨ ♥×◆=★
⟨ ◆×♥=★

9
$5×3=15$를 나눗셈식으로 나타내면
$15÷5=3$, $15÷3=5$입니다.
이 중에서 조건에 맞는 나눗셈식은 $15÷3=5$입니다.

10
$35÷7=5$이므로 $35\,cm$를 똑같이 7칸으로 나누면 한 칸은 $5\,cm$입니다.

12
은하: 땅콩 13개를 6명이 2개씩 나누어 가지면 1개가 남습니다.
주영: 잣 20개를 7명이 2개씩 나누어 가지면 6개가 남습니다.
세린: 호두 24개를 8명이 3개씩 나누어 가질 수 있습니다.

13
$42÷□=6$ ➡ $42÷6=□$, $□=7$

14
몫을 ●라고 하면
$4□÷8=●$
  ↓   ↑
$8×●=4□$입니다.
8단 곱셈구구에서 곱이 $4□$인 경우를 알아보면
$8×5=40$, $8×6=48$이므로 $□$ 안에 들어갈 수 있는 수는 0과 8입니다.

15
(1) $81÷9=9$ ➡ $3×□=9$, $□=3$
(2) $30÷6=5$ ➡ $5×□=5$, $□=1$

16
$□□÷□=3$
  ↓   ↑
$□×3=□□$
$3×□=□□$이므로 3단 곱셈구구를 이용합니다.
$3×2=6$ ➡ $6÷2=3(×)$
$3×5=15$ ➡ $15÷5=3(×)$

$3×6=18$ ➡ $18÷6=3(×)$
$3×7=21$ ➡ $21÷7=3(×)$
$3×9=27$ ➡ $27÷9=3(○)$

17
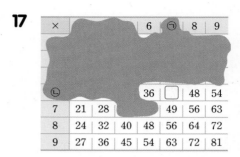

×			6	㉠	8	9
㉡			36	□	48	54
7	21	28		49	56	63
8	24	32	40	48	56	64	72
9	27	36	45	54	63	72	81

$□$의 아래가 49이고 왼쪽 끝은 7이므로
㉠은 $49÷7=7$입니다.
$□$의 왼쪽에 36이 있고 맨 위는 6이므로
㉡은 $36÷6=6$입니다.
$□$는 ㉠과 ㉡이 만나는 부분에 있으므로 $7×6=42$입니다.

18
두 수 중 큰 수를 ○, 작은 수를 □라고 하면 두 수의 합은 20이므로 ○$+□=20$이고, 큰 수를 작은 수로 나누면 몫이 4이므로 ○$÷□=4$입니다.
$○÷□=4$
  ↓   ↑
$□×4=○$입니다.
$○+□=20$, $□×4+□=20$, $□×5=20$
 $□×4$ $□+□+□+□$
$□×5=20$ ➡ $20÷5=□$, $□=4$이므로 작은 수는 4입니다.
$○+□=20$에서 $○+4=20$, $○=16$이므로 큰 수는 16입니다.

서술형
19 ⟨예⟩ 가로, 세로가 각각 $6\,cm$의 몇 배인지 알아봅니다.
$30÷6=5$(배), $12÷6=2$(배)이므로 정사각형을 가로로 5개씩 2줄 만들 수 있습니다.
따라서 만들 수 있는 정사각형은 $5×2=10$(개)입니다.

평가 기준	배점(5점)
가로, 세로가 각각 $6\,cm$의 몇 배인지 구했나요?	3점
만들 수 있는 정사각형의 수를 구했나요?	2점

서술형
20 ⟨예⟩ 어떤 수를 $□$라고 하면 $□÷9=6$입니다.
$□÷9=6$에서 $9×6=□$, $9×6=54$이므로 $□=54$입니다.
따라서 바르게 계산하면 $54-9=45$입니다.

평가 기준	배점(5점)
어떤 수를 구했나요?	3점
바르게 계산한 값을 구했나요?	2점

1 3, 3, 3, 3, 0 / 4   **2** 35, 5, 7

3 3 / 8×3=24, 3×8=24

4 (×) (　) (　)   **5** 56

6 16÷2=8(또는 16÷2), 8묶음

7 7 cm   **8** ㉡

9 7, 9 / 7×9=63, 9×7=63 /
　63÷7=9, 63÷9=7

10 ㉣   **11** 5

12 8   **13** 4, 16

14 3개, 2개   **15** 7, 8, 9

16 3   **17** 12개

18 12, 3   **19** 3개

20 3개

---

1 12개를 3개씩 4번 덜어 내면 0이 됩니다.

3 $24 \div 8 = 3$
$8 \times 3 = 24 \Rightarrow 3 \times 8 = 24$

4 $36 \div 9 = 4$, $25 \div 5 = 5$, $30 \div 6 = 5$이므로 몫이 다른 나눗셈식은 $36 \div 9$입니다.

5 $\square \div 7 = 8$에서 $7 \times 8 = \square$, $\square = 56$입니다.

6 크림빵 16개를 2개씩 묶으면 모두 8묶음이 됩니다.
$\Rightarrow 16 \div 2 = 8$

7 정사각형은 네 변의 길이가 모두 같으므로 한 변의 길이는 $28 \div 4 = 7$ (cm)입니다.

8 ㉠ $18 \div 3 = 6$, ㉡ $14 \div 7 = 2$, ㉢ $20 \div 5 = 4$, ㉣ $45 \div 9 = 5$이므로 몫이 가장 작은 것은 ㉡입니다.

9 곱해서 63이 되는 두 수는 7과 9입니다.
따라서 만들 수 있는 곱셈식은 $7 \times 9 = 63$, $9 \times 7 = 63$이고, 나눗셈식은 $63 \div 7 = 9$, $63 \div 9 = 7$입니다.

10 9명이 남김없이 똑같이 나누어 먹으려면 젤리의 수가 9로 나누어져야 합니다. $36 \div 9 = 4$이므로 사야 할 젤리는 ㉣ 36개입니다.

11 $1\square \div \square = 3$에서 $15 \div 5 = 3$이므로 □ 안에 공통으로 들어갈 수는 5입니다.

12 $12 \div 2 = 6$
$48 \div \square = 6 \Rightarrow 48 \div 6 = \square$, $\square = 8$

13 $28 - 4 - 4 - 4 - 4 - 4 - 4 - 4 = 0$이므로
◆$= 4$입니다.
●$\div 4 = 4$에서 $4 \times 4 =$●이므로 ●$= 16$입니다.

14 종훈이의 방법으로 하면 $18 \div 6 = 3$이므로 3개가 필요합니다.
동생의 방법으로 하면 $18 \div 9 = 2$이므로 2개가 필요합니다.

15 $30 \div 5 = 6$이므로 $6 < \square$입니다.
따라서 □ 안에 들어갈 수 있는 수는 7, 8, 9입니다.

16 어떤 수를 □라고 하면
$\square \div 2 = 9$, $2 \times 9 = \square$, $\square = 18$입니다.
따라서 바르게 계산하면 $18 \div 6 = 3$입니다.

17 (가로등 사이의 간격 수)$= 45 \div 9 = 5$(군데)
(한쪽에 설치한 가로등 수)$= 5 + 1 = 6$(개)
(양쪽에 설치한 가로등 수)$= 6 \times 2 = 12$(개)

18 ㉠$\div$㉡$= 4$를 만족하는 (㉠, ㉡)은 (4, 1), (8, 2), (12, 3), (16, 4), …입니다.
이 중에서 ㉠$+$㉡$= 15$인 것은 $12 + 3 = 15$이므로 ㉠$= 12$, ㉡$= 3$입니다.

서술형
19 예 (주머니 한 개에 담은 공깃돌 수)$= 72 \div 8 = 9$(개)
(친구 한 명에게 준 공깃돌 수)$= 9 \div 3 = 3$(개)

평가 기준	배점(5점)
주머니 한 개에 담은 공깃돌 수를 구했나요?	2점
친구 한 명에게 준 공깃돌 수를 구했나요?	3점

서술형
20 예 만들 수 있는 두 자리 수는 12, 14, 21, 24, 41, 42입니다.
이 중에서 6으로 나누어지는 수는 $12 \div 6 = 2$, $24 \div 6 = 4$, $42 \div 6 = 7$로 모두 3개입니다.

평가 기준	배점(5점)
두 자리 수를 모두 만들었나요?	2점
6으로 나누어지는 수는 모두 몇 개인지 구했나요?	3점

4 곱셈

(두 자리 수)×(한 자리 수)의 곱셈을 배우는 단원입니다.
2학년에 배운 곱셈구구를 바탕으로 곱하는 수가 커지는 만큼 곱의 크기도 커짐을 이해해야 단원 전체의 내용을 알 수 있습니다.
또한, 두 자리 수를 몇십과 몇으로 분해하여 곱하는 원리의 이해도 반드시 필요합니다. 그러므로 두 자리 수의 분해를 통한 곱셈의 원리를 잘 이해하지 못하는 경우 한 자리 수의 분해를 통한 곱셈의 예를 충분히 이해한 후 두 자리 수의 곱셈 원리와 방법을 알 수 있도록 지도해 주세요.

$$\begin{array}{r} 2 \times 3 = 6 \\ 4 \times 3 = 12 \\ \hline 6 \times 3 = 18 \end{array}$$

이후 학년에서는 같은 곱셈의 원리로 더 큰 수들의 곱셈을 배우게 되므로 이번 단원의 학습 목표를 완벽하게 성취할 수 있도록 합니다.
수의 크기와 관계없이 적용되는 곱셈의 교환법칙, 결합법칙 등에 대한 3학년 수준의 문제들도 구성하였으므로 곱셈의 계산 방법 뿐만 아니라 연산의 법칙들도 느껴볼 수 있게 하여 중등 과정에서의 학습과도 연계될 수 있습니다.

교과서 개념 이해 1 (몇십)×(몇)을 알아볼까요 98~99쪽

1 (1) 2, 4 (2) 40 (3) 2, 40

2 (1) 4, 40 (2) 21, 210

3 50, 5, 50 **4** 3, 30

5 (1) 80 (2) 60 (3) 50 (4) 60

6 (   ) (○) (   )

7 3, 9, 90 **8** (1) 8, 80 (2) 6, 60

9 (1) 4 (2) 7

1 (1) 십 모형은 2개씩 2묶음입니다.

2 곱해지는 수가 10배가 되면 곱도 10배가 됩니다.

3 $\underbrace{10+10+10+10+10}_{5번}=50 \Rightarrow 10 \times \boxed{5} = \boxed{50}$

4 10씩 3번 뛰어 세었으므로 10×3입니다.

5 참고ㅣ(몇십)×(몇)의 계산은 곱셈구구를 이용하여 머리셈으로 가능하기 때문에 세로로 나타내지 않아도 됩니다.

6 $20 \times 6 = 120$, $50 \times 2 = 100$, $30 \times 4 = 120$
따라서 계산 결과가 다른 것은 50×2입니다.

7 곱셈에서는 두 수를 바꾸어 곱해도 곱은 같습니다.

8 곱하는 수가 10배가 되면 곱도 10배가 됩니다.

9 (1) $2 \times \square = 8$이므로 $\square = 4$입니다.
(2) $1 \times \square = 7$이므로 $\square = 7$입니다.

교과서 개념 이해 2 (몇십몇)×(몇)을 알아볼까요(1) 100~101쪽

❶ • 2, 6 / 6, 2

1 (1) 3, 9 (2) 3, 3 (3) 3, 39

2 (1) 8 / 4, 8 (2) 9 / 6, 9

3 (1) 8, 80, 88 (2) 7, 70, 77

4 24, 24

5 (1) 36 (2) 68 (3) 46 (4) 66

6 40, 8 / 48 **7** 2, 28

8 22, 33, 44

9 (1) $31 \times 3 = 93$ (2) $42 \times 2 = 84$

10 (1) 26, 26 (2) 99, 99

1 (2) 십 모형 1개는 10을 나타내므로 십 모형 3개는 30입니다.

2 (1) $4 \times 2 = 8$이므로 일의 자리에 8을 씁니다.
$2 \times 2 = 4$이므로 십의 자리에 4를 씁니다.
(2) $3 \times 3 = 9$이므로 일의 자리에 9를 씁니다.
$2 \times 3 = 6$이므로 십의 자리에 6을 씁니다.

3 (1) 44를 4와 40으로 나누어 곱한 후 두 곱을 더합니다.
(2) 11을 1과 10으로 나누어 곱한 후 두 곱을 더합니다.

4 $\underbrace{12+12}_{2번} = 24$
$\downarrow\downarrow$
$12 \times 2 = 24$

5 (몇)×(몇)을 계산하여 일의 자리에 쓰고, (몇십)×(몇)을 계산하여 십의 자리에 씁니다.

6 10개씩 4묶음: $10 \times 4 = 40$, 2개씩 4묶음: $2 \times 4 = 8$
$\Rightarrow 12 \times 4 = 48$

7 14씩 2번 뛰어 세었으므로 $14 \times 2 = 28$입니다.

8
$11 \times 2 = 11 + 11$
$11 \times 3 = 11 + 11 + 11$
$11 \times 4 = 11 + 11 + 11 + 11$
곱하는 수가 1씩 커지면 곱은 곱해지는 수만큼 커집니다.

9 (1) $\underbrace{31 + 31 + 31}_{3번} = 31 \times 3 = 93$

(2) $\underbrace{42 + 42}_{2번} = 42 \times 2 = 84$

10 곱셈에서는 두 수를 바꾸어 곱해도 곱은 같습니다.

1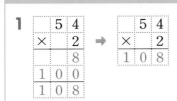

2 (1) 6 / 2, 1, 6 (2) 8 / 3, 2, 8

3 (1) 100, 2, 102 (2) 280, 8, 288

4 (1) 287 (2) 159 (3) 166 (4) 128

5 (1) 40×4에 색칠 (2) 70×2에 색칠

6 (1) 62×4에 ○표 (2) 92×4에 ○표

7 (1) 186, 186 (2) 126, 126

8 ✕(선 연결)   **9** 5, 2, 5

2 (1) $2 \times 3 = 6$이므로 일의 자리에 6을 씁니다.
$7 \times 3 = 21$이므로 십의 자리에 1, 백의 자리에 2를 씁니다.
(2) $2 \times 4 = 8$이므로 일의 자리에 8을 씁니다.
$8 \times 4 = 32$이므로 십의 자리에 2, 백의 자리에 3을 씁니다.

3 (1) 51을 50과 1로 나누어 각각 2를 곱한 후 두 곱을 더합니다.
(2) 72를 70과 2로 나누어 각각 4를 곱한 후 두 곱을 더합니다.

---

5 (1) 39를 어림하면 40쯤이므로 40×4에 색칠합니다.
(2) 71을 어림하면 70쯤이므로 70×2에 색칠합니다.

6 (1) 곱해지는 수가 같을 때 곱하는 수가 클수록 곱이 큽니다.
(2) 곱하는 수가 같을 때 곱해지는 수가 클수록 곱이 큽니다.

7 곱해지는 수가 커진만큼 곱하는 수가 작아지면 두 곱은 같습니다.

8 $82 \times 4 = 328$, $73 \times 3 = 219$, $61 \times 5 = 305$

9
$3 \times \square = 15$
↓10배   ↓10배
$30 \times \square = 150$이므로 $\square = 15 \div 3$, $\square = 5$입니다.

> ★ 학부모 지도 가이드
> 곱셈구구의 곱을 생각하여 수를 여러 가지 곱셈식으로 나타내 봅니다. 역곱셈은 이후 중등에서의 소인수분해 개념과도 연계되고, 수 감각을 기르는 데에도 도움이 되므로 다양하게, 더 작은 수로 분해해 보는 경험이 필요합니다.

1 (1)
```
    3 6
  ×   2
    1 2   ← 6×2
    6 0   ← 30×2
    7 2
```
(2)
```
    1 9
  ×   4
    3 6   ← 9×4
    4 0   ← 10×4
    7 6
```

2 14 / 14, 70, 84

3 (1) 60, 18, 78 (2) 80, 12, 92

4 (1) 90 (2) 78 (3) 96 (4) 84

5 20   **6** 60, 75, 90

7
```
    2
    1 3
  ×   7
    9 1
```
8 (1) < (2) >

9 (1) 16 (2) 35

2 일의 자리 수와의 곱 2×7을 먼저 계산한 후 십의 자리 수와의 곱 1×7을 계산하여 더합니다.

3 (1) 39를 30과 9로 나누어 각각 2를 곱한 후 두 곱을 더합니다.
(2) 46을 40과 6으로 나누어 각각 2를 곱한 후 두 곱을 더합니다.

4 십의 자리 위에 올림한 수를 쓰고, 올림한 수를 십의 자리의 계산과 더하여 십의 자리에 씁니다.

(1)
```
    4
  1 8
×   5
─────
  9 0
```
(2)
```
    1
  1 3
×   6
─────
  7 8
```
(3)
```
    1
  4 8
×   2
─────
  9 6
```
(4)
```
    2
  2 8
×   3
─────
  8 4
```

5 일의 자리 계산에서 $7 \times 3 = 21$이므로 십의 자리로 올림한 수 2는 20을 나타냅니다.

6
$15 \times 4 = 60$ ⎫ $+15$
$15 \times 5 = 75$ ⎬ $+15$
$15 \times 6 = 90$ ⎭
곱하는 수가 1씩 커지면 곱은 곱해지는 수만큼 커집니다.

7 일의 자리 계산에서 십의 자리로 올림한 수 2를 더하지 않고 계산했습니다.

8 (1) 곱해지는 수가 같을 때 곱하는 수가 클수록 곱이 큽니다.
(2) 곱하는 수가 같을 때 곱해지는 수가 클수록 곱이 큽니다.

9 (1)
```
 24 × 4
20 × 4 = 80
 4 × 4 = 16
```
(2)
```
 17 × 5
10 × 5 = 50
 7 × 5 = 35
```

교과서 개념 이해 **5** (몇십몇)×(몇)을 알아볼까요(4) 106~107쪽

1 (1)
```
    4 5
×     4
───────
    2 0  ← ⑤×4
  1 6 0  ← ㊵×4
  1 8 0
```
(2)
```
    3 9
×     6
───────
    5 4  ← ⑨×6
  1 8 0  ← ㉚×6
  2 3 4
```

2 12 / 12, 320, 332

3 (1) 296 (2) 136 (3) 282 (4) 318

4 292, 365, 438

5 (위에서부터) 88, 8 / 176, 176

6 (위에서부터) 150, 50

7 (계산 순서대로) (1) 90, 450, 3, 15 / 465
(2) 60, 480, 4, 32 / 512

8 예 초록색, 초록색   **9** 1, 2, 3, 4

2 일의 자리 수와의 곱 3×4를 먼저 계산한 후 십의 자리 수와의 곱 8×4를 계산하여 더합니다.

3 (1)
```
    5
  3 7
×   8
─────
2·9 6
```
(2)
```
    1
  6 8
×   2
─────
1 3 6
```
(3)
```
    1
  9 4
×   3
─────
2 8 2
```
(4)
```
    1
  5 3
×   6
─────
3 1 8
```

4
$73 \times 4 = 292$ ⎫ $+73$
$73 \times 5 = 365$ ⎬ $+73$
$73 \times 6 = 438$ ⎭
곱하는 수가 1씩 커지면 곱은 곱해지는 수만큼 커집니다.

6 $6 = 2 \times 3$이므로 25에 6을 곱한 것은 25에 2를 곱한 후 3을 곱한 것과 같습니다.

7 (1) 93을 90과 3으로 나누어 각각 5를 곱한 후 두 곱을 더합니다.
(2) 64를 60과 4로 나누어 각각 8을 곱한 후 두 곱을 더합니다.

8 빨간색 사과는 18을 20쯤으로 어림하여 7을 곱하면 $20 \times 7 = 140$입니다.
초록색 사과는 32를 30쯤으로 어림하여 5를 곱하면 $30 \times 5 = 150$입니다.
즉, 어림해 보니 초록색 사과가 더 많을 것 같습니다.
$18 \times 7 = 126$, $32 \times 5 = 160$이므로 초록색 사과가 더 많습니다.

9 47×5는 188보다 47만큼 더 큰 수이므로 190보다 큽니다.
따라서 □ 안에는 5보다 작은 수가 들어갈 수 있습니다.

개념 적용 기본기 다지기 108~113쪽

1 (1) $60 \times 4 = 240$ (2) $20 \times 7 = 140$

2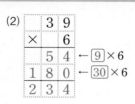

3 150, 300

4 9, 3, 90

5 $40 \times 7 = 280$(또는 40×7) / 280개

6 5   **7** 70점

8 (1) 예

$$\underset{0 \quad\quad 10 \quad\quad\quad 20 \quad\quad\quad 30}{\vert\quad\quad\vert\overset{\overset{11}{\underset{\bigoplus}{}}}{\quad}\vert\quad\quad\quad\vert}$$

(2) 예 30

9 3, 40, 6, 46　　　**10** 48, 48

11 ㉡

12 13×3=39(또는 13×3) / 39살

13 지우　　　　　　　**14** 112개

15 2, 124　　　　　　**16** 41

17 ㉢　　　　　　　　**18** ㉢

19 예 43에 ○표 / 43×3=129(또는 43×3) / 129분

20 귤　　　　　　　　**21** (위에서부터) 34, 68

22 78　　　　　　　　**23** (1) ＞　(2) ＜

24 96 cm　　　　　　**25** 14개

26 90 m　　　　　　　**27** 4, 80, 28, 108

28 48, 192　　　　　　**29** 260

30 (　　) (　　) (○) /
　　예 19를 20쯤으로 어림하여 8을 곱하였습니다.

31 323 cm　　　　　　**32** 4

33 4　　　　　　　　　**34** 8

35 6봉지　　　　　　　**36** 7

37 (위에서부터) 1, 5　**38** 37

39 144　　　　　　　　**40** 91

41 405

---

1 (1) 60씩 4묶음 ➡ 60+60+60+60=240
　　　　➡ 60×4=240
　　(2) 20씩 7묶음
　　　➡ 20+20+20+20+20+20+20=140
　　　➡ 20×7=140

2 40×8=320, 70×6=420, 90×6=540

3 곱해지는 수가 30에서 60으로 2배가 되었으므로 곱도 2배가 됩니다.

4 곱해서 180이 되는 곱셈식을 만들어야 하므로 (몇)×(몇)이 18이 되는 두 수를 생각해 봅니다.
　20×9=180, 60×3=180, 90×2=180

6 8×5=40이고 80은 8의 10배, 400은 40의 10배이므로 □ 안에 알맞은 수는 5입니다.

---

7 지난주에 10×2=20(점), 이번 주에 10×5=50(점) 이므로 받을 수 있는 점수는 모두 20+50=70(점)입니다.

8 11을 어림하면 10쯤이므로 11×3을 어림하여 구하면 약 10×3=30입니다.

9
$$\underset{20\quad 3}{23}\times 2 \Rightarrow \begin{array}{r} 20\times2=40 \\ 3\times2=\ \ 6 \\ \hline 23\times2=46 \end{array}$$

10 곱해지는 수가 커진만큼 곱하는 수가 작아지면 두 곱셈식의 결과는 같습니다.

11 ㉠ 22×4=88 ㉡ 41×2=82 ㉢ 32×3=96
따라서 계산 결과가 가장 작은 것은 ㉡입니다.

13 서아는 책을 하루에 21쪽씩 3일 동안 읽었으므로 21×3=63(쪽) 읽었고, 지우는 책을 하루에 33쪽씩 2일 동안 읽었으므로 33×2=66(쪽) 읽었습니다.
따라서 지우가 책을 더 많이 읽었습니다.

14 가 기계: 42×2=84(개), 나 기계: 14×2=28(개)
➡ 84+28=112(개)

15 곱셈에서는 두 수를 바꾸어 곱해도 곱은 같습니다.
➡ ■×▲=▲×■

16 41×5는 41을 5번 더한 것이므로 41×4에 41을 더한 것과 같습니다.

17 ㉠ 51×3=153 ㉡ 42×3=126 ㉢ 93×3=279
따라서 바르게 계산한 것은 ㉢입니다.

18 73×3=73+73+73
　　　=70×3+3×3
　　　=70+70+70+3+3+3
따라서 계산 결과가 다른 것은 ㉢입니다.

19 목표를 43분으로 정하면 3일 동안 피아노를 모두 43×3=129(분) 치게 됩니다.

20 예 (사과의 수)=31×5=155(개)
(귤의 수)=52×4=208(개)
따라서 155<208이므로 귤이 더 많습니다.

단계	문제 해결 과정
①	사과와 귤의 수를 각각 구했나요?
②	사과와 귤 중에서 어느 것이 더 많은지 구했나요?

21
$17 \times 2 = 34$

2배↓　　↓2배

$17 \times 4 = 68$

22 가장 큰 수는 26이고 가장 작은 수는 3입니다.
➡ $26 \times 3 = 78$

23 (1) $29 \times 2 = 58$, $16 \times 3 = 48$이므로
　　 $29 \times 2 > 16 \times 3$입니다.
(2) $14 \times 5 = 70$, $38 \times 2 = 76$이므로
　　 $14 \times 5 < 38 \times 2$입니다.

24 (막대 4개의 길이)$= 24 \times 4 = 96$ (cm)

25 동윤: $38 \times 2 = 76$(개), 준우: $18 \times 5 = 90$(개)
➡ $90 - 76 = 14$(개)

26 깃발 6개를 꽂을 때 깃발 사이의 간격 수는 5군데입니다.
(도로의 길이)$=$(깃발 사이의 간격)$\times$(간격 수)
　　　　　　$= 18 \times 5 = 90$ (m)

27 $\begin{matrix} 27 \times 4 \\ {\scriptstyle 20 \ \ \ 7} \end{matrix}$ ➡
$\begin{aligned} 20 \times 4 &= \ \ 80 \\ 7 \times 4 &= \ \ 28 \\ \hline 27 \times 4 &= 108 \end{aligned}$

28 $16 \times 3 = 48$, $48 \times 4 = 192$

29 52씩 5칸이므로 $52 \times 5 = 260$입니다.

30 19를 20쯤으로 어림하여 8을 곱하면 $20 \times 8 = 160$이므로 3학년 학생 수는 160명보다 적을 것 같습니다.
따라서 학생들이 모두 들어갈 수 있는 극장은 160석입니다.

31 $47 \times 3 = 141$ (cm), $26 \times 7 = 182$ (cm)
➡ $141 + 182 = 323$ (cm)

32 48을 50쯤으로 어림하면 $50 \times 4 = 200$, $50 \times 5 = 250$이므로 □ 안에 4와 5를 넣어 봅니다.
$48 \times 4 = 192$, $48 \times 5 = 240$이므로 200에 가장 가까운 곱은 192입니다.
따라서 □ 안에 알맞은 수는 4입니다.

33 $60 \times 6 = 360$이므로 $90 \times \square = 360$입니다.
$9 \times \square = 36$이므로 $\square = 4$입니다.
다른 풀이 | $60 \times 6 = 90 \times \square$에서
$10 \times 6 \times 6 = 10 \times 9 \times \square$이므로
$6 \times 6 = 9 \times \square$, $\square = 4$입니다.

34 $88 \times 2 = 176$이므로 $22 \times \square = 176$입니다.
$22 \times \square = 176$에서 □는 8입니다.

4배
다른 풀이 | $22 \times \boxed{8} = 88 \times 2$
4배

서술형
35 예 (전체 구슬의 수)$= 36 \times 5 = 180$(개)
구슬이 □봉지가 된다고 하면 $30 \times \square = 180$에서
$3 \times \square = 18$, $\square = 6$입니다.
따라서 6봉지가 됩니다.

단계	문제 해결 과정
①	전체 구슬의 수를 구했나요?
②	구슬이 몇 봉지가 되는지 구했나요?

36 □$\times 2$의 일의 자리 수가 4인 경우는
$2 \times 2 = 4$, $7 \times 2 = 14$입니다.
$\square = 2$일 때 $22 \times 2 = 44(\times)$
$\square = 7$일 때 $27 \times 2 = 54(\bigcirc)$

37
$\begin{array}{r} \text{㉠} \ 4 \\ \times \quad \text{㉡} \\ \hline 7 \ 0 \end{array}$

• $4 \times$㉡의 일의 자리 수가 0인 경우는 $4 \times 5 = 20$이므로
　㉡$= 5$입니다.
• $4 \times 5 = 20$에서 2를 십의 자리로 올림하므로
　㉠$\times 5 + 2 = 7$, ㉠$\times 5 = 5$, ㉠$= 1$입니다.

38
$\begin{array}{r} \text{㉠ ㉡} \\ \times \quad 6 \\ \hline 2 \ 2 \ 2 \end{array}$
㉡$\times 6$의 일의 자리 수가 2이므로
㉡은 2 또는 7입니다.

• ㉡$= 2$일 때 ㉠$\times 6 + 1 = 22$에서 ㉠에 알맞은 수가 없습니다.
• ㉡$= 7$일 때 ㉠$\times 6 + 4 = 22$, ㉠$\times 6 = 18$, ㉠$= 3$입니다.
따라서 ㉠$= 3$, ㉡$= 7$이므로 두 자리 수는 37입니다.

39 어떤 수를 □라고 하면 $\square + 2 = 74$에서
$\square = 74 - 2$, $\square = 72$입니다.
따라서 바르게 계산하면 $72 \times 2 = 144$입니다.

서술형
40 예 어떤 수를 □라고 하면 $\square - 7 = 6$에서
$\square = 6 + 7$, $\square = 13$입니다.
따라서 바르게 계산하면 $13 \times 7 = 91$입니다.

단계	문제 해결 과정
①	어떤 수를 구했나요?
②	바르게 계산한 값을 구했나요?

41 어떤 수를 □라고 하면 □÷9=5에서
□=9×5, □=45입니다.
따라서 바르게 계산하면 45×9=405입니다.

장식 한 개를 만드는 데 사용한 색 테이프의 길이를
□cm라고 하면 □×7=280이고, 40×7=280이므
로 □=40입니다.

2 20×□=80으로 어림하여 생각하면
20×4=80이므로 □ 안에 4와 5를 넣어 봅니다.
17×4=68, 17×5=85이므로 □<5이어야 합니다.
따라서 □ 안에 들어갈 수 있는 수는 1, 2, 3, 4입니다.
주의 | □ 안에 들어갈 수 있는 수는 여러 개이므로 한 개만을
생각하여 틀리지 않도록 해야 합니다.

2-1 30×□=210으로 어림하여 생각하면 □=7이므로
□ 안에 6과 7을 넣어 봅니다.
34×6=204, 34×7=238이므로 □>6이어야 합
니다.
따라서 □ 안에 들어갈 수 있는 수는 7, 8, 9입니다.

2-2 45×2=90이고, 15×6=90이므로 □ 안에 들어갈
수 있는 수는 6보다 작은 수인 1, 2, 3, 4, 5입니다.
다른 풀이 | 15의 3배가 45이므로 □ 안에 2의 3배인 6
을 넣으면 45×2=15×6입니다.
따라서 □ 안에는 6보다 작은 수인 1, 2, 3, 4, 5가 들
어갈 수 있습니다.

개념 완성 응용력 기르기 114~117쪽

1 104 cm   **1-1** 106 cm

1-2 40 cm

2 1, 2, 3, 4   **2-1** 7, 8, 9

2-2 1, 2, 3, 4, 5

3 4, 6, 2, 92   **3-1** 5, 3, 8, 424

3-2 7, 4, 9, 666 / 4, 7, 3, 141

4 **1단계** 예 30분은 10분의 3배이므로
    (30분 동안 줄넘기를 하며 소모한 열량)
    =61×3=183 (킬로칼로리)입니다.
   2단계 예 20분은 10분의 2배이므로
    (20분 동안 계단 오르기를 하며 소모한 열량)
    =43×2=86 (킬로칼로리)입니다.
   3단계 예 183+86=269 (킬로칼로리)
/ 269 킬로칼로리

4-1 361 킬로칼로리

3 두 번 곱해지는 한 자리 수에 가장 작은 수를 넣고, 그
다음 작은 수를 두 자리 수의 십의 자리, 나머지 수를 일
의 자리에 넣습니다.

3-1 큰 수부터 차례로 쓰면 8, 5, 3이므로 곱이 가장 큰 곱
셈식은 53×8=424입니다.
주의 | 수의 크기대로 배열하여 85×3=255라고 잘못 만들
지 않도록 합니다.

3-2 큰 수부터 차례로 쓰면 9, 7, 4, 3이므로
곱이 가장 큰 곱셈식은 74×9=666이고,
곱이 가장 작은 곱셈식은 47×3=141입니다.

1 (색 테이프 7장의 길이의 합)=20×7=140 (cm)
6 cm씩 겹친 부분이 6군데이므로 겹친 부분의 길이의
합은 6×6=36 (cm)입니다.
따라서 이어 붙인 색 테이프의 전체 길이는
140−36=104 (cm)입니다.

1-1 (색 테이프 5장의 길이의 합)=30×5=150 (cm)
11 cm씩 겹친 부분이 4군데이므로 겹친 부분의 길이의
합은 11×4=44 (cm)입니다.
따라서 이어 붙인 색 테이프의 전체 길이는
150−44=106 (cm)입니다.

1-2 (색 테이프 8장의 길이의 합)=42×8=336 (cm)
8 cm씩 겹친 부분이 7군데이므로 겹친 부분의 길이의 합
은 8×7=56 (cm)입니다.
➡ (이어 붙인 색 테이프의 전체 길이)
   =336−56=280 (cm)

4-1 (20분 동안 달리기를 하며 소모한 열량)
   =43×2=86 (킬로칼로리)
(50분 동안 수영을 하며 소모한 열량)
   =55×5=275 (킬로칼로리)
따라서 두 가지 활동을 통해 소모한 열량은 모두
86+275=361 (킬로칼로리)입니다.

4단원 단원 평가 Level ❶ 118~120쪽

1 2, 26

2 6 / 2, 7, 6

3 (1) 9, 90 (2) 8, 80

4 168, 210, 252

5 (계산 순서대로) 100, 20 / 120

6 (1) 328, 328 (2) 84, 84

7 $50 \times 4 = 200$

8 (1) < (2) >

9 $32 \times 4 = 128$(또는 32×4) / 128명

10 (1) (○)( )( )
    (2) ( )( )(○)

11 예 $25 \times 2 = 50$

12 56, 224

13 32, 4

14 92

15 88살

16 6

17 (위에서부터) 6, 9

18 3상자

19 3개

20 1, 2, 3

1
$$10 \times 2 = 20$$
$$\underline{\ 3 \times 2 = \ \ 6\ }$$
$$13 \times 2 = 26$$

2 $2 \times 3 = 6$이므로 일의 자리에 6을 씁니다.
$9 \times 3 = 27$이므로 십의 자리에 7, 백의 자리에 2를 씁니다.

3 (1) 곱해지는 수가 10배가 되면 곱도 10배가 됩니다.
(2) 곱하는 수가 10배가 되면 곱도 10배가 됩니다.

4 곱하는 수가 1씩 커지면 곱은 곱해지는 수만큼 커집니다.

5 24를 20과 4로 나누어 각각 5를 곱한 후 두 곱을 더합니다.

6 (1) $41 \times 8 = 328$ (2) $28 \times 3 = 84$
    $\times 2\downarrow$ $\uparrow\times 2$ $\times 2\uparrow$ $\downarrow\times 2$
    $82 \times 4 = 328$ $14 \times 6 = 84$

7
$$3 \times 4 = \ \ 12$$
$$\underline{50 \times 4 = 200\ }$$
$$53 \times 4 = 212$$

8 (1) $32 \times 5 = 160$, $54 \times 3 = 162$이므로
    $32 \times 5 < 54 \times 3$입니다.

(2) $26 \times 7 = 182$, $79 \times 2 = 158$이므로
    $26 \times 7 > 79 \times 2$입니다.

9 (버스에 탈 수 있는 학생 수)
= (버스 한 대에 탈 수 있는 학생 수) × (버스의 수)
= $32 \times 4 = 128$(명)

10 (1) 21을 어림하면 20쯤이므로 20×7에 ○표 합니다.
(2) 58을 어림하면 60쯤이므로 60×3에 ○표 합니다.

11 $50 = 5 \times 10 = 5 \times \underset{25}{\underline{5 \times 2}}$

12 곱셈에서는 두 수를 바꾸어 곱해도 곱은 같습니다.

13 일의 자리끼리 곱해서 곱의 일의 자리 수인 8이 나오도록 두 수를 골라 곱해 봅니다.
➡ $21 \times 8 = 168(\times)$, $32 \times 4 = 128(○)$,
   $74 \times 2 = 148(\times)$

14 $23 ⊙ 2 = 23 \times 2 \times 2 = 46 \times 2 = 92$

15 은준이 나이의 3배는 $10 \times 3 = 30$이므로
(어머니의 나이) = $30 + 8 = 38$(살)입니다.
(아버지의 나이) = (은준이의 나이) × 4
          = $10 \times 4 = 40$(살)
따라서 은준이네 가족의 나이를 모두 더하면
$10 + 38 + 40 = 88$(살)입니다.

16 82를 80쯤으로 어림하면 $80 \times 6 = 480$,
$80 \times 7 = 560$이므로 □ 안에 6과 7을 넣어 봅니다.
$82 \times 6 = 492$, $82 \times 7 = 574$이므로 500에 가장 가까운 곱은 492입니다. 따라서 □ 안에 알맞은 수는 6입니다.

17
$$\begin{array}{r} ⓛ\,8 \\ \times\quad ⑦ \\ \hline 6\,1\,2 \end{array}$$
일의 자리 계산에서 $8 \times ⑦ = □2$이므로
$8 \times 4 = 32$, $8 \times 9 = 72$입니다.
• ⑦ = 4일 때 ⓛ × 4 + 3 = 61에서 ⓛ에 알맞은 수가 없습니다.
• ⑦ = 9일 때 ⓛ × 9 + 7 = 61에서
  ⓛ × 9 = 54, ⓛ = 54 ÷ 9, ⓛ = 6입니다.

18 한 상자에 35개씩 담을 때 상자의 수를 □라고 하면
$21 \times 5 = 35 \times □$입니다.
$21 \times 5 = 35 \times □$
$3 \times 7 \times 5 = 5 \times 7 \times □$
□ = 3이므로 바둑돌을 한 상자에 35개씩 담으면 3상자가 됩니다.

서술형

19 예 $53 \times 4 = 212$이므로 ◆ $=212$이고,
$72 \times 3 = 216$이므로 ★ $=216$입니다.
따라서 212와 216 사이에 있는 세 자리 수는 213,
214, 215로 모두 3개입니다.

평가 기준	배점(5점)
◆와 ★에 알맞은 수를 각각 구했나요?	3점
◆와 ★ 사이에 있는 세 자리 수는 모두 몇 개인지 구했나요?	2점

서술형

20 예 $28 \times 8 = 224$
$\times 2 \downarrow \quad \uparrow \times 2$
$56 \times 4 = 224$
$28 \times 8 = 56 \times 4$이므로 $28 \times 8 > 56 \times \square$가 되려면
$\square < 4$이어야 합니다.
따라서 $\square$ 안에 들어갈 수 있는 수는 1, 2, 3입니다.

평가 기준	배점(5점)
두 곱셈식의 곱이 같을 때 $\square$ 안에 알맞은 수를 구했나요?	3점
$\square$ 안에 들어갈 수 있는 수를 모두 구했나요?	2점

4단원 단원 평가 Level ❷ 121~123쪽

1 8, 4, 80 **2** 39, 156
3 주영 **4** 184, 184
5 $\begin{array}{r} 7\,6 \\ \times\ \ 3 \\ \hline 1\,8 \\ 2\,1\,0 \\ \hline 2\,2\,8 \end{array}$ **6** 124
7 ②, ③ **8** 200개
9 4 **10** ㉡
11 12개 **12** 65
13 216개 **14** 729개
15 (위에서부터) 9, 1 **16** 66 cm
17 228 **18** 5
19 264 **20** 189 m

1 곱해서 160이 되는 곱셈식을 만들어야 하므로
(몇) × (몇)이 16이 되는 두 수를 생각해 봅니다.
$20 \times 8 = 160$, $40 \times 4 = 160$, $80 \times 2 = 160$

2 $13 \times 3 = 39$, $39 \times 4 = 156$

3 우혁: 일의 자리에서 십의 자리로 올림한 수 4를 더하지
않고 계산했습니다.
$\begin{array}{r} {}^{4}\ \ \\ 3\,5 \\ \times\ \ 8 \\ \hline 2\,8\,0 \end{array}$

4 곱해지는 수는 23에서 46으로 2배가 되었고 곱하는 수
는 8에서 4로 반이 되었으므로 곱은 같습니다.

5 십의 자리 계산 7×3은 실제로 70×3이므로 210을
쓰거나 21을 백의 자리부터 써야 합니다.

6 가장 큰 수는 62, 가장 작은 수는 2입니다.
➡ $62 \times 2 = 124$

7 $34 \times 5 = 34 + 34 + 34 + 34 + 34$이므로
34×6보다 34만큼 더 작습니다.

8 (현수가 가지고 있는 바둑돌 수) $= 20 \times 3 = 60$(개)
(민호가 가지고 있는 바둑돌 수) $= 60 \times 2 = 120$(개)
➡ $20 + 60 + 120 = 200$(개)

9 $80 \times 3 = 240$이므로 $60 \times \square = 240$입니다.
$6 \times 4 = 24$이므로 $\square = 4$입니다.

10 ㉠ $\begin{array}{r} {}^{3} \\ 2\,9 \\ \times\ \ 4 \\ \hline 1\,1\,6 \end{array}$ ㉡ $\begin{array}{r} {}^{5} \\ 1\,6 \\ \times\ \ 9 \\ \hline 1\,4\,4 \end{array}$ ㉢ $\begin{array}{r} {}^{2} \\ 2\,4 \\ \times\ \ 5 \\ \hline 1\,2\,0 \end{array}$
따라서 곱이 가장 큰 것은 ㉡입니다.

11 (상자에 담은 토마토 수) $= 42 \times 4 = 168$(개)
(남은 토마토 수) $= 180 - 168 = 12$(개)

12 ㉠ 13의 8배 ➡ $13 \times 8 = 104$
㉡ $13 + 13 + 13$ ➡ $13 \times 3 = 39$
따라서 ㉠과 ㉡의 차는 $104 - 39 = 65$입니다.

13 무늬 한 개를 만드는 데 사용한 모양 조각은
$12 \times 3 = 36$(개)입니다.
따라서 무늬 6개를 만드는 데 사용한 모양 조각은 모두
$36 \times 6 = 216$(개)입니다.

14 (1분 동안 만들 수 있는 지우개 수)
$= 27 \times 3 = 81$(개)
(9분 동안 만들 수 있는 지우개 수)
$= 81 \times 9 = 729$(개)

15
$$\begin{array}{r} 3\ ㉠ \\ \times\quad 4 \\ \hline ㉡\ 5\ 6 \end{array}$$
㉠×4의 일의 자리 수가 6인 경우는 ㉠이 4 또는 9일 때입니다.

• ㉠=4일 때 $34×4=136\,(×)$
• ㉠=9일 때 $39×4=156\,(○)$
➡ ㉠=9, ㉡=1

16 (색 테이프 5장의 길이의 합)$=18×5=90\,(cm)$
6 cm씩 겹친 부분이 4군데이므로 겹친 부분의 길이의 합은 $6×4=24\,(cm)$입니다.
따라서 이어 붙인 색 테이프의 전체 길이는
$90-24=66\,(cm)$입니다.

17 두 번 곱해지는 한 자리 수에 가장 작은 수를 넣고, 그 다음 작은 수를 두 자리 수의 십의 자리, 나머지 수를 일의 자리에 넣습니다.
작은 수부터 차례로 쓰면 4, 5, 7, 8이므로 곱이 가장 작은 곱셈식은 $57×4=228$입니다.

18 $28×3=84$이고, $15×5=75$, $15×6=90$이므로 □ 안에는 6보다 작은 수가 들어갈 수 있습니다.
따라서 □ 안에 들어갈 수 있는 수 중 가장 큰 수는 5입니다.

서술형
19 ⑩ 어떤 수를 □라고 하면 □$-6=38$이므로 □$=38+6$, □$=44$입니다.
따라서 바르게 계산하면 $44×6=264$입니다.

평가 기준	배점(5점)
어떤 수를 구했나요?	2점
바르게 계산한 값을 구했나요?	3점

서술형
20 ⑩ 나무가 28그루이므로 나무 사이의 간격 수는
$28-1=27$(군데)입니다.
따라서 도로의 길이는 $27×7=189\,(m)$입니다.

평가 기준	배점(5점)
나무 사이의 간격 수를 구했나요?	2점
도로의 길이를 구했나요?	3점

주의 | 간격 수가 아닌 나무 수를 곱하여 $28×7=196\,(m)$라고 구하지 않도록 합니다.

5 길이와 시간

길이와 시간은 일상생활과 가장 밀접한 단원입니다. 신발의 치수는 cm보다 작은 단위인 mm를 사용하고, 이동 거리를 계산할 때는 km와 m의 단위를 사용합니다. 또 밥 먹는 데 걸리는 시간은 분 단위를 사용하고, 영화 보는 데 걸리는 시간은 시간 등의 단위를 사용합니다.
이와 같이 일상생활 속 다양한 길이, 시간 단위를 통해 학생들이 수학의 유용성을 인식하고 수학에 대한 흥미를 느낄 수 있도록 해 주세요. 특히 1분은 60초, 1시간은 60분임을 이용하여 시간의 덧셈, 뺄셈에서 받아올림과 받아내림은 60을 기준으로 한다는 것이 기존의 자연수의 덧셈, 뺄셈과의 차이점이라는 것을 확실히 알 수 있도록 지도해 주세요.

교과서 개념 이해 **1** 1 cm보다 작은 단위를 알아볼까요   126~127쪽

1 (1) 1 (2) 10 (3) 1 밀리미터
2 (1) 7 mm (2) 4 cm 7 mm (3) 47 mm
3 6 cm 5 mm
4 (1) 7 센티미터 9 밀리미터 (2) 48 밀리미터
5 133 / 20, 4 / 86, 8, 6
6 ⑩ |————————————- - - - - - -|
7 3, 6 / 36   **8** (1) cm (2) mm
9 (1) 4 (2) 5

2 (3) $4\,cm\ 7\,mm=40\,mm+7\,mm=47\,mm$
4 mm는 밀리미터라고 읽습니다.
6 4 cm보다 8 mm만큼 더 긴 선을 긋습니다.
9 $1\,cm=10\,mm$임을 이용합니다.
(1) $6\,mm+\boxed{4}\,mm=10\,mm$
(2) $15\,mm+\boxed{5}\,mm=20\,mm$

교과서 개념 이해 **2** 1 m보다 큰 단위를 알아볼까요   128~129쪽

1 (1) 100 (2) 1 (3) 1
2 (1) 400 (2) 1, 400 (3) 1400

3 (1) 1000　(2) 1, 킬로미터

4 3, 300, 3300

5 (1) 9, 600 / 9 킬로미터 600 미터
　 (2) 3, 5 / 3 킬로미터 5 미터

6 (1) 5, 200　(2) 11, 700

7 (1) 4　(2) 8000, 8800
　 (3) 7000, 100, 7, 100, 7, 100

8 (1) 400　(2) 950

---

2 (3) 1 km 400 m＝1000 m＋400 m＝1400 m

6 1 km를 10칸으로 나누었으므로 한 칸은 100 m입니다.
　 (1) 5 km에서 200 m 더 간 곳이므로 5 km 200 m입니다.
　 (2) 11 km에서 700 m 더 간 곳이므로 11 km 700 m입니다.

7 1 km＝1000 m

8 1 km＝1000 m임을 이용합니다.
　 (1) 600 m＋ 400 m＝1000 m
　 (2) 50 m＋ 950 m＝1000 m

교과서 개념 이해
3 길이와 거리를 어림하고 재어 볼까요
130~131쪽

⚠️ ● 필통에 ○표　　● 휴대전화에 ○표

1 (1) 4　(2) 4, 2　　**2** 400

3 ③　　**4** (1) m　(2) km

5 (1) 1 m 84 cm　(2) 4 mm　(3) 1 km 600 m

2 집에서 경찰서까지의 거리는 집에서 마트까지의 거리의 2배쯤 되므로 약 400 m입니다.

3 1 km＝1000 m임을 생각해 봅니다.

5 mm, cm, m, km의 길이를 생각해 봅니다.

개념 적용
기본기 다지기
132~135쪽

1 mm에 ○표　　**2** 5, 3, 53

3 ✕(선 연결)

4 (1) 20　(2) 35

5 3 cm 9 mm

6 ㉠ / ⑩ 18 cm는 180 mm입니다.

7 (○) (　)　　**8** (1) 1, 300　(2) 4810

9 200 m, 600 m　　**10** 3, 400 / 3400

11 (1) m　(2) cm　(3) km

12 1 km　　**13** ㉡, ㉢, ㉣, ㉠

14 8008, 8 / 800808　　**15** 공원

16 (1) mm에 ○표　(2) km에 ○표

17 (1) 3 km 100 m　(2) 1 m 20 cm
　 (3) 120 mm

18 선우 / ⑩ 약 20 cm나 되는 지렁이

19 1500 m　　**20** 마트, 학교

21 (1) 200 m　(2) 2000 m　(3) 2 km

22 (1) 4, 4　(2) 2, 6　(3) 6, 200　(4) 6, 400

23 7 cm　　**24** 64 km 600 m

25 1코스 길　　**26** 36 cm 1 mm

2 5 cm보다 3 mm 더 긴 것
　 ➡ 5 cm 3 mm＝53 mm

3 1 cm＝10 mm
　 3 cm 5 mm＝30 mm＋5 mm＝35 mm
　 13 cm＝130 mm
　 5 cm＝50 mm

4 (1) 3 cm＝30 mm이고 10＋20＝30이므로 □ 안에 알맞은 수는 20입니다.
　 (2) 7 cm＝70 mm이고 35＋35＝70이므로 □ 안에 알맞은 수는 35입니다.

5 1 cm가 3칸이고 1 mm가 9칸이므로 색 테이프의 길이는 3 cm 9 mm입니다.

서술형
6

단계	문제 해결 과정
①	틀린 문장을 찾았나요?
②	틀린 문장을 바르게 고쳐 썼나요?

7 인천에서 대전까지의 거리 ➡ km
교실에서 교문까지의 거리 ➡ m

8 (2) 4 km 810 m＝4000 m＋810 m＝4810 m

9 1 km＝1000 m이므로 1 km는 500 m보다 500 m
더 긴 길이, 800 m보다 200 m 더 긴 길이, 400 m보
다 600 m 더 긴 길이입니다.

10 1 km를 10칸으로 나누었으므로 한 칸은 100 m입니다.

12 750 m＋250 m＝1000 m이고, 1000 m＝1 km
이므로 집에서 병원을 지나 도서관까지의 거리는 1 km
입니다.

13 ㉡ 3002 m＝3 km 2 m
㉣ 2300 m＝2 km 300 m
➡ ㉡＞㉢＞㉣＞㉠

참고 | 단위를 같게 통일한 후 길이를 비교합니다.

14 8 km＝8000 m이므로 8 km 8 m＝8008 m입니다.
➡ 8 km 8 m 8 cm＝8008 m 8 cm
＝800808 cm

서술형
15 **예** 1 km＝1000 m이므로
2 km 110 m＝2000 m＋110 m＝2110 m입니다.
2050＜2110이므로 공원이 더 가깝습니다.

단계	문제 해결 과정
①	1 km＝1000 m인 것을 알고 단위를 하나로 통일했나요?
②	공원과 도서관 중 유미네 집에서 더 가까운 곳을 구했나요?

18 지렁이의 길이에 알맞은 단위는 cm입니다.

19 수호네 집에서 병원까지의 거리는 약 500 m이므로 병
원에서 박물관까지, 박물관에서 학교까지의 거리도 약
500 m입니다. 따라서 수호네 집에서 학교까지의 거리
는 약 1500 m입니다.

20 수호네 집에서 병원까지의 거리가 약 500 m이므로 병
원에서 500 m의 2배인 곳을 찾으면 마트와 학교입니다.

21 (1) 1분에 약 40 m를 걸으므로 5분 동안 걷는 거리는
약 40×5＝200 (m)입니다.
(2) 10배 (5분 ⟶ 200 m) 10배
      50분 ⟶ 2000 m
(3) 2000 m＝2 km

22 (3)
```
   1
  3 km  500 m
+ 2 km  700 m
─────────────
  6 km  200 m
```
(4)
```
   7      1000
  8 km   300 m
- 1 km   900 m
─────────────
  6 km   400 m
```

23 22 mm＝2 cm 2 mm이므로
4 cm 8 mm＋2 cm 2 mm＝7 cm입니다.

24 걸은 거리: 1050 m＝1 km 50 m
(전체 거리)
＝20 km 550 m＋43 km＋1 km 50 m
＝63 km 550 m＋1 km 50 m
＝64 km 600 m

25 (4코스 길)＋(5코스 길)＝800 m＋1500 m
＝2300 m
＝2 km 300 m
따라서 1코스 길을 걸었을 때의 거리와 같습니다.

26 (주황색 테이프의 길이)
＝19 cm 2 mm－2 cm 3 mm
＝16 cm 9 mm
따라서 초록색 테이프와 주황색 테이프의 길이의 합은
19 cm 2 mm＋16 cm 9 mm＝36 cm 1 mm입
니다.

교과서 개념 이해 **4** 1분보다 작은 단위를 알아볼까요 **137쪽**

1 (1) 1초에 ○표 (2) 1분에 ○표

2
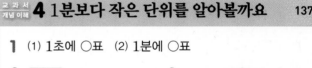

3
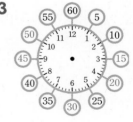

4 (1) 3, 45, 10 (2) 11, 15, 40

5

6 (1) 60, 110 (2) 60, 2, 20

7 (1) ＞ (2) ＝

3 초를 읽는 방법은 분을 읽는 방법과 같습니다.

4 (1) 초침이 숫자 2를 가리키면 10초를 나타냅니다.

5 (1) 35초는 초침이 숫자 7을 가리켜야 합니다.
　(2) 8초는 초침이 숫자 1에서 작은 눈금 3칸 더 간 곳을 가리켜야 합니다.

6 (1) 1분＝60초임을 이용하여 ■분 ▲초는 ■분을 먼저 초로 바꿉니다.

7 (1) 2분＝60초＋60초＝120초이므로 2분＞100초입니다.
　(2) 250초＝60초＋60초＋60초＋60초＋10초
　　　　＝4분 10초

교 과 서
개념 이해
5 시간의 덧셈을 해 볼까요　　138~139쪽

❗ • 초 / 50, 50

1 39, 44 / ① 44　② 39

2 (위에서부터) 50, 64, 51, 4 / 1

3 (1) 5, 43, 49　(2) 14, 38, 46

4 7, 60 / 7, 31

5 (위에서부터) (1) 71, 48 / 60 / 8, 11, 48
　(2) 77, 89 / 60, 1 / 9, 18, 29

6 1, 13, 50

7 (위에서부터) 55, 13, 8, 24, 22

8 3시 21분 53초　　**9** 9, 9, 44

---

3 (2) 2시간 41초는 분 단위가 없으므로 세로셈으로 나타낼 때 분 단위 자리를 비워 둡니다.
```
   2시간        41초
+ 12시간  38분   5초
─────────────────────
  14시간  38분  46초
```

7
```
   8시  10분  55초
+       13분  27초
─────────────────────
   8시  23분  82초
        +1분←─60초
─────────────────────
   8시  24분  22초
```

8
```
   2시    4분  53초
+ 1시간  17분
─────────────────────
   3시   21분  53초
```

9
```
   3시간  51분  19초
+ 5시간  18분  25초
─────────────────────
   8시간  69분  44초
       +1시간←─60분
─────────────────────
   9시간   9분  44초
```

교 과 서
개념 이해
6 시간의 뺄셈을 해 볼까요　　140~141쪽

❗ • 분 / 10, 30

1 32, 36 / ① 36　② 32

2 (위에서부터) 56, 60 / 14, 40 / 60

3 (1) 11, 32, 16　(2) 4, 17, 55

4 2, 30, 37

5 (위에서부터) (1) 11, 60 / 7, 53, 12
　(2) 60 / 7, 24, 60 / 3, 54, 53

6 (위에서부터) 1, 60 / 1, 50, 4

7 6, 15, 20　　　　**8** 2시간 23분 5초

9 2, 54, 49

---

3 (2) 6시간 28분은 초 단위가 없으므로 세로셈으로 나타낼 때 초 단위 자리를 비워 둡니다.
```
  10시간  45분  55초
-  6시간  28분
─────────────────────
   4시간  17분  55초
```
참고 | 19시는 오후 7시입니다.

4 출발 시각은 분 단위가 없으므로 분 단위 자리를 비워 둡니다.

7
```
           32   60
   7시     3̶3̶분
-  1시     17분  40초
─────────────────────
   6시간   15분  20초
```

8
```
   7시     40분   8초
-  5시     17분   3초
─────────────────────
   2시간   23분   5초
```

9
```
          60
    3      44   60
   4̶시간  4̶5̶분  22초
-  1시간  50분  33초
─────────────────────
   2시간  54분  49초
```

기본기 다지기

개념 적용

142~145쪽

27 (1) 10, 25, 40 (2) 3, 56, 8

28 지우

29 (1) 시간 (2) 초 (3) 분

30

31 (1) 140 (2) 4, 10

32 (1) 60 (2) 60

33 (위에서부터) 7, 10 / 390

34 ㉡

35 (1) 3, 25, 50 (2) 5, 35, 40

36
```
    3시 10분
+      9분 40초
─────────────
    3시 19분 40초
```

37 2시간 3분 27초

38 가영

39

40 먹이 주기, 치즈 만들기 / 48분 30초

41 (1) 3, 20, 35 (2) 2, 6, 45

42 20초

43 10시 20분 24초

44 3시간 41분 8초

45 2시간 20분 10초

46 3시간

47 (위에서부터) 15, 1, 21

48 (위에서부터) 6, 30, 30

49 (위에서부터) 30, 2, 59

50 12시간 9분 10초

51 2시간 9분 40초

52 24시간 8분 20초

---

27 (1) 초침이 8을 가리키므로 40초입니다.
(2) 초침이 1에서 3칸 더 간 곳을 가리키므로 8초입니다.

28 초침이 5에서 4칸 더 간 곳을 가리키므로 8시 12분 29초입니다.

30 42초이므로 초침이 8에서 2칸 더 간 곳을 가리키게 그립니다.

---

31 (1) 2분 20초＝120초＋20초＝140초
(2) 250초＝240초＋10초＝4분 10초

32 (1) 1분＝60초이므로 1분은 1초의 60배입니다.
(2) 1시간＝60분이므로 1시간은 1분의 60배입니다.

33 연재: 430초＝420초＋10초＝7분 10초
주린: 6분 30초＝360초＋30초＝390초

서술형
34 예 ・220초＝180초＋40초＝3분 40초 ➡ ㉠＝40
・170초＝120초＋50초＝2분 50초 ➡ ㉡＝50
따라서 40＜50이므로 ㉡이 더 큽니다.

단계	문제 해결 과정
①	㉠과 ㉡에 알맞은 수를 각각 구했나요?
②	□ 안에 알맞은 수가 더 큰 것을 찾았나요?

36 같은 단위끼리 더해야 하는데 단위를 맞춰서 더하지 않았습니다.

37 1시간 24분 50초＋38분 37초
＝1시간 62분 87초＝2시간 3분 27초

38 종하: 216초＝180초＋36초＝3분 36초
➡ 3분 21초＋3분 36초＝6분 57초
가영: 224초＝180초＋44초＝3분 44초
➡ 3분 44초＋3분 5초＝6분 49초
6분 57초＞6분 49초이므로 기록의 합이 더 빠른 사람은 가영입니다.

39 100분＝60분＋40분＝1시간 40분
(그림 그리기를 끝낸 시각)
＝1시 30분＋1시간 40분＝2시 70분＝3시 10분

40 1시간 안에 할 수 있는 두 가지 활동은 먹이 주기와 치즈 만들기입니다.
➡ 23분＋25분 30초＝48분 30초

42
```
      2   60
    3분
-   2분  40초
─────────────
         20초
```

43 11시 25분 44초－1시간 5분 20초＝10시 20분 24초

44 9시 54분 10초－6시 13분 2초＝3시간 41분 8초
참고 | (시각)－(시각)＝(시간)

45 서술형

예 영화가 시작한 시각은 9시 50분 18초이고, 영화가 끝난 시각은 12시 10분 28초입니다.

따라서 영화 상영 시간은

12시 10분 28초－9시 50분 18초＝2시간 20분 10초 입니다.

단계	문제 해결 과정
①	영화가 시작한 시각과 끝난 시각이 각각 몇 시 몇 분 몇 초인지 알았나요?
②	영화 상영 시간을 구했나요?

46 (영어를 공부한 시간)

＝1시간 40분－20분＝1시간 20분

(수학과 영어를 공부한 시간)

＝1시간 40분＋1시간 20분＝3시간

47

```
    1 시    40분   ㉠초
 ＋ ㉢시간  40분   50초
 ─────────────────────
    3 시    ㉡분    5초
```

• ㉠초＋50초＝65초, ㉠＝15
• 1분＋40분＋40분＝81분, ㉡＝21
• 1시간＋1시＋㉢시간＝3시, ㉢＝1

48

```
    ㉢시    25분   10초
 ─   2 시    ㉡분   40초
 ─────────────────────
    3 시간   54분   ㉠초
```

• 10초＋60초－40초＝㉠초, ㉠＝30
• 25분－1분＋60분－㉡분＝54분, ㉡＝30
• ㉢시－1시간－2시＝3시간, ㉢＝6

49

```
    4 시    10분   ㉠초
 ─ ㉢시간   ㉡분   35초
 ─────────────────────
    1 시    10분   55초
```

• ㉠초＋60초－35초＝55초, ㉠＝30
• 10분－1분＋60분－㉡분＝10분, ㉡＝59
• 4시－1시간－㉢시＝1시, ㉢＝2

50 하루는 24시간이므로

(밤의 길이)＝24시간－11시간 50분 50초

＝12시간 9분 10초입니다.

51 하루는 24시간이므로 낮의 길이는

24시간－10시간 55분 10초＝13시간 4분 50초입니다.

따라서 낮의 길이는 밤의 길이보다

13시간 4분 50초－10시간 55분 10초＝2시간 9분 40초 더 길었습니다.

52 서술형

예 하루는 24시간이므로

(가 지역의 밤의 길이)＝24시간－12시간 5분 30초

＝11시간 54분 30초

(나 지역의 밤의 길이)＝24시간－11시간 46분 10초

＝12시간 13분 50초입니다.

따라서 두 지역의 밤의 길이의 합은

11시간 54분 30초＋12시간 13분 50초

＝24시간 8분 20초입니다.

단계	문제 해결 과정
①	가 지역과 나 지역의 밤의 길이를 각각 구했나요?
②	두 지역의 밤의 길이의 합을 구했나요?

개념 완성 응용력 기르기　　146~149쪽

1 오전 11시 35분　　**1-1** 오후 12시 25분

1-2 오전 9시 50분

2 오전 8시 58분 50초　　**2-1** 오후 2시 58분 40초

2-2 오전 9시 3분 40초

3 1 km 450 m　　**3-1** 3 km 500 m

3-2 9 km 950 m

4 1단계 예 리본: 85초＝1분 25초, 공: 72초＝1분 12초,
홀라후프: 69초＝1분 9초,
곤봉: 89초＝1분 29초

2단계 예 1분 25초＋1분 12초＋1분 9초＋1분 29초
＝4분 75초＝5분 15초

/ 5분 15초

4-1 3시 9분 38초

1 (3교시 동안의 수업 시간과 쉬는 시간)

＝40분＋10분＋40분＋10분＋40분＋10분

＝150분＝2시간 30분

(4교시 수업 시작 시각)

＝(1교시 수업 시작 시각)

＋(3교시 동안의 수업 시간과 쉬는 시간)

＝오전 9시 5분＋2시간 30분＝오전 11시 35분

1-1 (4교시 동안의 수업 시간과 쉬는 시간)

＝45분＋10분＋45분＋10분＋45분＋10분＋45분

＝210분＝3시간 30분

(점심 시간 시작 시각)

＝오전 8시 55분＋3시간 30분＝오후 12시 25분

1-2 둘째 경기가 끝났을 때 경기는 35분씩 2번이고, 쉬는 시간은 1번이므로 첫째 경기를 시작한 것은
35분＋10분＋35분＝80분 전입니다.
(첫째 경기를 시작한 시각)
＝오전 11시 10분－80분
＝오전 11시 10분－1시간 20분
＝오전 9시 50분

다른 풀이 | (둘째 경기를 시작한 시각)
＝오전 11시 10분－35분＝오전 10시 35분
(첫째 경기가 끝난 시각)
＝오전 10시 35분－10분＝오전 10시 25분
(첫째 경기를 시작한 시각)
＝오전 10시 25분－35분＝오전 9시 50분

2 일주일은 7일이므로 일주일 동안 늦어지는 시간은
$10 \times 7 = 70$(초) ➡ 1분 10초입니다.
따라서 일주일 후 오전 9시에 이 시계가 가리키는 시각은 오전 9시－1분 10초＝오전 8시 58분 50초입니다.

2-1 10일 동안 늦어지는 시간은
$8 \times 10 = 80$(초) ➡ 1분 20초입니다.
따라서 10일 후 오후 3시에 이 시계가 가리키는 시각은
오후 3시－1분 20초＝오후 2시 58분 40초입니다.

2-2 일주일은 7일이므로 일주일 동안 빨라지는 시간은
$40 \times 7 = 280$(초) ➡ 4분 40초입니다.
따라서 일주일 후 오전 8시 59분에 이 시계가 가리키는 시각은 오전 8시 59분＋4분 40초＝오전 9시 3분 40초입니다.

3 (㉠~㉡)
＝(㉠~㉢)＋(㉢~㉣)－(㉡~㉣)
＝3 km 500 m＋2 km 250 m－4 km 300 m
＝5 km 750 m－4 km 300 m
＝1 km 450 m

3-1 (㉢~㉣)
＝(㉠~㉡)＋(㉡~㉣)－(㉠~㉢)
＝4 km 600 m＋5 km 400 m－6 km 500 m
＝10 km－6 km 500 m
＝3 km 500 m

3-2 (㉠~㉣)
＝(㉠~㉢)＋(㉡~㉣)－(㉡~㉢)
＝7 km 550 m＋6 km 700 m－4 km 300 m
＝14 km 250 m－4 km 300 m
＝9 km 950 m

4-1 연기 시간: 172초＝2분 52초
(연기를 시작한 시각)
＝3시 12분 30초－2분 52초＝3시 9분 38초

5단원 단원 평가 Level ① 150~152쪽

1 (1) 5, 300 (2) 11, 20

2 11, 4

3 ㉢

4

5 (1) 270 (2) 3, 30

6

7 >

8 (1) 시간 (2) 분 (3) 초

9 4, 11, 34

10 (1) 공책의 두께는 약 4 ~~cm~~ mm 입니다.
(2) 서울에서 전주까지의 거리는 약 220 ~~m~~ km 입니다.

11 학교

12 3, 7, 37

13 9 km 580 m

14 ㉢, ㉡, ㉠, ㉣

15 4분 25초, 11분 50초

16 430 m

17 60바퀴

18 오후 1시 59분 45초

19 19 cm 6 mm

20 2시간 48분 25초

4 숫자 눈금 1이 5초를 가리키므로 1에서 작은 눈금 한 칸 더 간 곳을 가리키도록 그립니다.

5 (1) 4분 30초＝$\underbrace{60초＋60초＋60초＋60초}_{4분}$＋30초
＝240초＋30초＝270초
(2) 210초＝60초＋60초＋60초＋30초
＝1분＋1분＋1분＋30초
＝3분 30초

6 7 km 58 m＝7000 m＋58 m＝7058 m
7 km 800 m＝7000 m＋800 m＝7800 m
7 km 580 m＝7000 m＋580 m＝7580 m

7 9 cm 2 mm=90 mm+2 mm=92 mm이므로
9 cm 2 mm>89 mm입니다.

8 시간, 분, 초의 시간을 생각하여 알맞게 써넣습니다.

9 각 단위끼리 계산할 수 없을 경우 초 단위는 분 단위에서, 분 단위는 시 단위에서 받아내림합니다.

11 1 km=1000 m이므로 1 km는 300 m씩 3번 간 거리보다 조금 더 멉니다.

12 눈금이 0에서 시작하지 않을 때에는 눈금의 수를 세어 구합니다.
지우개는 숫자 눈금이 4에서 7로 3칸, 작은 눈금이 7칸이므로 3 cm 7 mm=37 mm입니다.

13 4230 m=4 km 230 m
(선형이가 등산한 거리)
=(올라간 거리)+(내려온 거리)
=5 km 350 m+4 km 230 m
=9 km 580 m

14 1분=60초임을 이용합니다.
㉠ 5분 10초=300초+10초=310초
㉢ 4분 14초=240초+14초=254초
따라서 254<280<310<321이므로
㉢<㉡<㉠<㉣입니다.

15 ·□ $\xrightarrow{+1분 10초}$ 5분 35초
□=5분 35초−1분 10초=4분 25초
·5분 35초+6분 15초=11분 50초

16 (집에서 약국을 지나 학교까지의 거리)
=1 km 50 m+850 m=1 km 900 m
➡ 1 km 900 m−1 km 470 m=430 m

17 시침이 5에서 6까지 1칸 움직였으므로 분침은 1바퀴를 돕니다.
분침이 1바퀴를 돈 것은 작은 눈금 60칸을 움직인 것이므로 초침은 60바퀴를 돕니다.

18 일주일은 7일이므로 일주일 동안 빨라지는 시간은
15×7=105(초) ➡ 1분 45초입니다.
따라서 일주일 후 오후 1시 58분에 이 시계가 가리키는 시각은 오후 1시 58분+1분 45초=오후 1시 59분 45초입니다.

19 ⑩ 319 mm=31 cm 9 mm
12 cm 3 mm+□=31 cm 9 mm
□=31 cm 9 mm−12 cm 3 mm
=19 cm 6 mm

평가 기준	배점(5점)
319 mm를 몇 cm 몇 mm로 나타냈나요?	2점
□ 안에 알맞은 길이를 구했나요?	3점

20 ⑩ (축구와 배드민턴을 한 시간)
=1시간 35분 40초+1시간 12분 45초
=2시간 48분 25초

평가 기준	배점(5점)
지혁이가 축구와 배드민턴을 한 시간을 구하는 식을 세웠나요?	2점
지혁이가 축구와 배드민턴을 한 시간을 구했나요?	3점

5단원 단원 평가 Level ❷ 153~155쪽

1 2 cm 7 mm, 2 센티미터 7 밀리미터

2

3 5, 9, 59

4 <

5 동호, 윤서

6 (1) 150 mm (2) 1 km 700 m (3) 1 m 65 cm

7 ㉢

8 (1) 11, 25, 17 (2) 13, 31, 10

9 1시간 2분

10

11 4 cm 6 mm

12 ㉣, ㉡, ㉠, ㉢

13 1시 40분

14 은지

15 (위에서부터) 6, 20, 15

16 29 cm 2 mm

17 1시간 1분 20초

18 850 m

19 5 km 300 m

20 ㉢

4 270초＝240초＋30초＝4분 30초이므로
270초＜4분 50초입니다.

5 채은: 신발 긴 쪽의 길이는 약 210 mm야.
태영: 동화책의 두께는 약 8 mm야.

7 ㉠ 3150 m＝3 km 150 m
㉡ 4 km 30 m＝4030 m

8 (1)

$$
\begin{array}{r}
1\ 1 \\
8\text{시}\quad 38\text{분}\quad 26\text{초} \\
+\ \ 2\text{시간}\quad 46\text{분}\quad 51\text{초} \\
\hline
11\text{시}\quad 25\text{분}\quad 17\text{초}
\end{array}
$$

(2)

$$
\begin{array}{r}
\quad 60 \\
17\quad 24\quad 60 \\
18\text{시}\quad 25\text{분} \\
-\ \ 4\text{시}\quad 53\text{분}\quad 50\text{초} \\
\hline
13\text{시간}\quad 31\text{분}\quad 10\text{초}
\end{array}
$$

9 초침이 한 바퀴 도는 데 걸리는 시간은 1분이므로 초침이 62바퀴를 도는 데 걸리는 시간은 62분입니다.
62분＝60분＋2분이므로 현우가 피구를 한 시간은 1시간 2분입니다.

10

$$
\begin{array}{r}
4\text{시}\quad 50\text{분}\quad\ \ 5\text{초} \\
+\ \phantom{4\text{시}\quad}\ \ 4\text{분}\quad 35\text{초} \\
\hline
4\text{시}\quad 54\text{분}\quad 40\text{초}
\end{array}
$$

11 1 cm가 4칸이고 1 mm가 6칸이므로 머리핀의 길이는 4 cm 6 mm입니다.

12 ㉡ 3 km 20 m＝3020 m
㉢ 2 km＝2000 m
➡ 3200 m＞3 km 20 m＞2500 m＞2 km

13 1시 25분에서 15분 후는 1시 40분입니다.

14 (은지가 연주한 시간)
＝2시 46분 35초－2시 41분 10초＝5분 25초
(민석이가 연주한 시간)
＝3시 28분 59초－3시 23분 40초＝5분 19초
따라서 은지가 더 오래 연주했습니다.

15

$$
\begin{array}{r}
㉢\text{시간}\quad ㉡\text{분}\quad 40\text{초} \\
-\ \ 2\text{시간}\quad 50\text{분}\quad ㉠\text{초} \\
\hline
3\text{시간}\quad 30\text{분}\quad 25\text{초}
\end{array}
$$

• 40초－㉠초＝25초, ㉠＝15
• ㉡분＋60분－50분＝30분, ㉡＝20
• ㉢시간－1시간－2시간＝3시간, ㉢＝6

16 (색 테이프 5장의 길이의 합)＝6×5＝30 (cm)
색 테이프 5장을 이어 붙이면 겹친 부분이 4군데이므로
(겹친 부분의 길이의 합)＝2×4＝8 (mm)
(전체 길이)＝30 cm－8 mm
　　　　　＝29 cm 2 mm

17 하루는 24시간이므로 낮의 길이는
24시간－12시간 30분 40초＝11시간 29분 20초입니다.
따라서 밤의 길이는 낮의 길이보다
12시간 30분 40초－11시간 29분 20초
＝1시간 1분 20초 더 깁니다.

18 (㉠~㉢)＋(㉡~㉣)
＝2 km 350 m＋2500 m
＝2 km 350 m＋2 km 500 m＝4 km 850 m
(㉠~㉢)＋(㉡~㉣)－(㉡~㉢)＝(㉠~㉣)이므로
(㉡~㉢)＝4 km 850 m－4 km＝850 m입니다.

서술형
19 ⑩ 1500 m는 1 km 500 m이므로 루아가 간 거리는
1500 m＋3 km 800 m
＝1 km 500 m＋3 km 800 m
＝5 km 300 m입니다.

평가 기준	배점(5점)
1500 m를 몇 km 몇 m로 나타냈나요?	2점
루아가 간 거리를 구했나요?	3점

서술형
20 ⑩ 관람할 수 있는 시간은
12시 20분－9시 35분＝2시간 45분입니다.
따라서 가장 적절한 관람 일정은 소요 시간이 관람할 수 있는 시간 2시간 45분보다 짧은 ㉡입니다.

평가 기준	배점(5점)
관람할 수 있는 시간을 구했나요?	3점
가장 적절한 관람 일정을 구했나요?	2점

6 분수와 소수

일상생활에서 피자나 케이크를 똑같이 나누는 경우를 통해서 전체를 등분하는 경우, 또 길이나 무게를 잴 때 더 정확하게 재기 위해 소수점으로 나타내는 경우를 학생들은 이미 경험해 왔습니다. 이와 같이 자연수로는 정확하게 나타낼 수 없는 양을 표현하기 위해 분수와 소수가 등장하였습니다. 이때 분수와 소수를 수직선으로 나타내 봄으로써 같은 수를 분수와 소수로 나타낼 수 있음을 알게 합니다. (예) $\frac{1}{10}=0.1$, $\frac{2}{10}=0.2$, …) 분수와 소수를 단절시켜 각각의 수로 인식하지 않도록 주의합니다.
분수와 소수의 크기 비교는 수를 보고 비교하는 것보다는 시각적으로 나타내어 색칠한 부분이 몇 칸 더 많은지, 0.1이 몇 개 더 많은지 비교하면 쉽게 이해할 수 있습니다. 시각적으로 보여준 후 원리를 찾아내어 수만으로 크기 비교를 할 수 있도록 지도해 주세요.

1 똑같이 나누어 볼까요   158~159쪽

 에 ○표

1 (1) 가, 나, 바 (2) 다, 라, 마

2 (1) 가 (2) 라, 마 (3) 다, 바

3 (1) 콩고, 체코, 덴마크 (2) 인도네시아 (3) 프랑스, 러시아

4 ㉠, ㉣, ㉤   5 영진

6 (1) 4 (2) 4

7 (1)
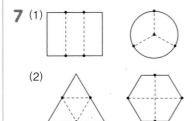
(2)

1 (2) 똑같이 나눈 조각들은 모양과 크기가 같으므로 겹쳐 보았을 때 완전히 포개어집니다.

2 나눈 조각들의 모양과 크기가 같은지 확인합니다.

3 (3) 콩고와 체코도 셋으로 나누었지만 나눈 조각들의 모양과 크기가 같지 않습니다.

4 나눈 조각들을 겹쳤을 때 완전히 포개어지는 도형을 찾습니다.

5 영진이가 나눈 조각들은 모양과 크기가 같지 않습니다.

6 모양과 크기가 같은 조각들이 몇 개인지 세어 봅니다.

7 주어진 점을 이용하여 똑같이 나누어 봅니다.

2 분수를 알아볼까요   160~161쪽

1 (1) 5, 1, 5 (2) 5, 2, $\frac{2}{5}$

2 (1) $\frac{4}{6}$, 6분의 4 (2) $\frac{5}{8}$, 8분의 5

3 (1) 예   (2) 예

4 (   ) (○) (   )

5 은지   6 $\frac{1}{3}$

7 (1) $\frac{3}{4}$ (2) $\frac{1}{4}$ 8 (1) $\frac{3}{6}$, $\frac{3}{6}$ (2) $\frac{5}{7}$, $\frac{2}{7}$

1 전체를 똑같이 나누었을 때 모양과 크기가 같은 것이 몇 개 있는지 세어 봅니다.

2 (1) 색칠한 부분은 전체를 똑같이 6으로 나눈 것 중의 4이므로 $\frac{4}{6}$이고, 6분의 4라고 읽습니다.
  (2) 색칠한 부분은 전체를 똑같이 8로 나눈 것 중의 5이므로 $\frac{5}{8}$이고, 8분의 5라고 읽습니다.

3 (1) 전체를 똑같이 4로 나눈 것 중의 3에 색칠합니다.
  (2) 전체를 똑같이 9로 나눈 것 중의 7에 색칠합니다.

4 색칠한 부분이 나타내는 분수는 왼쪽부터 차례로 $\frac{1}{4}$, $\frac{3}{4}$, $\frac{1}{4}$입니다.

5 민수와 선우가 설명하는 분수는 $\frac{4}{7}$입니다.
  $\frac{4}{7}$는 분모가 7이고 분자가 4입니다.

6 룩셈부르크 국기에서 파란색 부분은 전체를 똑같이 3으로 나눈 것 중의 1입니다.

8 색칠한 부분과 색칠하지 않은 부분을 합하면 전체가 됩니다.

교과서 개념 이해 **3** 단위분수를 알아볼까요
162~163쪽

1 (위에서부터) $\frac{1}{2}$, $\frac{1}{3}$, $\frac{1}{4}$, $\frac{1}{5}$

2 (1) $\frac{5}{6}$ (2) 5개 (3) $\frac{5}{6}$, 5

3 $\frac{1}{9}$, $\frac{1}{5}$, $\frac{1}{6}$에 ○표

4 (1) (예) 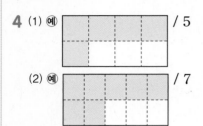 / 5

   (2) (예) / 7

5 (1) 6 (2) 3 (3) $\frac{1}{11}$ (4) $\frac{1}{9}$

6 (예)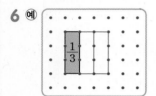

7 (1) 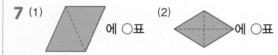 에 ○표 (2) 에 ○표

8 (예)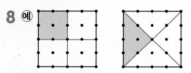

---

4 (1) $\frac{5}{8}$는 전체를 똑같이 8로 나눈 것 중의 5이므로 $\frac{1}{8}$이 5개입니다.

   (2) $\frac{7}{10}$은 전체를 똑같이 10으로 나눈 것 중의 7이므로 $\frac{1}{10}$이 7개입니다.

6 색칠한 부분은 전체를 똑같이 3으로 나눈 것 중의 1이므로 전체는 $\frac{1}{3}$이 3개가 되도록 그립니다.

7 (1) 전체를 똑같이 2로 나누었을 때 한 조각의 모양이 주어진 모양과 같은지 살펴봅니다.
   (2) 전체를 똑같이 4로 나누었을 때 두 조각의 모양이 주어진 모양과 같은지 살펴봅니다.

8 주어진 점을 이용하여 전체를 똑같이 4로 나눈 다음 그 중의 1을 색칠합니다.

교과서 개념 이해 **4** 분모가 같은 분수의 크기를 비교해 볼까요
164~165쪽

❗ >

1 (1) 5 (2) 2 (3) 큽니다에 ○표

2 (1) < (2) >   **3** (1) > (2) <

4 (예) , <, (예)

5 8, 4, $\frac{8}{11}$

6 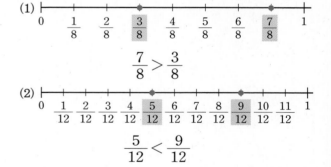 / <

7 (1) < (2) >   **8** (1) < (2) >

9 $\frac{12}{13}$, $\frac{2}{13}$

---

2 색칠한 부분의 칸수를 세어 봅니다.

3 수직선에서 오른쪽에 있는 수가 더 큰 수입니다.

(1) 수직선: $\frac{1}{8}$ ~ $\frac{7}{8}$, $\frac{3}{8}$과 $\frac{7}{8}$ 표시

$$\frac{7}{8} > \frac{3}{8}$$

(2) 수직선: $\frac{1}{12}$ ~ $\frac{11}{12}$, $\frac{5}{12}$와 $\frac{9}{12}$ 표시

$$\frac{5}{12} < \frac{9}{12}$$

4 $\frac{3}{8}$은 $\frac{1}{8}$이 3개이고, $\frac{5}{8}$는 $\frac{1}{8}$이 5개이므로 각각 3칸, 5칸을 색칠합니다.
따라서 3<5이므로 $\frac{3}{8} < \frac{5}{8}$입니다.

5 분모가 같은 분수는 분자가 클수록 더 큰 수입니다.

6 $\frac{1}{5}$, $\frac{4}{5}$는 각각 0부터 1까지를 똑같이 5로 나눈 것 중의 1, 5로 나눈 것 중의 4입니다. 수직선에서 오른쪽에 있는 수가 더 큰 수이므로 $\frac{4}{5}$가 더 큽니다.

7 (1) $\frac{5}{9}$는 $\frac{1}{9}$이 5개, $\frac{7}{9}$은 $\frac{1}{9}$이 7개 ➡ $\frac{5}{9} < \frac{7}{9}$

(2) $\dfrac{11}{15}$ 은 $\dfrac{1}{15}$ 이 11개, $\dfrac{8}{15}$ 은 $\dfrac{1}{15}$ 이 8개

➡ $\dfrac{11}{15} > \dfrac{8}{15}$

다른 풀이 |

분모가 같으므로 분자가 클수록 더 큰 수입니다.

(1) $5 < 7$ ➡ $\dfrac{5}{9} < \dfrac{7}{9}$ (2) $11 > 8$ ➡ $\dfrac{11}{15} > \dfrac{8}{15}$

8 분모가 같으므로 분자가 클수록 더 큰 수입니다.

9 분모가 같은 분수는 분자가 클수록 더 큰 수입니다.

$2 < 3 < 8 < 11 < 12$ 이므로

$\dfrac{2}{13} < \dfrac{3}{13} < \dfrac{8}{13} < \dfrac{11}{13} < \dfrac{12}{13}$ 입니다.

따라서 가장 큰 분수는 $\dfrac{12}{13}$, 가장 작은 분수는 $\dfrac{2}{13}$ 입니다.

교과서 개념 이해

5 단위분수의 크기를 비교해 볼까요   166~167쪽

❗ 작습니다에 ◯표

1 (1) 큽니다에 ◯표   (2) 작습니다에 ◯표

2 (1) $>$ (2) $>$ **3** (1) $>$ (2) $<$

4 예 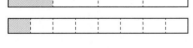 / (1) $>$ (2) $>$

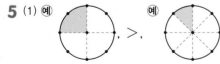

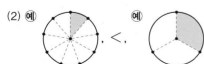

5 (1) 예 , $>$,

(2) 예 , $<$,

6 (1) $<$ (2) $>$

7 (1) $\dfrac{1}{4}$, $\dfrac{1}{8}$, $\dfrac{1}{6}$ (2) $\dfrac{1}{8}$, $\dfrac{1}{6}$, $\dfrac{1}{4}$

8 $\dfrac{1}{4}$

---

1 색칠한 부분의 크기를 비교합니다.

2 단위분수는 분모가 작을수록 더 큰 수입니다.

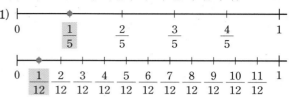

$\dfrac{1}{5} > \dfrac{1}{12}$

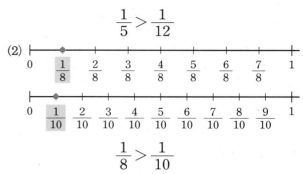

$\dfrac{1}{8} > \dfrac{1}{10}$

4 (1) 색칠한 부분의 크기를 비교하면 $\dfrac{1}{2} > \dfrac{1}{4}$ 입니다.

(2) 색칠한 부분의 크기를 비교하면 $\dfrac{1}{4} > \dfrac{1}{8}$ 입니다.

5 색칠한 부분의 크기를 비교하면 분모가 작은 분수가 더 큽니다.

6 단위분수는 분모의 크기를 비교합니다.

(1) $14 > 11$ ➡ $\dfrac{1}{14} < \dfrac{1}{11}$

(2) $2 < 12$ ➡ $\dfrac{1}{2} > \dfrac{1}{12}$

8 단위분수는 분모가 작을수록 더 큰 수입니다.

따라서 $4 < 5 < 7 < 9$ 이므로 $\dfrac{1}{4} > \dfrac{1}{5} > \dfrac{1}{7} > \dfrac{1}{9}$ 입니다.

개념 적용

기본기 다지기   168~173쪽

1 나, 라, 바   **2** ①, ③

3 예

4 정빈 / 예 정빈이가 자른 조각을 겹쳐 보면 모양과 크기가 똑같지 않기 때문입니다.

5 3

6

7 ( ) (○) ( )

8 예 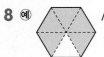 / 6분의 5

9 $\frac{5}{8}$, $\frac{3}{8}$

10 예 $\frac{7}{9}$을 읽으면 9분의 7입니다.

11 가

12 $\frac{7}{16}$

13 예

14 $\frac{5}{8}$, $\frac{3}{8}$

15 3조각

16 $\frac{8}{15}$

17 예 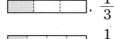 , $\frac{1}{2}$

, $\frac{1}{3}$

, $\frac{1}{4}$

18 $\frac{1}{8}$, 8 / $\frac{1}{8}$, 3 / $\frac{1}{8}$, 5

19 유리 / 예 유리는 전체를 똑같이 4로 나눈 것 중의 1만큼 색칠하였습니다.

20

21 예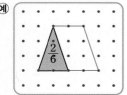

22 12 cm

23 8 cm

24
| $\frac{4}{8}$ | < | $\frac{7}{8}$ |

25 (1) > (2) <

26 $\frac{3}{6}$, $\frac{4}{6}$

27 동호

28 은성

29 나윤

30 $\frac{1}{2}$, $\frac{1}{3}$, $\frac{1}{5}$, $\frac{1}{6}$

31 종욱

32 3개

33 $\frac{1}{3}$

34 4, 5에 ○표

35 8, 9, 10

36 4개

37 $\frac{1}{4}$, $\frac{1}{5}$, $\frac{1}{6}$, $\frac{1}{7}$

38 7개

1 나: 전체를 똑같이 여섯으로 나눈 도형
라: 전체를 똑같이 셋으로 나눈 도형
바: 전체를 똑같이 넷으로 나눈 도형

2 나는 2조각의 모양과 크기가 같은 것을 찾습니다.

3 4조각의 모양과 크기가 같도록 나눕니다.

서술형
4

단계	문제 해결 과정
①	잘못 나눈 사람의 이름을 썼나요?
②	잘못 나눈 까닭을 썼나요?

5
전체를 똑같이 4칸으로 나눈 것 중의 3칸입니다.

11 가 ➡ $\frac{2}{8}$

나, 다, 라 ➡ $\frac{2}{5}$

12 침실에 해당하는 부분은 집 전체를 똑같이 16으로 나눈 것 중의 7이므로 $\frac{7}{16}$입니다.

13 사각형을 똑같이 8칸으로 나눈 후 그중의 7칸을 색칠합니다.

14 남은 부분: 8−3=5(조각) ➡ $\frac{5}{8}$

먹은 부분: 3조각 ➡ $\frac{3}{8}$

15
선우가 먹은 떡은 색칠한 부분과 같으므로 3조각입니다.

16 남은 케이크: 15−4−3=8(조각)
따라서 남은 케이크는 전체의 $\frac{8}{15}$입니다.

단계	문제 해결 과정
①	바르게 색칠한 사람의 이름을 썼나요?
②	바르게 색칠한 까닭을 썼나요?

20 부분에 한 조각을 붙이면 전체 모양이 되므로 부분에 한 조각을 붙이면 어떤 모양이 될지 생각하며 찾습니다.

21 색칠한 부분은 전체를 똑같이 6으로 나눈 것 중의 2이므로 전체는 $\frac{1}{6}$이 6개가 되도록 그립니다.

22 철사 $\frac{1}{3}$의 길이가 4 cm이면 전체 철사의 길이는 4 cm의 3배입니다.
➡ $4 \times 3 = 12$ (cm)

23 남은 색 테이프가 전체의 $\frac{1}{4}$이므로 전체 색 테이프의 길이는 2 cm의 4배입니다.
➡ $2 \times 4 = 8$ (cm)

24 전체 8칸 중의 4칸은 $\frac{4}{8}$이고, 7칸은 $\frac{7}{8}$입니다.
수직선에서 오른쪽에 있는 수가 더 큰 수이므로 $\frac{4}{8} < \frac{7}{8}$입니다.

25 (1) $\frac{1}{5}$이 4개인 수는 $\frac{4}{5}$이므로 $\frac{4}{5} > \frac{3}{5}$입니다.
(2) $\frac{1}{9}$이 8개인 수는 $\frac{8}{9}$이므로 $\frac{5}{9} < \frac{8}{9}$입니다.

26 분모가 6이고 분자는 2보다 크고 5보다 작은 분수는 $\frac{3}{6}$, $\frac{4}{6}$입니다.

서술형
27 예 지아가 마신 주스는 전체의 $\frac{2}{7}$이고 $\frac{5}{7} > \frac{2}{7}$입니다.
따라서 주스를 더 많이 마신 사람은 동호입니다.

단계	문제 해결 과정
①	지아가 마신 주스의 양을 구했나요?
②	주스를 더 많이 마신 사람은 누구인지 구했나요?

참고 | 전체에서 ▲/■ 를 제외한 나머지는 전체의 ■−▲/■ 입니다.

28 3<5<7이므로 $\frac{3}{9} < \frac{5}{9} < \frac{7}{9}$입니다.
따라서 가장 긴 막대를 가지고 있는 사람은 은성입니다.

29 은지: $\frac{1}{10}$이 8개인 수 ➡ $\frac{8}{10}$
선우: 색칠한 부분 ➡ $\frac{7}{10}$, 나윤: 10분의 9 ➡ $\frac{9}{10}$
따라서 크기가 가장 큰 분수를 들고 있는 사람은 나윤입니다.

30 단위분수는 분모가 작을수록 더 큰 수입니다.

31 4<7<9이므로 $\frac{1}{4} > \frac{1}{7} > \frac{1}{9}$입니다.
따라서 우유를 가장 많이 마신 사람은 종욱입니다.

32 $\frac{1}{10}$보다 크고 $\frac{1}{6}$보다 작은 단위분수는 분모가 10보다 작고 6보다 큰 수이므로 $\frac{1}{9}$, $\frac{1}{8}$, $\frac{1}{7}$로 모두 3개입니다.

33 단위분수는 분자가 1이고, 분모가 작을수록 더 큰 수입니다. 3<5<7이므로 가장 큰 단위분수는 가장 작은 수인 3을 분모에 놓은 $\frac{1}{3}$입니다.

34 분모가 11로 같으므로 $\frac{\square}{11} < \frac{6}{11}$에서 □<6입니다.
따라서 □ 안에 들어갈 수 있는 수는 4, 5입니다.

서술형
35 예 단위분수이므로 $\frac{1}{7} > \frac{1}{\square}$에서 7<□입니다.
따라서 □ 안에 들어갈 수 있는 수는 8, 9, 10입니다.

단계	문제 해결 과정
①	단위분수의 크기를 비교할 수 있나요?
②	□ 안에 들어갈 수 있는 수를 모두 구했나요?

36 분자가 2<□<7이므로 □ 안에 들어갈 수 있는 수는 3, 4, 5, 6으로 모두 4개입니다.

37 단위분수 중에서 $\frac{1}{3}$보다 작은 분수는 분모가 3보다 큰 $\frac{1}{4}$, $\frac{1}{5}$, $\frac{1}{6}$, $\frac{1}{7}$, $\frac{1}{8}$, ...이고, 이 중 분모가 8보다 작은 분수는 $\frac{1}{4}$, $\frac{1}{5}$, $\frac{1}{6}$, $\frac{1}{7}$입니다.

38 분자가 1인 분수는 단위분수이고, 단위분수 중에서 $\frac{1}{10}$보다 큰 분수는 분모가 10보다 작습니다. 또 분모가 2보다 크므로 분모가 될 수 있는 수는 3, 4, ..., 9입니다.
따라서 조건에 알맞은 분수는 $\frac{1}{3}$, $\frac{1}{4}$, $\frac{1}{5}$, $\frac{1}{6}$, $\frac{1}{7}$, $\frac{1}{8}$, $\frac{1}{9}$로 모두 7개입니다.

6 소수를 알아볼까요 (1) 174~175쪽

❗ 0.3

1 (1) $\dfrac{7}{10}$ (2) 0.7, 영점칠

2 (1) $\dfrac{5}{10}$ (2) 0.5, 영점오

3 (위에서부터) $\dfrac{5}{10}$, $\dfrac{9}{10}$ / 0.3, 0.7

4 (1) $\dfrac{3}{10}$, 0.3 (2) $\dfrac{8}{10}$, 0.8

5

6 (1) 0.8 (2) 0.4 (3) 6 (4) 5

7 (1) $\dfrac{9}{10}$, 0.9 (2) $\dfrac{2}{10}$, 0.2

8 (1) 0.4 cm (2) 0.6 m

3 $\dfrac{3}{10}=0.3$, $0.5=\dfrac{5}{10}$, $\dfrac{7}{10}=0.7$, $0.9=\dfrac{9}{10}$

4 색칠한 부분의 칸수를 세어 봅니다.

(1) 10칸 중에서 3칸 색칠 ➡ $\dfrac{3}{10}=0.3$

(2) 10칸 중에서 8칸 색칠 ➡ $\dfrac{8}{10}=0.8$

5 $\dfrac{1}{10}=0.1$ ➡ 영점일

$\dfrac{4}{10}=0.4$ ➡ 영점사

$\dfrac{7}{10}=0.7$ ➡ 영점칠

6 0.1이 ■개이면 0.■입니다.
0.■는 0.1이 ■개입니다.

7 $\dfrac{1}{10}$이 ■개인 수 ➡ $\dfrac{■}{10}$, 0.■

8 (1) 1 cm를 똑같이 10칸으로 나누었으므로 1칸은
0.1 cm입니다.
□는 4칸이므로 0.4 cm입니다.
(2) 1 m를 똑같이 10칸으로 나누었으므로 1칸은
0.1 m입니다.
□는 6칸이므로 0.6 m입니다.

7 소수를 알아볼까요 (2) 176~177쪽

1 (1) 7 (2) 0.7 (3) 6.7

2 (1) 24개 (2) 2.4

3 (1) 1.6, 일점육 (2) 2.2, 이점이

4 (위에서부터) 삼점오, 6.7, 9.1, 사점삼

5 (1) 54, 5.4 (2) 6, 2, 6.2

6 (1) 5.8 (2) 2.5 (3) 7.1

7 0.7, 2, 2.7

8 (1) 3.6 (2) 84

9 (1) 0.2 (2) 2, 8

3 (1) 한 칸의 크기는 0.1입니다.
1과 0.6만큼이므로 1.6입니다.
(2) 작은 눈금 한 칸의 크기는 0.1입니다.
2와 0.2만큼이므로 2.2입니다.

5 (1) 1 mm=0.1 cm이므로 54 mm=5.4 cm입니다.
(2) 6 cm 2 mm는 6 cm보다 0.2 cm 더 긴 길이이므로 6.2 cm입니다.

6 $1\,mm=\dfrac{1}{10}\,cm=0.1\,cm$

7 0.1이 10개이면 1입니다.
0.1이 20개이면 2입니다.
참고 | 0.1이 ■0개이면 ■입니다.

8 (1) 0.1이 6개 ➡ 0.6
　　　 0.1이 30개 ➡ 3
　　　─────────────
　　　 0.1이 36개 ➡ 3.6
(2) 0.4 ➡ 0.1이 4개
　　　 8　 ➡ 0.1이 80개
　　　─────────────
　　　 8.4 ➡ 0.1이 84개

9 (1)

2.8은 3에서 작은 눈금 두 칸을 되돌아온 것입니다.
작은 눈금 한 칸은 0.1이므로 두 칸을 되돌아오면
0.2만큼 더 작은 수입니다.
(2) 2.8은 2와 0.8만큼이므로 1이 2개, 0.1이 8개입니다.

1 > **2** <

3 (1) 예 0.5

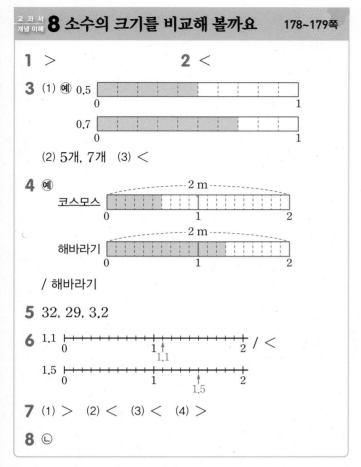

0.7

(2) 5개, 7개 (3) <

4 예

코스모스

해바라기

/ 해바라기

5 32, 29, 3.2

6 1.1 / <

1.5

7 (1) > (2) < (3) < (4) >

8 ㉡

---

1 색칠한 부분의 넓이를 비교하면 0.8이 0.3보다 더 넓습니다. ➡ 0.8>0.3

2 수직선에서 오른쪽에 있는 수가 더 큰 수이므로 1.3<2.5입니다.

3 색칠한 부분의 크기를 비교해 보면 0.5보다 0.7이 더 큽니다.

4 0부터 1까지 똑같이 10칸으로 나누어져 있으므로 한 칸은 0.1입니다.
코스모스는 0.6 m이므로 6칸을, 해바라기는 1.3 m이므로 13칸을 색칠합니다.

6 0부터 1까지 똑같이 10칸으로 나누어져 있으므로 한 칸은 0.1입니다. 1.1은 1에서 한 칸 더 간 곳, 1.5는 1에서 5칸 더 간 곳을 나타냅니다.

7 (1) 0.9는 0.1이 9개이고, 0.6은 0.1이 6개이므로 0.9>0.6입니다.
(2) 4.5는 0.1이 45개이고, 4.8은 0.1이 48개이므로 4.5<4.8입니다.
(3) 3.6은 0.1이 36개이고, 7.1은 0.1이 71개이므로 3.6<7.1입니다.

---

(4) 6은 0.1이 60개이고 5.9는 0.1이 59개이므로 6>5.9입니다.

주의 | (4) 6은 0.1이 60개입니다. 0.1이 6개라고 생각하지 않도록 주의합니다.

8 ㉠ $\frac{1}{10}$이 33개인 수 ➡ 0.1이 33개인 수
㉡ 0.1이 35개인 수
㉢ 0.1이 30개인 수
따라서 30<33<35이므로 가장 큰 수는 ㉡입니다.

39 $\frac{2}{10}$, 0.2 **40**

41 (1) 2 (2) 0.7 (3) 3 (4) $\frac{1}{10}$

42 0.6, 0.4 **43** (1) 4.2 (2) 1.8

44 (1) 3.6 (2) 29 (3) 13

45 2.6컵 **46** 6.8

47 3.4 cm **48** 1.2 km, 2.6 km

49 ㉢, ㉠, ㉡ **50** (1) > (2) <

51 ㉠ **52** 5월

53 ㉢, ㉣ **54** 5개

55 8.6 **56** 3.5

57 97.4, 94.7

---

39 전체를 똑같이 10으로 나눈 것 중의 2이므로 $\frac{2}{10}$=0.2입니다.

41 $\frac{1}{10}$이 ▲개인 수는 $\frac{▲}{10}$ 또는 0.▲로 나타낼 수 있습니다.

42 인혜는 케이크 전체를 똑같이 10조각으로 나눈 것 중의 6조각을 먹었으므로 소수로 나타내면 0.6입니다.
언니는 케이크 전체를 똑같이 10조각으로 나눈 것 중의 4조각을 먹었으므로 소수로 나타내면 0.4입니다.

43 (1) 1 mm＝0.1 cm이고 4 cm 2 mm는 42 mm이
므로 0.1 cm가 42개이면 4.2 cm입니다.
(2) 1 mm＝0.1 cm이고 0.1 cm가 18개이면
1.8 cm입니다.

44 (1) 0.1이 30개 → 3
　　0.1이　6개 → 0.6
　　0.1이 36개 → 3.6
(2) 2.9는 0.1이 29개입니다.
(3) $\frac{1}{10}$＝0.1이므로 0.1이 13개이면 1.3입니다.

45 2와 전체를 똑같이 10으로 나눈 것 중의 6이므로 2와
0.6만큼인 2.6컵입니다.

46 $\frac{8}{10}$＝0.8이므로 6과 $\frac{8}{10}$은 6과 0.8만큼인 6.8입니다.

47 4 mm＝0.4 cm이므로 3과 0.4만큼인 3.4 cm가 됩
니다.

48 1 km를 똑같이 10으로 나눈 한 칸의 길이는 0.1 km
입니다.
선우네 집에서 공원까지의 거리는 1에서 0.2만큼 더 간
거리이므로 1.2 km입니다.
선우네 집에서 도서관까지의 거리는 2에서 0.6만큼 더
간 거리이므로 2.6 km입니다.

49 ㉠ 21　㉡ 17　㉢ 26
➡ 26＞21＞17이므로 ㉢＞㉠＞㉡입니다.

50 (1) 0.5＞0.3
(2) 3.4＜3.8

51 ㉠ 5 cm 7 mm＝5.7 cm이므로 5.7＞5.2입니다.
따라서 길이가 더 긴 것은 ㉠입니다.

52 23.5＜37.2＜108.5이므로 비가 가장 많이 내린 달은
5월입니다.

53 ㉠ 2.7　㉡ 2.4　㉢ 2.9　㉣ 2이므로
㉢＞㉠＞㉡＞㉣입니다.

54 소수점 왼쪽 부분의 수가 7로 같으므로 6＞□이어야 합
니다. 따라서 □ 안에 들어갈 수 있는 수는 1, 2, 3, 4,
5로 모두 5개입니다.

55 1＜2＜6＜8이므로 가장 큰 수 8을 일의 자리에, 둘째
로 큰 수 6을 소수 부분에 놓습니다. ➡ 8.6

56 ⑩ 3＜5＜7이므로 가장 작은 수 3을 일의 자리에, 둘째
로 작은 수 5를 소수 부분에 놓습니다.
따라서 가장 작은 소수는 3.5입니다.

단계	문제 해결 과정
①	가장 작은 소수를 만드는 방법을 알고 있나요?
②	가장 작은 소수를 만들었나요?

57 • 가장 큰 소수: 9, 7을 십, 일의 자리에 각각 놓고, 가장
작은 수 4를 소수의 자리에 놓습니다.
➡ 97.4
• 둘째로 큰 소수: 9를 십의 자리에, 4를 일의 자리에,
7을 소수의 자리에 놓습니다.
➡ 94.7

개념 완성 응용력 기르기　　183~186쪽

1 1, 2, 3, 4　　　　　　**1-1** 8, 9
1-2 7, 8, 9
2 $\frac{1}{4}$　　　　　　　　**2-1** $\frac{1}{8}$
2-2 $\frac{4}{8}$
3 0.6　　　　　　　　**3-1** 0.3
3-2 장미, 0.5
4 **1단계** ⑩ 전체 칸수는 $4 \times 4 \times 4 = 64$(칸)이고, 색칠한
부분의 칸수는 $3 \times 3 \times 3 = 27$(칸)입니다.
2단계 ⑩ $\frac{(색칠한 부분의 칸수)}{(전체 칸수)} = \frac{27}{64}$
/ $\frac{27}{64}$
4-1 $\frac{64}{729}$

1 $\frac{5}{10}$＝0.5이므로 0.□＜0.5에서 소수점 왼쪽 부분의
수가 0으로 같습니다.
따라서 소수 부분의 수를 비교하면 □＜5이므로 □ 안
에 들어갈 수 있는 수는 1, 2, 3, 4입니다.

1-1 $0.7=\dfrac{7}{10}$이므로 $\dfrac{7}{10}<\dfrac{\square}{10}$이고, 분모가 10으로 같으므로 분자만 비교합니다.

$7<\square$이므로 $\square$ 안에 들어갈 수 있는 수는 8, 9입니다.

다른 풀이 |

$\square$는 1부터 9까지의 수이므로 $\dfrac{\square}{10}=0.\square$이고,

$0.7<0.\square$에서 소수점 왼쪽 부분의 수가 0으로 같습니다. 따라서 소수 부분의 수를 비교하면 $7<\square$이므로 $\square$ 안에 들어갈 수 있는 수는 8, 9입니다.

1-2 1.6보다 크고 2.3보다 작은 수 중에서 1.$\square$인 수는 1.7, 1.8, 1.9입니다.

따라서 $\square$ 안에 들어갈 수 있는 수는 7, 8, 9입니다.

2 한 번 접으면 똑같이 둘로 나누어지고, 두 번 접으면 똑같이 넷으로 나누어집니다.

2-1 종이 1장 $\xrightarrow[\text{접음}]{\text{반으로}}$ 2조각 $\xrightarrow[\text{접음}]{\text{반으로}}$ 4조각 $\xrightarrow[\text{접음}]{\text{반으로}}$ 8조각

2-2 종이 1장 $\xrightarrow[\text{접음}]{\text{반으로}}$ 2조각 $\xrightarrow[\text{접음}]{\text{반으로}}$ 4조각 $\xrightarrow[\text{접음}]{\text{반으로}}$ 8조각

전체 8조각 중 색칠한 부분은 4조각이므로 $\dfrac{4}{8}$입니다.

3

양파	배추		무	

무를 심은 부분은 전체의 $\dfrac{6}{10}=0.6$입니다.

3-1

	진하		동수	예린

예린이가 마신 두유는 전체의 $\dfrac{3}{10}=0.3$입니다.

3-2

튤립	코스모스		장미	

튤립은 1칸, 코스모스는 4칸, 장미는 5칸이므로 가장 넓은 부분에 심은 꽃은 장미입니다.

장미를 심은 부분은 전체의 $\dfrac{5}{10}=0.5$입니다.

4-1 전체 칸수는 $9\times9\times9=729$(칸)이고, 색칠한 부분의 칸수는 $4\times4\times4=64$(칸)입니다.

따라서 넷째 도형에서 색칠한 부분은 전체의 얼마인지 분수로 나타내면 $\dfrac{(\text{색칠한 부분의 칸수})}{(\text{전체 칸수})}=\dfrac{64}{729}$입니다.

---

1 (1) 3개 (2) 6개   **2** 8, 5, $\dfrac{5}{8}$, 8분의 5

3 (위에서부터) $\dfrac{9}{10}$, 0.6, $\dfrac{2}{10}$

4 $\dfrac{5}{10}$, 0.5

5 (예) 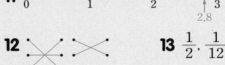 , <, (예)

6 (1) < (2) >   **7** 16, 42, 4.2

8 $\dfrac{1}{3}$, $\dfrac{1}{5}$ / <   **9**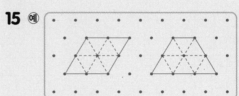

10 11

11
```
0    1    2   2.8 3
```

12   **13** $\dfrac{1}{2}$, $\dfrac{1}{12}$

14 ㉡

15 (예)

16 7   **17** 32 cm

18 2조각   **19** $\dfrac{5}{7}$

20 6개

1 모양과 크기가 같은 조각들이 몇 개인지 세어 봅니다.

3 0부터 1까지 똑같이 10칸으로 나눈 것이므로 눈금 한 칸은 $\dfrac{1}{10}=0.1$입니다.

$0.2=\dfrac{2}{10}$, $\dfrac{6}{10}=0.6$, $0.9=\dfrac{9}{10}$

4 색칠한 부분은 전체를 똑같이 10으로 나눈 것 중의 5입니다.

5 $\frac{2}{6}$는 전체를 똑같이 6으로 나눈 것 중의 2를 색칠합니다.

$\frac{5}{6}$는 전체를 똑같이 6으로 나눈 것 중의 5를 색칠합니다.

색칠한 것을 비교하면 2칸과 5칸이므로 $\frac{5}{6}$가 더 큽니다.

6 분모가 같은 분수는 분자가 클수록 더 큰 분수입니다.

8 전체 1을 똑같이 3으로 나누면 한 칸은 $\frac{1}{3}$이고, 똑같이 5로 나누면 한 칸은 $\frac{1}{5}$입니다. 1을 똑같이 나누었으므로 작은 수로 나눌수록 한 칸의 크기가 더 큽니다.

9 넷으로 나눈 부분을 서로 겹쳤을 때 완전히 포개어지도록 도형을 나눕니다.

10 · $\frac{3}{10}$은 $\frac{1}{10}$이 3개이므로 ㉠=3입니다.

· $\frac{4}{8}$는 $\frac{1}{8}$이 4개이므로 ㉡=8입니다.

따라서 ㉠+㉡=3+8=11입니다.

11 1이 2개, 0.1이 8개인 수는 2.8입니다.

0부터 1까지 똑같이 10칸으로 나누어져 있으므로 눈금 한 칸은 0.1입니다. 2.8은 2와 0.8만큼이므로 2에서 작은 눈금 8칸을 더 간 곳입니다.

12 2 cm 3 mm=23 mm=2.3 cm

8 cm 7 mm=87 mm=8.7 cm

4 cm 9 mm=49 mm=4.9 cm

13 단위분수이므로 분모가 작을수록 큰 수입니다.

2<5<7<10<12이므로

$\frac{1}{2}>\frac{1}{5}>\frac{1}{7}>\frac{1}{10}>\frac{1}{12}$입니다.

14 ㉠ 3.8보다 0.1만큼 더 큰 수는 3.8에서 작은 눈금 한 칸을 간 3.9입니다.

3 3.1 3.2 3.3 3.4 3.5 3.6 3.7 3.8 3.9 4

㉡ 0.1이 10개인 수는 1, 0.1이 20개인 수는 2이므로 0.1이 40개인 수는 4입니다.

15 작은 삼각형 8개로 만들 수 있는 도형을 그려 봅니다.

16 $\frac{6}{10}$=0.6, $\frac{8}{10}$=0.8

따라서 0.6<0.□<0.8이므로 □ 안에 들어갈 수 있는 수는 7입니다.

17 색 테이프의 $\frac{1}{8}$이 3개 있으면 12 cm이므로 색 테이프의 $\frac{1}{8}$의 길이는 12÷3=4 (cm)입니다.

따라서 전체 색 테이프의 길이는 4×8=32 (cm)입니다.

18 전체의 $\frac{1}{4}$은 전체를 똑같이 4로 나눈 것 중의 1입니다.

전체가 8조각이므로 8조각을 똑같이 4로 나눈 것 중의 1은 8÷4=2(조각)입니다.

서술형
19 ⓔ 남은 조각은 7-2=5(조각)입니다.

전체를 똑같이 7로 나눈 것 중의 5가 남았으므로 분수로 나타내면 $\frac{5}{7}$입니다.

평가 기준	배점(5점)
남은 철사의 조각 수를 구했나요?	2점
남은 철사는 전체의 얼마인지 분수로 나타냈나요?	3점

서술형
20 ⓔ 분모가 13으로 모두 같으므로 분자의 크기를 비교하면 5<□<12입니다.

따라서 □ 안에 들어갈 수 있는 수는 6부터 11까지이므로 모두 6개입니다.

평가 기준	배점(5점)
분모가 같은 분수의 크기를 비교하는 방법을 알고 있나요?	2점
□ 안에 들어갈 수 있는 수는 모두 몇 개인지 구했나요?	3점

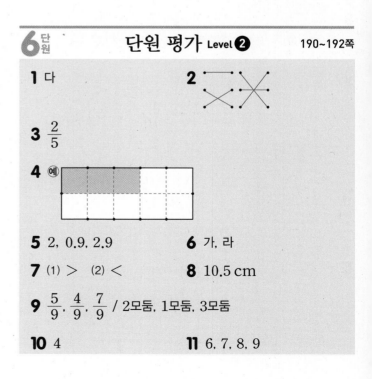

6단원 **단원 평가 Level ②** 190~192쪽

1 다

2

3 $\frac{2}{5}$

4 ⓔ

5 2, 0.9, 2.9   **6** 가, 라

7 (1) > (2) <   **8** 10.5 cm

9 $\frac{5}{9}$, $\frac{4}{9}$, $\frac{7}{9}$ / 2모둠, 1모둠, 3모둠

10 4   **11** 6, 7, 8, 9

1 가, 나, 라는 $\dfrac{2}{3}$, 다는 $\dfrac{2}{4}$를 나타냅니다.

2 $\dfrac{7}{10}=0.7$ ➡ 영점칠, $\dfrac{3}{10}=0.3$ ➡ 영점삼,

$\dfrac{8}{10}=0.8$ ➡ 영점팔

3 노란색 부분은 전체를 똑같이 5로 나눈 것 중의 2이므로
$\dfrac{2}{5}$입니다.

4 모양과 크기가 같도록 10으로 나누고 그중의 3을 색칠
합니다.

6 가 ➡ $\dfrac{3}{5}$

라 ➡ $\dfrac{3}{5}$

7 (1) $\dfrac{1}{10}$이 25개인 수는 2.5입니다. ➡ 3>2.5

(2) 0.1이 64개인 수는 6.4입니다. ➡ 6.4<6.8

8 10 cm와 5 mm만큼인 길이는 10 cm 5 mm입니다.
➡ 10 cm 5 mm=10 cm+0.5 cm=10.5 cm

10 • $\dfrac{3}{4}$은 $\dfrac{1}{4}$이 3개입니다. ➡ ⑤=3

• $\dfrac{1}{7}$이 6개이면 $\dfrac{6}{7}$입니다. ➡ ©=7
따라서 ©−⑤=7−3=4입니다.

11 $\dfrac{1}{5}>\dfrac{1}{□}$이므로 5<□이어야 합니다.
따라서 □ 안에 들어갈 수 있는 수는 6, 7, 8, 9입니다.

12 ①, ②, ⑤를 비교하면 $\dfrac{1}{6}<\dfrac{3}{6}<\dfrac{5}{6}$이고,

②, ③, ④를 비교하면 $\dfrac{1}{9}<\dfrac{1}{7}<\dfrac{1}{6}$입니다.

따라서 $\dfrac{1}{9}<\dfrac{1}{7}<\dfrac{1}{6}<\dfrac{3}{6}<\dfrac{5}{6}$입니다.

13

재우가 전체의 $\dfrac{4}{7}$를 마셨으므로 민하는 전체의 $\dfrac{3}{7}$을 마
셨습니다.

$\dfrac{4}{7}>\dfrac{3}{7}$이므로 재우가 더 많이 마셨습니다.

14 전체를 똑같이 4로 나눈 것 중의 1과 똑같이 8로 나눈
것 중의 2는 같습니다. 따라서 전체를 똑같이 8로 나눈
것 중의 3을 먹은 서아가 더 많이 먹었습니다.

15 32 mm+21 mm+32 mm+21 mm
=106 mm
106 mm=100 mm+6 mm
    =10 cm+0.6 cm=10.6 cm

16 ⑤ 0.1이 43개인 수 ➡ 4.3

© $\dfrac{1}{10}$이 35개인 수 ➡ 3.5

➡ 3.5<4.3<4.7

17 $\dfrac{2}{10}=0.2$이므로 0.2보다 크고 0.7보다 작은 수는

0.3, 0.4, 0.5, 0.6입니다.
따라서 □ 안에 들어갈 수 있는 수는 3, 4, 5, 6입니다.

18 $\dfrac{9}{10}=0.9$이고, 0.1이 4개인 수는 0.4입니다. 조건을

모두 만족하는 소수는 0.4보다 크고 0.8보다 작은 소수
이므로 0.5, 0.6, 0.7입니다.

서술형
19 예 $\dfrac{5}{8}$는 $\dfrac{1}{8}$이 5개인 수이므로 ⑤=$\dfrac{1}{8}$입니다.

$\dfrac{4}{5}$는 $\dfrac{1}{5}$이 4개인 수이므로 ©=$\dfrac{1}{5}$입니다.

따라서 $\dfrac{1}{8}<\dfrac{1}{5}$이므로 더 큰 분수는 ©입니다.

평가 기준	배점(5점)
⑤과 ©에 알맞은 수를 구했나요?	2점
⑤과 © 중 더 큰 분수를 구했나요?	3점

서술형
20 예 소수의 일의 자리에는 4, 5가 올 수 있습니다.
따라서 만들 수 있는 소수 중에서 5.6보다 작은 소수는
4.5, 4.6, 4.7, 5.4로 모두 4개입니다.

평가 기준	배점(5점)
소수의 일의 자리에 올 수 있는 수를 구했나요?	2점
5.6보다 작은 소수는 모두 몇 개인지 구했나요?	3점

1 덧셈과 뺄셈

⊜ 서술형 문제

2~5쪽

1⁺ 1181

2⁺ 762

3 ⑨ 십의 자리를 계산할 때 십의 자리에서 일의 자리로 받아내림한 수를 빼지 않고 계산하였습니다.

$$\begin{array}{r} 7\ 11\ 10 \\ 8\ 2\ 5 \\ -\ 4\ 6\ 7 \\ \hline 3\ 5\ 8 \end{array}$$

4 1162명

5 별빛 초등학교, 93명

6 575, 183

7 601

8 234

9 $753-364=389$

10 1243

11 1253

1⁺ ⑨ $497+288=785$이므로
$\square-396=785$입니다.
따라서 $\square=785+396$, $\square=1181$입니다.

단계	문제 해결 과정
①	$497+288$의 값을 구했나요?
②	□ 안에 알맞은 수를 구했나요?

2⁺ ⑨ 가장 큰 수는 573이고, 가장 작은 수는 189입니다.
따라서 가장 큰 수와 가장 작은 수의 합은
$573+189=762$입니다.

단계	문제 해결 과정
①	가장 큰 수와 가장 작은 수를 찾았나요?
②	가장 큰 수와 가장 작은 수의 합을 구했나요?

3

단계	문제 해결 과정
①	계산이 잘못된 까닭을 썼나요?
②	바르게 계산했나요?

4 ⑨ (어제 입장한 사람 수)+(오늘 입장한 사람 수)
$=527+635=1162$(명)
따라서 어제와 오늘 박물관에 입장한 사람은 모두 1162명입니다.

단계	문제 해결 과정
①	어제와 오늘 박물관에 입장한 사람 수를 구하는 식을 세웠나요?
②	어제와 오늘 박물관에 입장한 사람 수를 구했나요?

5 ⑨ $825<918$이므로 별빛 초등학교의 학생이
$918-825=93$(명) 더 많습니다.

단계	문제 해결 과정
①	두 학교 학생 수의 크기를 비교했나요?
②	어느 학교의 학생이 몇 명 더 많은지 구했나요?

6 ⑨ 일의 자리 수끼리의 합이 8이 되는 두 수는 346과 402, 575와 183입니다.
이 두 수의 합을 각각 계산하면 $346+402=748$, $575+183=758$입니다.
따라서 □ 안에 들어갈 두 수는 575와 183입니다.

단계	문제 해결 과정
①	일의 자리 수의 합이 8인 두 수를 찾았나요?
②	□ 안에 들어갈 두 수를 찾았나요?

7 ⑨ $437+165=602$이므로 $602>\square$입니다.
따라서 □ 안에 들어갈 수 있는 수 중에서 가장 큰 세 자리 수는 601입니다.

단계	문제 해결 과정
①	□의 범위를 구했나요?
②	□ 안에 들어갈 수 있는 수 중에서 가장 큰 세 자리 수를 구했나요?

8 ⑨ 일 모형 12개는 십 모형 1개, 일 모형 2개와 같으므로 수 모형이 나타내는 수는 362입니다.
따라서 362보다 128만큼 더 작은 수는
$362-128=234$입니다.

단계	문제 해결 과정
①	수 모형이 나타내는 수를 구했나요?
②	수 모형이 나타내는 수보다 128만큼 더 작은 수를 구했나요?

9 ⑨ 차가 가장 크게 되려면 가장 큰 수에서 가장 작은 수를 빼야 합니다.
가장 큰 수는 753이고, 가장 작은 수는 364이므로
$753-364=389$입니다.

단계	문제 해결 과정
①	차가 가장 크게 되려면 가장 큰 수에서 가장 작은 수를 빼야 한다는 것을 알았나요?
②	차가 가장 크게 되는 식을 만들고 계산했나요?

10 ⑨ 만들 수 있는 가장 큰 세 자리 수는 985이고, 가장 작은 세 자리 수는 258입니다.
따라서 두 수의 합은 $985+258=1243$입니다.

단계	문제 해결 과정
①	만들 수 있는 가장 큰 세 자리 수와 가장 작은 세 자리 수를 각각 구했나요?
②	두 수의 합을 구했나요?

11 ⓔ 어떤 수를 □라고 하면 □−397=459입니다.
□=459+397, □=856
따라서 바르게 계산하면 856+397=1253입니다.

단계	문제 해결 과정
①	어떤 수를 구했나요?
②	바르게 계산한 값을 구했나요?

단원 평가 Level ❶

6~8쪽

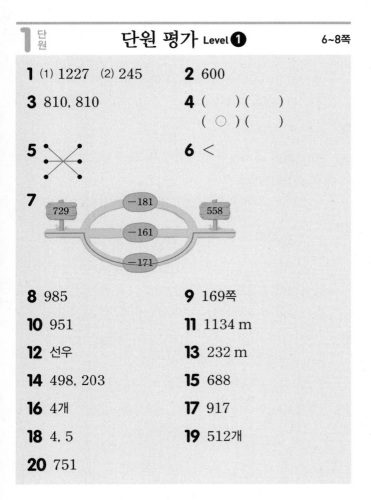

1 (1) 1227 (2) 245   **2** 600

3 810, 810   **4** ( ) ( )
(○) ( )

5

6 <

7

8 985   **9** 169쪽

10 951   **11** 1134 m

12 선우   **13** 232 m

14 498, 203   **15** 688

16 4개   **17** 917

18 4, 5   **19** 512개

20 751

1 (1)
```
  1 1
  8 2 8
+ 3 9 9
-------
1 2 2 7
```
(2)
```
  4 12 10
  5 3 1
- 2 8 6
-------
  2 4 5
```

2 6은 백의 자리 수 7에서 1을 십의 자리로 받아내림하고
남은 수이므로 600을 나타냅니다.

3 더해지는 수에 더한 2만큼 더하는 수에서 2를 빼면 계산
결과가 같아집니다.

4 384를 어림하면 400쯤이고, 273을 어림하면 300쯤이
므로 384+273을 어림하여 구하면 약 700입니다.

5 825−239=586, 259+317=576,
914−348=566

6 916−497=419, 285+137=422
➡ 419<422

7 729−□=558, □=729−558, □=171

8 100이 6개, 10이 5개, 1이 8개인 수는 658입니다.
➡ 658+327=985

9 (전체 쪽수)−(읽은 쪽수)=324−155=169(쪽)

10 742−574=168 ➡ ㉠=168
138+645=783 ➡ ㉡=783
따라서 ㉠+㉡=168+783=951입니다.

11 (지은이가 걸은 거리)
=(집에서 학교까지 걸은 거리)+(학교에서 집까지 걸은
거리)
=567+567=1134(m)

12 (민지가 한 줄넘기 수)=235+182=417(번)
(선우가 한 줄넘기 수)=194+248=442(번)
따라서 417<442이므로 줄넘기를 더 많이 한 사람은
선우입니다.

13 294<472<526이므로 채영이네 집에서 가장 가까운
곳은 병원이고 가장 먼 곳은 학교입니다.
따라서 가장 가까운 곳은 가장 먼 곳보다
526−294=232(m) 더 가깝습니다.

14 주어진 수를 몇백몇십쯤으로 어림하면 716 ➡ 720,
498 ➡ 500, 203 ➡ 200, 395 ➡ 400입니다.
따라서 차가 300에 가장 가까운 두 수는 498과 203입
니다.

15 만들 수 있는 가장 큰 세 자리 수는 953입니다.
따라서 953보다 265만큼 더 작은 수는
953−265=688입니다.

16 □가 6일 때 672−696은 계산할 수 없으므로 □ 안에
는 6보다 작은 수가 들어가야 합니다.
□=1일 때 672−196=476>467,
□=2일 때 672−296=376<467이므로 □ 안에
들어갈 수 있는 수는 2, 3, 4, 5입니다.
따라서 □ 안에 들어갈 수 있는 수는 모두 4개입니다.

17 $232 ★ 453 = 232 + 453 + 232$
$= 685 + 232 = 917$

18 일의 자리 계산: $■ + 7 = 11$, $■ = 11 - 7$, $■ = 4$
십의 자리 계산: $1 + 8 + ● = 14$, $● = 14 - 9$, $● = 5$

서술형
19 예) 지민이가 주운 밤은 $335 - 158 = 177$(개)입니다.
따라서 성준이와 지민이가 주운 밤은 모두
$335 + 177 = 512$(개)입니다.

평가 기준	배점(5점)
지민이가 주운 밤은 몇 개인지 구했나요?	2점
성준이와 지민이가 주운 밤은 모두 몇 개인지 구했나요?	3점

서술형
20 예) 찢어진 종이에 적힌 수를 □라고 하면
$□ - 294 = 457$이므로 $□ = 457 + 294$, $□ = 751$입니다.
따라서 찢어진 종이에 적힌 세 자리 수는 751입니다.

평가 기준	배점(5점)
찢어진 종이에 적힌 수를 □라고 하여 식을 세웠나요?	2점
찢어진 종이에 적힌 세 자리 수를 구했나요?	3점

1단원 **단원 평가 Level ❷** 9~11쪽

1 678

2 64, 71 / 700, 135, 835

3
$$\begin{array}{r} {\scriptstyle 4\ 13\ 10} \\ 5\ 4\ 0 \\ -\ 2\ 7\ 5 \\ \hline 2\ 6\ 5 \end{array}$$

4 (위에서부터) 1634, 699

5 862

6 ④

7 981

8 186

9 723 m

10 197, 379에 ○표

11 873, 478

12 1126명

13 247개

14 파란색 끈, 191 cm

15 (위에서부터) (1) 9, 3, 4 (2) 8, 5, 7

16 965

17 560

18 163

19 1233

20 세호, 39 킬로칼로리

1 $296 + 382 = 678$

2 300과 400을 더하고 64와 71을 더합니다.

---

3 십의 자리에서 일의 자리로 받아내림한 것을 빼지 않고 계산하였습니다.

4 $986 + 648 = 1634$, $986 - 287 = 699$

5 $487 + 375 = 862$

6 ① $726 - 254 = 472$ ② $910 - 442 = 468$
③ $804 - 391 = 413$ ④ $685 - 128 = 557$
⑤ $997 - 518 = 479$

7 삼각형 안에 적힌 수는 149와 832입니다.
➡ $149 + 832 = 981$

8 10이 11개이면 100이 1개, 10이 1개이므로
100이 4개, 10이 1개, 1이 2개인 수는 412입니다.
따라서 412보다 226만큼 더 작은 수는
$412 - 226 = 186$입니다.

9 $325 + 398 = 723$ (m)

10 일의 자리 수끼리의 합이 6인 두 수는 338과 248, 197과 379입니다.
➡ $338 + 248 = 586$(×), $197 + 379 = 576$(○)

11
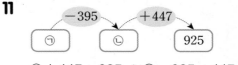

$ⓒ + 447 = 925$ ➡ $ⓒ = 925 - 447$, $ⓒ = 478$
$ⓐ - 395 = 478$ ➡ $ⓐ = 478 + 395$, $ⓐ = 873$

12 (민서네 학교의 여학생 수) $= 627 - 128 = 499$(명)
➡ (민서네 학교의 전체 학생 수)
$= 627 + 499 = 1126$(명)

13 (형석이가 딴 딸기 수) $= 905 - 276 - 382$
$= 629 - 382$
$= 247$(개)

14 (남은 빨간색 끈의 길이) $= 932 - 758 = 174$ (cm)
(남은 파란색 끈의 길이) $= 760 - 395 = 365$ (cm)
따라서 남은 끈의 길이는 파란색 끈이
$365 - 174 = 191$ (cm) 더 깁니다.

15 (1)
$$\begin{array}{r} 6\ ⓛ\ 8 \\ +\ ⓒ\ 5\ ⓐ \\ \hline 1\ 0\ 5\ 2 \end{array}$$

• 일의 자리 계산: $8 + ⓐ = 12$, $ⓐ = 12 - 8$, $ⓐ = 4$
• 십의 자리 계산: $1 + ⓛ + 5 = 15$, $ⓛ = 15 - 6$, $ⓛ = 9$
• 백의 자리 계산: $1 + 6 + ⓒ = 10$, $ⓒ = 10 - 7$, $ⓒ = 3$

(2)
$$\begin{array}{r} \textcircled{\small ㉢}\,7\,\textcircled{\small ㉠} \\ -\ 4\ 9\ 6 \\ \hline 3\ \textcircled{\small ㉡}\ 9 \end{array}$$

- 일의 자리 계산: $10+\text{㉠}-6=9$, $\text{㉠}=9-4$,
  $\text{㉠}=5$
- 십의 자리 계산: $10+7-1-9=\text{㉡}$, $\text{㉡}=7$
- 백의 자리 계산: $\text{㉢}-1-4=3$, $\text{㉢}=3+5$, $\text{㉢}=8$

16 어떤 수를 $\square$라고 하면 $\square-284=397$이므로
$\square=397+284$, $\square=681$입니다.
따라서 바르게 계산한 값은 $681+284=965$입니다.

17
$$\begin{array}{r} 7\ 2\ \textcircled{\small ㉠} \\ +\ \textcircled{\small ㉡}\ 6\ 8 \\ \hline 8\ 9\ 6 \end{array}$$

- 일의 자리 계산: $\text{㉠}+8=16$, $\text{㉠}=16-8$, $\text{㉠}=8$
- 십의 자리 계산: $1+2+6=9$
- 백의 자리 계산: $7+\text{㉡}=8$, $\text{㉡}=8-7$, $\text{㉡}=1$

따라서 두 수는 728, 168이므로 두 수의 차는
$728-168=560$입니다.

18 $576+182=758$이므로 $920-\square=758$이라고 하면
$\square=920-758$, $\square=162$입니다.
$758>920-\square$이려면 $\square$ 안에는 162보다 큰 수가 들어가야 합니다.
따라서 $\square$ 안에 들어갈 수 있는 가장 작은 세 자리 수는 163입니다.

서술형
19 ㉖ 만들 수 있는 가장 큰 세 자리 수는 875이고, 가장 작은 세 자리 수는 357, 둘째로 작은 세 자리 수는 358입니다.
따라서 만들 수 있는 가장 큰 수와 둘째로 작은 수의 합은 $875+358=1233$입니다.

평가 기준	배점(5점)
가장 큰 수와 둘째로 작은 수를 각각 구했나요?	2점
가장 큰 수와 둘째로 작은 수의 합을 구했나요?	3점

서술형
20 ㉖ (세나가 먹은 음식의 열량)
$=363+247+255=610+255=865$ (킬로칼로리)
(세호가 먹은 음식의 열량)
$=363+541=904$ (킬로칼로리)
따라서 세호가 먹은 음식의 열량이
$904-865=39$ (킬로칼로리) 더 많습니다.

평가 기준	배점(5점)
세나와 세호가 먹은 음식의 열량을 각각 구했나요?	2점
누가 먹은 음식의 열량이 몇 킬로칼로리 더 많은지 구했나요?	3점

2 평면도형

▣ 서술형 문제

12~15쪽

1⁺ ㉖ 각은 한 점에서 그은 두 반직선으로 이루어진 도형입니다. 주어진 도형은 두 반직선이 한 점에서 만나지 않으므로 각이 아닙니다.

2⁺ 5 cm

3 1개   **4** ㉡

5 7개   **6** 직각삼각형, 8개

7 12 cm   **8** 28 cm

9 12개   **10** 6개

11 12개

1⁺

단계	문제 해결 과정
①	각에 대하여 설명했나요?
②	각이 아닌 까닭을 썼나요?

2⁺ ㉖ 정사각형은 네 변의 길이가 모두 같으므로 한 변의 길이를 $\square$ cm라고 하면 $\square+\square+\square+\square=20$입니다.
$5+5+5+5=20$이므로 $\square=5$입니다.
따라서 정사각형의 한 변의 길이는 5 cm입니다.

단계	문제 해결 과정
①	정사각형은 네 변의 길이가 모두 같다는 것을 알고 있나요?
②	정사각형의 한 변의 길이를 구했나요?

3 ㉖

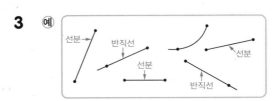

선분은 두 점을 곧게 이은 선이므로 3개이고, 반직선은 한 점에서 시작하여 한쪽으로 끝없이 늘인 곧은 선이므로 2개입니다.
따라서 선분은 반직선보다 1개 더 많습니다.

단계	문제 해결 과정
①	선분과 반직선이 각각 몇 개인지 구했나요?
②	선분은 반직선보다 몇 개 더 많은지 구했나요?

4 ㉖ ㉠ ⇒ 0개,   ㉡ ⇒ 5개,   ㉢ ⇒ 4개

따라서 각이 가장 많은 도형은 ⓒ입니다.

단계	문제 해결 과정
①	각 도형의 각의 수를 구했나요?
②	각이 가장 많은 도형을 찾아 기호를 썼나요?

5 ⟨예⟩ 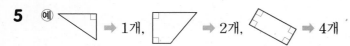 ➡ 1개, ➡ 2개, ➡ 4개

따라서 도형에서 찾을 수 있는 직각은 모두
$1+2+4=7$(개)입니다.

단계	문제 해결 과정
①	각 도형의 직각의 수를 구했나요?
②	도형에서 찾을 수 있는 직각은 모두 몇 개인지 구했나요?

6 ⟨예⟩ 색종이를 점선을 따라 잘랐을 때
생기는 도형은 한 각이 직각인 삼각형
입니다.
따라서 직각삼각형이 8개 생깁니다.

단계	문제 해결 과정
①	점선을 따라 자르면 어떤 도형이 생기는지 알았나요?
②	직각삼각형이 몇 개 생기는지 구했나요?

7 ⟨예⟩ 종이를 잘라서 만들 수 있는 가장 큰 정사각형은 한
변의 길이가 3 cm인 정사각형입니다.
따라서 만든 정사각형의 네 변의 길이의 합은
$3+3+3+3=12$ (cm)입니다.

단계	문제 해결 과정
①	만든 정사각형의 한 변의 길이를 구했나요?
②	만든 정사각형의 네 변의 길이의 합을 구했나요?

8 ⟨예⟩ 빨간색 선은 4 cm인 변 4개와 3 cm인 변 4개로 이
루어져 있습니다.
$4 \times 4 = 16$ (cm), $3 \times 4 = 12$ (cm)
따라서 빨간색 선의 길이는 $16+12=28$ (cm)입니다.

단계	문제 해결 과정
①	빨간색 선은 4 cm인 변과 3 cm인 변 각각 몇 개로 이루어져 있는지 구했나요?
②	빨간색 선의 길이는 몇 cm인지 구했나요?

9 ⟨예⟩ 한 점에서 시작하여 그을 수 있는 반직선은 3개입니다.
따라서 2개의 점을 이어 그을 수 있는 반직선은 모두
$3+3+3+3=12$(개)입니다.

단계	문제 해결 과정
①	한 점에서 시작하여 그을 수 있는 반직선은 몇 개인지 구했나요?
②	2개의 점을 이어 그을 수 있는 반직선은 모두 몇 개인지 구했나요?

10 ⟨예⟩

작은 각 1개짜리: ①, ②, ③ ➡ 3개
작은 각 2개짜리: ①＋②, ②＋③ ➡ 2개
작은 각 3개짜리: ①＋②＋③ ➡ 1개
따라서 도형에서 찾을 수 있는 크고 작은 각은 모두
$3+2+1=6$(개)입니다.

단계	문제 해결 과정
①	작은 각으로 이루어진 각의 수를 각각 구했나요?
②	크고 작은 각은 모두 몇 개인지 구했나요?

11 ⟨예⟩

작은 직사각형 1개짜리: ①, ②, ③, ④, ⑤ ➡ 5개
작은 직사각형 2개짜리: ①＋②, ③＋④, ④＋⑤,
　　　　　　　　　　　①＋④, ②＋⑤ ➡ 5개
작은 직사각형 3개짜리: ③＋④＋⑤ ➡ 1개
작은 직사각형 4개짜리: ①＋②＋④＋⑤ ➡ 1개
따라서 도형에서 찾을 수 있는 크고 작은 직사각형은 모
두 $5+5+1+1=12$(개)입니다.

단계	문제 해결 과정
①	작은 직사각형으로 이루어진 직사각형의 수를 각각 구했나요?
②	크고 작은 직사각형은 모두 몇 개인지 구했나요?

2 단원 **단원 평가** Level **①**　　16~18쪽

1 ⓒ　　　　　　　　**2** 각 ㄷㄹㅁ 또는 각 ㅁㄹㄷ

3 ③

4

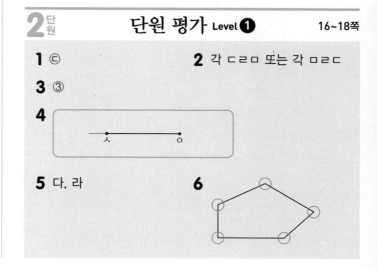

5 다, 라　　　　　　**6**

7 〈예〉

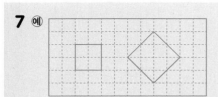

8 ③ **9** 직각삼각형

10 ④ **11** 다

12

13 6개

14 52 cm **15** 3시

16 8 **17** 4 cm

18 10개

19 틀렸습니다. /

〈예〉 반직선 ㄱㄴ은 점 ㄱ에서 시작하여 점 ㄴ을 지나고, 반직선 ㄴㄱ은 점 ㄴ에서 시작하여 점 ㄱ을 지납니다.

20 8개

---

1 ㉠ 선분 ㄱㄴ 또는 선분 ㄴㄱ

㉡ 반직선 ㄴㄱ

㉢ 직선 ㄱㄴ 또는 직선 ㄴㄱ

2 각의 꼭짓점 ㄹ이 가운데 오도록 읽습니다.

3 한 각이 직각인 삼각형을 찾습니다.

4 반직선 ㅇㅅ은 점 ㅇ에서 시작하여 점 ㅅ으로 끝없이 늘인 곧은 선입니다.

5 네 각이 모두 직각인 사각형을 찾으면 다, 라입니다.

6 각은 한 점에서 그은 두 반직선으로 이루어진 도형이므로 주어진 도형에서 각을 5개 찾을 수 있습니다.

7 네 각이 모두 직각이고 네 변의 길이가 모두 같은 사각형을 그립니다.

8 꼭짓점 ㄹ을 ③으로 옮기면 네 각이 모두 직각인 사각형이 됩니다.

9 세 개의 선분으로 둘러싸인 도형은 삼각형이고, 한 각이 직각인 삼각형을 직각삼각형이라고 합니다.

10 ④ 직사각형은 마주 보는 두 변의 길이가 같습니다.

---

11 가: 1개, 나: 0개, 다: 2개

12 삼각자의 직각인 부분을 대었을 때 꼭 맞게 겹쳐지는 각을 찾으면 모두 5개입니다.

13

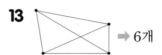 ➡ 6개

14 정사각형은 네 변의 길이가 모두 같으므로 네 변의 길이의 합은 13＋13＋13＋13＝52 (cm)입니다.

15 시계의 긴바늘이 12를 가리킬 때, 시계의 긴바늘과 짧은바늘이 이루는 작은 쪽의 각이 직각인 시각은 3시와 9시입니다.

이 중에서 12시와 5시 사이의 시각은 3시입니다.

16 직사각형은 마주 보는 두 변의 길이가 같으므로

□＋6＋□＋6＝28입니다.

□＋□＝16, □＝8

17 정사각형은 네 변의 길이가 모두 같으므로 정사각형을 만드는 데 사용한 철사의 길이는

9＋9＋9＋9＝36 (cm)입니다.

따라서 정사각형을 만들고 남은 철사의 길이는

40－36＝4 (cm)입니다.

18

작은 각 1개짜리: ①, ②, ③, ④ ➡ 4개

작은 각 2개짜리: ①＋②, ②＋③, ③＋④ ➡ 3개

작은 각 3개짜리: ①＋②＋③, ②＋③＋④ ➡ 2개

작은 각 4개짜리: ①＋②＋③＋④ ➡ 1개

따라서 도형에서 찾을 수 있는 크고 작은 각은 모두

4＋3＋2＋1＝10(개)입니다.

서술형
19

평가 기준	배점(5점)
태하의 설명이 틀린 것을 알았나요?	2점
태하의 설명이 틀린 까닭을 썼나요?	3점

서술형
20 〈예〉

작은 직각삼각형 1개짜리: ①, ②, ③, ④ ➡ 4개

작은 직각삼각형 2개짜리: ①＋②, ②＋③, ③＋④,

④＋① ➡ 4개

따라서 도형에서 찾을 수 있는 크고 작은 직각삼각형은

모두 4＋4＝8(개)입니다.

평가 기준	배점(5점)
작은 직각삼각형으로 이루어진 직각삼각형의 수를 각각 구했나요?	4점
크고 작은 직각삼각형은 모두 몇 개인지 구했나요?	1점

2단원 단원 평가 Level ❷ 19~21쪽

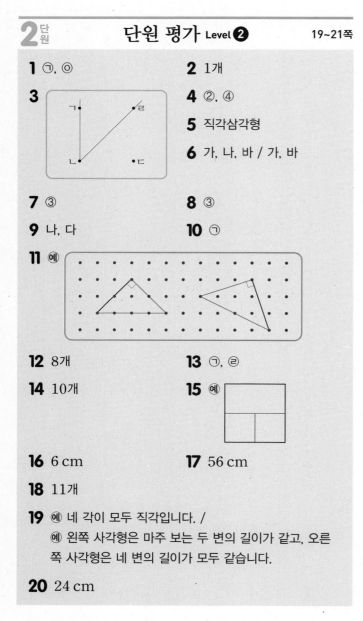

1 ㉠, ㉣

2 1개

3 (도형)

4 ②, ④

5 직각삼각형

6 가, 나, 바 / 가, 바

7 ③

8 ③

9 나, 다

10 ㉠

11 예 (도형)

12 8개

13 ㉠, ㉣

14 10개

15 예 (도형)

16 6 cm

17 56 cm

18 11개

19 예 네 각이 모두 직각입니다. /
예 왼쪽 사각형은 마주 보는 두 변의 길이가 같고, 오른쪽 사각형은 네 변의 길이가 모두 같습니다.

20 24 cm

1 선분을 양쪽으로 끝없이 늘인 곧은 선을 찾습니다.

2 선분: ㉢, ㉣, ㉧ ➡ 3개
반직선: ㉡, ㉥ ➡ 2개
따라서 선분은 반직선보다 1개 더 많습니다.

3 각 ㄱㄴㄹ은 점 ㄴ이 각의 꼭짓점이 되도록 그립니다.

4 한 점에서 그은 두 반직선으로 이루어진 도형을 각이라고 합니다.

5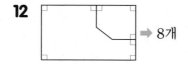

한 각이 직각인 삼각형인 직각삼각형이 됩니다.

6 직사각형은 네 각이 모두 직각인 사각형이고, 정사각형은 네 각이 모두 직각이고 네 변의 길이가 모두 같은 사각형입니다.

7 ① 1개 ② 2개 ③ 4개 ④ 0개 ⑤ 0개

9 한 각이 직각인 삼각형을 찾으면 나, 다입니다.

10 ㉡ 직사각형은 네 변의 길이가 항상 같지는 않으므로 정사각형이라고 할 수 없습니다.
㉢ 직사각형은 이웃하는 변의 길이가 항상 같지는 않습니다.

11 한 각이 직각이 되도록 삼각형을 완성합니다.

12  ➡ 8개

13

14 (도형) ➡ 10개

16 정사각형은 네 변의 길이가 모두 같으므로 한 변의 길이를 □ cm라고 하면 □+□+□+□=24입니다.
6+6+6+6=24이므로 □=6입니다.
따라서 정사각형의 한 변의 길이는 6 cm입니다.

17 빨간색 선은 7 cm인 변이 8개로 이루어져 있으므로 7×8=56 (cm)입니다.

주의 | 빨간색 선 짧은 변 2개를 이어 붙이면 7 cm가 됩니다.

18

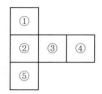

작은 정사각형 1개짜리: ①, ②, ③, ④, ⑤ ➡ 5개
작은 정사각형 2개짜리: ①+②, ②+⑤, ②+③,
③+④ ➡ 4개
작은 정사각형 3개짜리: ①+②+⑤, ②+③+④
➡ 2개
따라서 도형에서 찾을 수 있는 크고 작은 직사각형은 모
두 5+4+2=11(개)입니다.

^{서술형}
19

평가 기준	배점(5점)
두 사각형의 같은 점을 설명했나요?	2점
두 사각형의 다른 점을 설명했나요?	3점

^{서술형}
20 ⓔ 종이를 잘라서 만들 수 있는 가장 큰 정사각형은 한
변의 길이가 8 cm인 정사각형입니다.
따라서 만들고 남은 직사각형의 네 변의 길이의 합은
4+8+4+8=24 (cm)입니다.

평가 기준	배점(5점)
가장 큰 정사각형의 한 변의 길이를 구했나요?	2점
남은 직사각형의 네 변의 길이의 합을 구했나요?	3점

---

3 나눗셈

🔘 서술형 문제
22~25쪽

1⁺ ©, ⊙, ©		**2⁺** 9상자	
3 15÷5=3		**4** 나 상자	
5 6×5=30, 5×6=30 / 30÷5=6, 30÷6=5			
6 5개		**7** 5송이	
8 6		**9** 35, 56, 63	
10 6명		**11** 64개	

1⁺ ⓔ ⊙ 30÷□=5 ➡ 5×□=30, □=6
© 64÷□=8 ➡ 8×□=64, □=8
© 12÷□=3 ➡ 3×□=12, □=4
4<6<8이므로 □ 안에 알맞은 수가 작은 것부터 차례
로 기호를 쓰면 ©, ⊙, ©입니다.

단계	문제 해결 과정
①	□ 안에 알맞은 수를 각각 구했나요?
②	□ 안에 알맞은 수가 작은 것부터 차례로 기호를 썼나요?

2⁺ ⓔ 세 반에서 모은 헌 책은 모두
21+26+25=72(권)입니다.
따라서 헌 책을 담은 상자는 72÷8=9(상자)가 됩니다.

단계	문제 해결 과정
①	세 반에서 모은 헌 책의 수를 구했나요?
②	헌 책을 담은 상자의 수를 구했나요?

3 ⓔ 15-5-5-5=0은 15에서 5를 3번 빼면 0이 됩
니다. 이때 빼는 수 5가 나누는 수, 뺀 횟수 3이 몫이 됩
니다.
따라서 나눗셈식으로 나타내면 15÷5=3입니다.

단계	문제 해결 과정
①	뺄셈식을 보고 나누는 수와 몫을 각각 찾았나요?
②	①에서 찾은 나누는 수와 몫으로 나눗셈식을 만들었나요?

4 ⓔ 10개를 3곳에 똑같이 나누면 한 곳에 3개씩이고 1개
가 남습니다. 10개를 2곳에 똑같이 나누면 한 곳에 5개
씩입니다. 10개를 4곳에 똑같이 나누면 한 곳에 2개씩
이고 2개가 남습니다.

따라서 감자를 남김없이 똑같이 나누어 담을 수 있는 상자는 나 상자입니다.

단계	문제 해결 과정
①	감자의 수를 상자의 수로 나누었나요?
②	남김없이 똑같이 나누어 담을 수 있는 상자를 찾았나요?

5 ㉤ 곱셈식 $6 \times 5 = 30$과 $5 \times 6 = 30$을 만들 수 있습니다. 곱셈과 나눗셈의 관계를 이용하여 나눗셈식 $30 \div 5 = 6$과 $30 \div 6 = 5$를 만들 수 있습니다.

단계	문제 해결 과정
①	곱셈식을 2개 만들었나요?
②	나눗셈식을 2개 만들었나요?

6 ㉤ $54 \div 9 = 6$이므로 $6 > \square$입니다.
따라서 $\square$ 안에 들어갈 수 있는 수는 1, 2, 3, 4, 5로 모두 5개입니다.

단계	문제 해결 과정
①	$\square$ 안에 들어갈 수 있는 수의 범위를 구했나요?
②	$\square$ 안에 들어갈 수 있는 수는 모두 몇 개인지 구했나요?

7 ㉤ (꽃병 한 개에 꽂아야 하는 튤립 수)
$=$ (전체 튤립 수) $\div$ (나누어 꽂을 꽃병 수)
$= 15 \div 3 = 5$(송이)
따라서 꽃병 한 개에 튤립을 5송이씩 꽂아야 합니다.

단계	문제 해결 과정
①	꽃병 한 개에 꽂아야 하는 튤립 수를 구하는 식을 세웠나요?
②	꽃병 한 개에 꽂아야 하는 튤립 수를 구했나요?

8 ㉤ 어떤 수를 $\square$라고 하면 $\square \div 9 = 4$입니다.
$9 \times 4 = 36$이므로 $\square = 36$입니다.
따라서 어떤 수를 6으로 나눈 몫은 $36 \div 6 = 6$입니다.

단계	문제 해결 과정
①	어떤 수를 구했나요?
②	어떤 수를 6으로 나눈 몫을 구했나요?

9 ㉤ 만들 수 있는 두 자리 수는 35, 36, 53, 56, 63, 65입니다.
➡ $35 \div 7 = 5$, $56 \div 7 = 8$, $63 \div 7 = 9$
따라서 만든 두 자리 수 중에서 7로 나누어지는 수는 35, 56, 63입니다.

단계	문제 해결 과정
①	만들 수 있는 두 자리 수를 모두 구했나요?
②	만든 두 자리 수 중에서 7로 나누어지는 수를 모두 구했나요?

10 ㉤ 공책이 8권씩 3묶음 있으므로 공책은 모두 $8 \times 3 = 24$(권)입니다.
(나누어 줄 수 있는 사람 수)
$=$ (전체 공책 수) $\div$ (한 사람에게 나누어 줄 공책 수)
$= 24 \div 4 = 6$(명)
따라서 6명에게 나누어 줄 수 있습니다.

단계	문제 해결 과정
①	공책은 모두 몇 권인지 구했나요?
②	공책을 몇 명에게 나누어 줄 수 있는지 구했나요?

11 ㉤ (가로에 만들 수 있는 정사각형의 수)
$= 32 \div 4 = 8$(개)
(세로에 만들 수 있는 정사각형의 수)$= 32 \div 4 = 8$(개)
따라서 정사각형을 $8 \times 8 = 64$(개)까지 만들 수 있습니다.

단계	문제 해결 과정
①	가로와 세로에 만들 수 있는 정사각형의 수를 각각 구했나요?
②	정사각형을 몇 개까지 만들 수 있는지 구했나요?

3단원 단원 평가 Level ❶   26~28쪽

1 ㉡

2 $27 - 9 - 9 - 9 = 0$ / $27 \div 9 = 3$

3 (○) (○) (   )

4 ㉤ / 24, 3, 8

5 $6 \times 9 = 54$, $9 \times 6 = 54$

6 6

7 $24 \div 4 = 6$(또는 $24 \div 4$), 6개

8 5, 6

9 $9 \times 3 = 27$, $3 \times 9 = 27$ / $27 \div 9 = 3$, $27 \div 3 = 9$

10 ②, ④

11 $56 \div 8 = 7$ (또는 $56 \div 8$), 7칸

12 7, 3

13 9대

14 4개

15 6장

16 15

17 10그루

18 8

19 7장

20 9

---

1 ㉡ 30에서 5를 6번 빼면 0이 됩니다.

4 바둑돌 24개를 3개씩 묶으면 8묶음이 됩니다.
➡ $24 \div 3 = 8$

5 하나의 나눗셈식으로 2개의 곱셈식을 만들 수 있습니다.
$54 \div 6 = 9$ $54 \div 6 = 9$
$6 \times 9 = 54$ $9 \times 6 = 54$

6 $\boxed{6} \times 7 = 42 \Longleftrightarrow 42 \div 7 = \boxed{6}$

7
사탕 24개를 4상자에 똑같이 나누어 담으려면 한 상자에 6개씩 담아야 합니다.
➡ $24 \div 4 = 6$

9 구슬이 9개씩 3줄 있습니다.
➡ $9 \times 3 = 27$ ⟨ $27 \div 9 = 3$
$27 \div 3 = 9$

10 ① $64 \div 8 = 8$ ② $45 \div 9 = 5$ ③ $36 \div 6 = 6$
④ $35 \div 7 = 5$ ⑤ $49 \div 7 = 7$
따라서 나눗셈의 몫이 6보다 작은 것은 ②, ④입니다.

11 책 56권을 8권씩 묶으면 7묶음이 됩니다.
➡ $56 \div 8 = 7$

12 야구공이 7개씩 3줄 있으므로 $7 \times 3 = 21$(개)입니다.
3상자에 담으면 한 상자에 $21 \div 3 = 7$(개)씩 담을 수 있고, 7상자에 담으면 한 상자에 $21 \div 7 = 3$(개)씩 담을 수 있습니다.

13 자동차 한 대의 바퀴는 4개입니다.
➡ (자동차 수)$= 36 \div 4 = 9$(대)

14 $40 \div 8 = 5$이므로 $5 < \square$입니다.
따라서 □ 안에 들어갈 수 있는 수는 6, 7, 8, 9로 모두 4개입니다.

15 (전체 색종이 수)$= 27 + 27 = 54$(장)
따라서 색종이 54장을 9명에게 똑같이 나누어 주면 한 명에게 $54 \div 9 = 6$(장)씩 줄 수 있습니다.

16

×	2	3	4	○		7
					12	14
△						21
	4	8	12	20	24	28
	5	10	15	20	25	30	35
	6	12	18	24	30	36	42

□의 아래가 20이고 왼쪽 끝은 4이므로 $20 \div 4 = 5$입니다. ➡ ○$= 5$
□의 오른쪽에 21이 있고 맨 위는 7이므로 $21 \div 7 = 3$입니다. ➡ △$= 3$
□는 △와 ○가 만나는 칸, 즉 3과 5가 만나는 칸이므로 $3 \times 5 = 15$입니다.

17 (간격 수)$= 36 \div 4 = 9$(군데)
➡ (필요한 나무 수)$= 9 + 1 = 10$(그루)

18 3단 곱셈구구에서 곱이 1□인 수를 찾으면
$3 \times 4 = 12$, $3 \times 5 = 15$, $3 \times 6 = 18$이므로 몫이 될 수 있는 수는 4, 5, 6입니다.
따라서 몫이 가장 클 때는 6이므로 □$= 8$입니다.

서술형
19 ⑩ (동생에게 주고 남은 색종이 수)
$= 33 - 5 = 28$(장)
➡ (친구 한 명에게 줄 색종이 수)$= 28 \div 4 = 7$(장)

평가 기준	배점(5점)
동생에게 주고 남은 색종이 수를 구했나요?	2점
색종이를 친구 한 명에게 몇 장씩 주면 되는지 구했나요?	3점

서술형
20 ⑩ 어떤 수를 □라고 하면 □$\div 3 = 6$입니다.
➡ $3 \times 6 = \square$, □$= 18$
따라서 바르게 계산하면 $18 \div 2 = 9$입니다.

평가 기준	배점(5점)
어떤 수를 구했나요?	3점
바르게 계산한 몫을 구했나요?	2점

3단원 단원 평가 Level ❷

29~31쪽

1 2, 6

2 $8 \times 6 = 48$

3 ( ) (○)

4 (○)
( )

5 $54 \div 9 = 6$, $54 \div 6 = 9$

6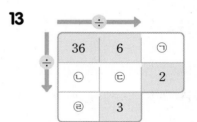

7 <

8 (1) $18 \div 3 = 6$ (2) $3 \times 6 = 18$, $6 \times 3 = 18$

9 $56 \div \square = 8$, 7

10 9

11 5개

12 6명

13 (위에서부터) 6 / 4, 2 / 9

14 ㉣

15 5, 7 / 7, 5

16 27, 36, 63, 72

17 3개

18 64

19 28개

20 윤서네 모둠

1 밤 12개를 2개의 접시에 똑같이 나누어 담으면 접시 한 개에 밤이 6개씩입니다.
➡ $12 \div 2 = 6$

2 나누는 수가 8이므로 필요한 곱셈식은 8단 곱셈구구 중에서 곱이 48인 곱셈식입니다.
➡ $8 \times 6 = 48$

3 2칸짜리 상자에는 도넛을 똑같이 나누어 담을 수 없습니다. 9개를 2곳에 똑같이 나누면 한 곳에 4개씩이고 1개가 남습니다.
3칸짜리 상자에는 도넛을 3개씩 똑같이 나누어 담을 수 있습니다.

4 $30 \div 6 = 5$
➡ 30에서 6을 5번 빼면 0이 됩니다.
➡ $30 - 6 - 6 - 6 - 6 - 6 = 0$
              5번

5 $9 \times 6 = 54$ $9 \times 6 = 54$
   $54 \div 9 = 6$ $54 \div 6 = 9$

6 $36 \div 9 = 4$, $14 \div 2 = 7$, $27 \div 3 = 9$
   $49 \div 7 = 7$, $20 \div 5 = 4$, $72 \div 8 = 9$

7 $42 \div 7 = 6$, $35 \div 5 = 7$
➡ $6 < 7$

8 (2) $\blacksquare \div \bullet = \blacktriangle$ ⟨ $\bullet \times \blacktriangle = \blacksquare$
$\blacktriangle \times \bullet = \blacksquare$

9 어떤 수를 $\square$라고 하면 $56 \div \square = 8$입니다.
$8 \times \square = 56$, $\square = 7$

10 $32 \div 4 = 8$이므로 $72 \div \square = 8$입니다.
$8 \times \square = 72$, $\square = 9$

11 $20 \div 4 = 5$(개)

12 (전체 사탕 수) $= 12 + 12 + 12 + 12 = 48$(개)
➡ (나누어 줄 수 있는 사람 수) $= 48 \div 8 = 6$(명)

13

÷		
36	6	㉠
㉡	㉢	2
㉣	3	

$36 \div 6 = ㉠$, $㉠ = 6$
$6 \div ㉢ = 3$ ➡ $3 \times ㉢ = 6$, $㉢ = 2$
$㉡ \div 2 = 2$ ➡ $2 \times 2 = ㉡$, $㉡ = 4$
$36 \div 4 = ㉣$, $㉣ = 9$

14 ㉠ $63 \div \square = 9$ ➡ $9 \times \square = 63$, $\square = 7$
㉡ $\square \div 2 = 4$ ➡ $4 \times 2 = \square$, $\square = 8$
㉢ $35 \div 7 = \square$, $\square = 5$
㉣ $45 \div \square = 5$ ➡ $5 \times \square = 45$, $\square = 9$

15 곱셈구구에서 곱이 35인 곱셈식을 찾으면 $5 \times 7 = 35$입니다.
따라서 귤을 5개씩 담으면 $35 \div 5 = 7$(봉지)에 담을 수 있고, 7개씩 담으면 $35 \div 7 = 5$(봉지)에 담을 수 있습니다.

16 만들 수 있는 두 자리 수는 23, 26, 27, 32, 36, 37, 62, 63, 67, 72, 73, 76입니다.
이 중에서 9단 곱셈구구의 곱이 되는 수는 $9 \times 3 = 27$, $9 \times 4 = 36$, $9 \times 7 = 63$, $9 \times 8 = 72$입니다.
따라서 9로 나누어지는 수는 27, 36, 63, 72입니다.

17 (정민이가 어머니께 받은 곶감의 수)＝18÷2＝9(개)
(정민이가 하루에 먹어야 하는 곶감의 수)
　＝9÷3＝3(개)

18 어떤 수를 □라고 하면 □÷8＝△이고 △÷4＝2입니다.
2×4＝△, △＝8
따라서 □÷8＝8이므로 8×8＝□, □＝64입니다.

서술형
19 ⑨ (가로에 만들 수 있는 정사각형의 수)
　＝56÷8＝7(개)
(세로에 만들 수 있는 정사각형의 수)＝32÷8＝4(개)
따라서 정사각형을 7×4＝28(개)까지 만들 수 있습니다.

평가 기준	배점(5점)
가로와 세로에 만들 수 있는 정사각형의 수를 각각 구했나요?	3점
정사각형을 몇 개까지 만들 수 있는지 구했나요?	2점

서술형
20 ⑨ (윤서네 모둠에서 한 명이 먹은 사탕의 수)
　＝28÷4＝7(개)
(민호네 모둠에서 한 명이 먹은 사탕의 수)
　＝30÷5＝6(개)
7＞6이므로 한 명이 먹은 사탕이 더 많은 모둠은 윤서네 모둠입니다.

평가 기준	배점(5점)
윤서네 모둠과 민호네 모둠에서 한 명이 먹은 사탕의 수를 각각 구했나요?	3점
한 명이 먹은 사탕이 더 많은 모둠을 구했나요?	2점

4 곱셈

● 서술형 문제

1⁺ 1, 2	**2⁺** 486

3 ⑨ 십의 자리를 계산할 때 일의 자리 계산에서
올림한 수를 더하지 않고 계산하였습니다. /
$$\begin{array}{r} 1 \\ 1\,3 \\ \times\quad 4 \\ \hline 5\,2 \end{array}$$

4 126	**5** 581번
6 ㉡	**7** 182개
8 270장	**9** 7
10 282명	**11** 234

1⁺ ⑨ 49×3＝147이므로 57×□＜147입니다.
□＝1일 때, 57×1＝57 ➡ 57＜147
□＝2일 때, 57×2＝114 ➡ 114＜147
□＝3일 때, 57×3＝171 ➡ 171＞147
따라서 □ 안에 들어갈 수 있는 수는 1, 2입니다.

단계	문제 해결 과정
①	49×3을 계산했나요?
②	□ 안에 들어갈 수 있는 수를 모두 구했나요?

2⁺ ⑨ 어떤 수를 □라고 하면 □＋9＝63입니다.
□＝63－9, □＝54이므로 어떤 수는 54입니다.
따라서 바르게 계산하면 54×9＝486입니다.

단계	문제 해결 과정
①	어떤 수를 구했나요?
②	바르게 계산한 값을 구했나요?

3

단계	문제 해결 과정
①	계산이 잘못된 까닭을 썼나요?
②	바르게 계산했나요?

4 ⑨ 가장 큰 수는 21이고, 가장 작은 수는 6입니다.
따라서 가장 큰 수와 가장 작은 수의 곱은
21×6＝126입니다.

단계	문제 해결 과정
①	가장 큰 수와 가장 작은 수를 찾았나요?
②	가장 큰 수와 가장 작은 수의 곱을 구했나요?

5 ㉠ 일주일은 7일입니다.

(일주일 동안 한 줄넘기 수)

＝(하루에 한 줄넘기 수)×(줄넘기를 한 날수)

＝$83×7=581$(번)

따라서 정민이가 일주일 동안 한 줄넘기는 581번입니다.

단계	문제 해결 과정
①	정민이가 일주일 동안 한 줄넘기 수를 구하는 식을 세웠나요?
②	정민이가 일주일 동안 한 줄넘기 수를 구했나요?

6 ㉠ 곱해지는 수를 각각 몇십쯤으로 어림하여 구하면

㉠ $30×3=90$ ➡ $28×3$은 90보다 작습니다.

㉡ $20×5=100$ ➡ $21×5$는 100보다 큽니다.

㉢ $50×2=100$ ➡ $48×2$는 100보다 작습니다.

따라서 어림하여 구한 결과가 100보다 큰 것은 ㉡입니다.

단계	문제 해결 과정
①	곱해지는 수를 몇십쯤으로 어림하여 구했나요?
②	어림하여 구한 결과가 100보다 큰 것을 찾아 기호를 썼나요?

7 ㉠ (두발자전거 바퀴 수)＝$49×2=98$(개)

(세발자전거 바퀴 수)＝$28×3=84$(개)

따라서 자전거 바퀴는 모두 $98+84=182$(개)입니다.

단계	문제 해결 과정
①	두발자전거와 세발자전거 바퀴 수를 각각 구했나요?
②	자전거 바퀴는 모두 몇 개인지 구했나요?

8 ㉠ (한 상자에 들어 있는 색종이 수)

＝(한 봉지에 들어 있는 색종이 수)×(봉지 수)

＝$18×3=54$(장)

(5상자에 들어 있는 색종이 수)

＝(한 상자에 들어 있는 색종이 수)×(상자 수)

＝$54×5=270$(장)

단계	문제 해결 과정
①	한 상자에 들어 있는 색종이 수를 구했나요?
②	5상자에 들어 있는 색종이 수를 구했나요?

9 ㉠ 일의 자리 계산에서 $6×\square$의 일의 자리 수가 2이므로 □ 안에 들어갈 수 있는 수는 2, 7입니다.

$36×2=72$, $36×7=252$이므로 □ 안에 알맞은 수는 7입니다.

단계	문제 해결 과정
①	$6×\square$의 일의 자리 수가 2가 되는 □를 구했나요?
②	□ 안에 알맞은 수를 구했나요?

10 ㉠ 마지막 의자를 뺀 의자에 앉아 있는 사람은 $31×9=279$(명)입니다.

따라서 의자에 앉아 있는 사람은 모두 $279+3=282$(명)입니다.

단계	문제 해결 과정
①	마지막 의자를 뺀 의자에 앉아 있는 사람 수를 구했나요?
②	의자에 앉아 있는 사람은 모두 몇 명인지 구했나요?

11 ㉠ 수 카드의 수를 큰 수부터 차례로 쓰면 8, 7, 3입니다. ㉠㉡×㉢에서 두 번 곱해지는 ㉢에 가장 작은 수 3을 놓고, 그 다음 작은 수 7을 ㉠에, 나머지를 ㉡에 놓습니다.

따라서 가장 작은 곱은 $78×3=234$입니다.

단계	문제 해결 과정
①	곱이 작게 되는 방법을 알았나요?
②	만들 수 있는 곱셈식 중에서 가장 작은 곱을 구했나요?

4단원 **단원 평가 Level ❶** 36~38쪽

1 50, 3, 150 **2** 287

3 (1) $40×5$에 ○표 (2) $60×6$에 ○표

4 95, 114, 133

5

6 (위에서부터) 360, 90 **7** (1) $<$ (2) $>$

8 180 **9** ＝$45×4+45$ ＝$180+45=225$

10 6개 **11** 217개

12 ㉡ **13** 291

14 8줄 **15** (위에서부터) 9, 2, 3

16 9 **17** 3

18 81 **19** 98 m

20 준수, 22쪽

2

$$\begin{array}{r} 4\ 1 \\ \times\quad 7 \\ \hline 2\ 8\ 7 \end{array}$$

3 (1) 39를 어림하면 40쯤이므로 $40×5$로 어림할 수 있습니다.

(2) 61을 어림하면 60쯤이므로 60×6으로 어림할 수 있습니다.

4 곱하는 수가 1씩 커질 때마다 곱은 19씩 커집니다.

5 37×4=148, 46×3=138, 24×5=120

6 8=2×4이므로 45×8은 45에 2를 곱한 후 4를 곱한 값과 같습니다.

7 (1) 43×4=172, 29×6=174 ➡ 172<174
(2) 24×8=192, 25×7=175 ➡ 192>175

8 눈금 한 칸이 36이므로 눈금 5칸의 길이는
36×5=180입니다.

10 ㉠ 37×2=74 ㉡ 27×3=81
따라서 ㉠과 ㉡ 사이에 있는 두 자리 수는 75, 76, 77, 78, 79, 80으로 모두 6개입니다.

11 5월은 31일까지 있습니다.
(성준이가 먹은 아몬드 수)
=(하루에 먹은 아몬드 수)×(날수)
=7×31=31×7=217(개)

12 36×4=144
㉠ 12×6=72 ㉡ 18×8=144 ㉢ 14×9=126

13 만들 수 있는 가장 큰 두 자리 수는 97입니다.
➡ 97×3=291

14 구슬이 24개씩 6줄로 놓여 있으므로 구슬은 모두
24×6=144(개)입니다.
한 줄에 18개씩 놓을 때 □줄이 된다고 하면
18×□=144입니다.
일의 자리 계산에서 8×□의 일의 자리 수가 4이므로
□는 3 또는 8입니다.
18×3=54, 18×8=144이므로 □=8입니다.
따라서 구슬을 한 줄에 18개씩 놓으면 8줄이 됩니다.

15
```
      7 ㉠
  ×     3
  ㉡ ㉢ 7
```
• 일의 자리 계산: ㉠×3의 일의 자리 수가 7이므로 ㉠은 9입니다.
• 십의 자리 계산: 7×3=21이고 일의 자리 계산에서 올림한 2를 더하면 21+2=23이므로 ㉡=2, ㉢=3입니다.

16 46×7=322, 46×8=368, 46×9=414, …에서 400에 가장 가까운 수는 414입니다.
따라서 □ 안에 알맞은 수는 9입니다.

17 35×5=175입니다.
□=1일 때, 14×7=98 ➡ 175>98
□=2일 때, 24×7=168 ➡ 175>168
□=3일 때, 34×7=238 ➡ 175<238
따라서 □ 안에 들어갈 수 있는 수는 1, 2이므로 그 합은 1+2=3입니다.

18 어떤 두 자리 수를 ㉠㉡이라고 하면 ㉡㉠×3=216입니다.
㉠×3의 일의 자리 수가 6이므로 ㉠=2입니다.
㉡2×3=216에서 ㉡×3=21이므로 ㉡=7입니다.
따라서 처음 두 자리 수는 27이므로 27×3=81입니다.

서술형
19 예 가로등 8개를 세울 때 가로등 사이의 간격은 7군데입니다.
(도로의 길이)=(가로등 사이의 간격)×(간격 수)
=14×7=98 (m)
따라서 도로의 길이는 98 m입니다.

평가 기준	배점(5점)
가로등 사이의 간격은 몇 군데인지 구했나요?	2점
도로의 길이는 몇 m인지 구했나요?	3점

서술형
20 예 (윤성이가 읽은 동화책 쪽수)=42×4=168(쪽)
(준수가 읽은 동화책 쪽수)=38×5=190(쪽)
따라서 동화책을 준수가 190-168=22(쪽) 더 많이 읽었습니다.

평가 기준	배점(5점)
윤성이와 준수가 읽은 동화책 쪽수를 각각 구했나요?	3점
동화책을 누가 몇 쪽 더 많이 읽었는지 구했나요?	2점

4단원 단원 평가 Level ❷ 39~41쪽

1 (1) 156 (2) 504 **2** ④

3 10 **4** 128, 256

5 36, 72 **6**

7 45×2=90(또는 45×2), 90개

8 (위에서부터) 72, 270, 90, 216

9 342개

10 535

11 ③

12 130개

13 6

14 6

15 15개

16 350

17 7, 8, 9

18 7, 2, 9, 648

19 182쪽

20 145 cm

---

1 (2)
$$\begin{array}{r} \overset{2}{8}\,4 \\ \times \quad 6 \\ \hline 5\,0\,4 \end{array}$$

2 ①, ②, ③, ⑤ 180
④ 140

3 $7 \times 2 = 14$에서 10을 십의 자리로 올림하여 쓴 것이므로 10을 나타냅니다.

4 곱해지는 수가 2배가 되면 곱도 2배가 됩니다.

5 $12 \times 3 = 36$, $36 \times 2 = 72$

6 $35 \times 3 = 105$, $16 \times 5 = 80$, $24 \times 4 = 96$
$12 \times 8 = 96$, $15 \times 7 = 105$, $40 \times 2 = 80$

8 $18 \times 4 = 72$, $5 \times 54 = 54 \times 5 = 270$,
$18 \times 5 = 90$, $4 \times 54 = 54 \times 4 = 216$

9 $57 \times 6 = 342$(개)

10 $37 \times 7 = 259$, $92 \times 3 = 276$
➡ $259 + 276 = 535$

11 ① 108 ② 100 ③ 96 ④ 102 ⑤ 116
$116 > 108 > 102 > 100 > 96$

12 (민지가 5일 동안 먹은 땅콩 수)$= 14 \times 5 = 70$(개)
(수연이가 5일 동안 먹은 땅콩 수)$= 12 \times 5 = 60$(개)
➡ (두 사람이 5일 동안 먹은 땅콩 수)
$= 70 + 60 = 130$(개)
다른 풀이 | (민지와 수연이가 하루에 먹은 땅콩 수)
$= 14 + 12 = 26$(개)
➡ (두 사람이 5일 동안 먹은 땅콩 수)
$= 26 \times 5 = 130$(개)

13
$$\begin{array}{r} \square\,4 \\ \times \quad 8 \\ \hline 5\,1\,2 \end{array}$$
$4 \times 8 = 32$이므로 $\square \times 8 + 3 = 51$,
$\square \times 8 = 48$, $\square = 6$

14 $42 \times 3 = 126$이므로 $21 \times \square = 126$입니다.
$21 \times \square = 126$에서 $\square = 6$입니다.
참고 | $21 \times 6 = 126$
$42 \times 3 = 126$

15 (판 쿠키 수)$= 25 \times 9 = 225$(개)
➡ (남은 쿠키 수)$= 240 - 225 = 15$(개)

16 어떤 수를 $\square$라고 하여 잘못 계산한 식을 세우면
$\square - 7 = 43$입니다.
$\square = 43 + 7$, $\square = 50$이므로 어떤 수는 50입니다.
따라서 바르게 계산하면 $50 \times 7 = 350$입니다.

17 $16 \times 1 = 16$, $16 \times 2 = 32$, ..., $16 \times 5 = 80$,
$16 \times 6 = 96$, $16 \times 7 = 112$
따라서 $\square$ 안에 들어갈 수 있는 수는 6보다 큰 수인 7, 8, 9입니다.

18 $㉠㉡ \times ㉢$에서 두 번 곱해지는 ㉢에 가장 큰 수 9를 놓고, 그 다음 큰 수 7을 ㉠에, 나머지를 ㉡에 놓습니다.
따라서 곱이 가장 큰 곱셈식은 $72 \times 9 = 648$입니다.

서술형
19 예 일주일은 7일입니다.
(일주일 동안 읽은 동화책 쪽수)$= 26 \times 7 = 182$(쪽)
따라서 예린이가 일주일 동안 읽은 동화책은 모두 182쪽입니다.

평가 기준	배점(5점)
예린이가 일주일 동안 읽은 동화책 쪽수를 구하는 식을 세웠나요?	2점
예린이가 일주일 동안 읽은 동화책 쪽수를 구했나요?	3점

서술형
20 예 (색 테이프 4장의 길이의 합)
$= 40 \times 4 = 160$ (cm)
(겹쳐진 부분의 길이의 합)$= 5 \times 3 = 15$ (cm)
따라서 이어 붙인 색 테이프의 전체 길이는
$160 - 15 = 145$ (cm)입니다.

평가 기준	배점(5점)
색 테이프 4장의 길이의 합을 구했나요?	2점
이어 붙인 색 테이프의 전체 길이를 구했나요?	3점

5 길이와 시간

서술형 문제

1⁺ 13 cm 5 mm	**2⁺** 1시간 45분

3 ㉠ / 예 학교 운동장 긴 쪽의 길이는 약 150 m입니다.

4 예 약 3 km	**5** 서준
6 은행	**7** ㉢, ㉡, ㉣, ㉠
8 4시 5분 45초	**9** 4시간 25분
10 12시간 52분 17초	**11** 오후 9시 45분

1⁺ 예 1 cm=10 mm입니다.
135 mm=130 mm+5 mm
$\quad\quad\quad$=13 cm+5 mm
$\quad\quad\quad$=13 cm 5 mm
따라서 색연필의 길이는 13 cm 5 mm입니다.

단계	문제 해결 과정
①	1 cm=10 mm임을 알고 있나요?
②	색연필의 길이는 몇 cm 몇 mm인지 구했나요?

2⁺ 예 오후 1시 35분은 13시 35분입니다.
(축구 경기를 한 시간)
=(축구 경기가 끝난 시각)-(축구 경기가 시작한 시각)
=13시 35분-11시 50분
=1시간 45분

단계	문제 해결 과정
①	축구 경기를 한 시간을 구하는 식을 세웠나요?
②	축구 경기를 한 시간을 구했나요?

3

단계	문제 해결 과정
①	단위를 잘못 쓴 문장을 찾아 기호를 썼나요?
②	단위를 잘못 쓴 문장을 바르게 고쳤나요?

4 예 집에서 수영장까지의 거리는 집에서 도서관까지의 거리의 2배쯤 됩니다.
따라서 집에서 도서관까지의 거리는 약 3 km입니다.

단계	문제 해결 과정
①	집에서 수영장까지의 거리와 도서관까지의 거리를 비교했나요?
②	집에서 도서관까지의 거리는 약 몇 km인지 바르게 어림했나요?

5 예 1분은 60초이므로 유성이가 책상 정리를 한 시간은
9분 32초=540초+32초=572초입니다.
따라서 572초<581초이므로 책상 정리를 더 오래 한 사람은 서준입니다.

단계	문제 해결 과정
①	유성이가 책상 정리를 한 시간은 몇 초인지 구했나요?
②	책상 정리를 더 오래 한 사람은 누구인지 구했나요?

6 예 2760 m=2 km 760 m입니다. 따라서
2 km 760 m>2 km 428 m>1 km 975 m이므로 민호네 집에서 가장 먼 곳은 은행입니다.

단계	문제 해결 과정
①	민호네 집에서 은행까지의 거리를 몇 km 몇 m로 나타냈나요?
②	민호네 집에서 가장 먼 곳은 어디인지 구했나요?

7 예 ㉠ 3 cm 5 mm=35 mm,
㉣ 30 cm 4 mm=304 mm입니다.
따라서 350 mm>305 mm>304 mm>35 mm
이므로 길이가 긴 것부터 차례로 기호를 쓰면
㉢, ㉡, ㉣, ㉠입니다.

단계	문제 해결 과정
①	단위를 mm로 바꿔서 비교했나요?
②	길이가 긴 것부터 차례로 기호를 썼나요?

8 예 은찬이가 피아노 연습을 시작한 시각은 2시 50분 5초입니다.
2시 50분 5초+1시간 15분 40초=4시 5분 45초
따라서 은찬이가 피아노 연습을 끝낸 시각은
4시 5분 45초입니다.

단계	문제 해결 과정
①	은찬이가 피아노 연습을 시작한 시각을 구했나요?
②	은찬이가 피아노 연습을 끝낸 시각을 구했나요?

9 예 오후 3시 45분은 15시 45분입니다.
15시 45분-11시 20분=4시간 25분
따라서 수환이가 놀이공원에 있었던 시간은 4시간 25분입니다.

단계	문제 해결 과정
①	오후 3시 45분을 15시 45분으로 나타냈나요?
②	수환이가 놀이공원에 있었던 시간을 구했나요?

참고 | 오후 ●시=(●+12)시

10 예 오후 7시 14분 35초는 19시 14분 35초입니다.
낮의 길이는 해가 진 시각에서 해가 뜬 시각을 **빼면** 되므로
(낮의 길이)=19시 14분 35초-6시 22분 18초
=12시간 52분 17초입니다.

단계	문제 해결 과정
①	낮의 길이를 구하는 식을 세웠나요?
②	낮의 길이를 구했나요?

11 예 하루에 10분이 늦어지므로 12시간 동안에는 5분이 늦어집니다.
따라서 다음 날 오후 10시까지는 10+5=15(분)이 늦어지므로 이때 시계가 가리키는 시각은
오후 10시-15분=오후 9시 45분입니다.

단계	문제 해결 과정
①	오늘 오전 10시부터 다음 날 오후 10시까지 이 시계가 늦어지는 시간을 구했나요?
②	다음 날 오후 10시에 이 시계가 가리키는 시각은 오후 몇 시 몇 분인지 구했나요?

5단원 단원 평가 Level ❶   46~48쪽

1 2 km 870 m, 2 킬로미터 870 미터

2 예 |━━━━━━━━ - - - - - - - - -

3 ㉡, ㉢

4 5 cm 8 mm

5 (시계 그림)

6 (1) 270 (2) 5, 20

7 ④

8 5시간 7분 39초

9 ㉢

10 은성 / 우리 아빠 키는 약 175 cm야.

11 ④

12 (시계 그림)

13 영하

14 ㉡

15 (위에서부터) 12, 55, 30

16 23 cm 3 mm

17 2시간 22분 54초

18 오전 8시 57분 50초

19 128 cm 8 mm

20 2시간 45분 37초

---

1 2 km보다 870 m 더 긴 길이는 2 km 870 m라 쓰고 2 킬로미터 870 미터라고 읽습니다.

2 2 cm보다 7 mm만큼 더 긴 길이를 그어 봅니다.

4 눈금이 0에서 시작하지 않을 때는 눈금의 수를 세어 구합니다. 숫자 눈금이 6에서 11로 5칸, 작은 눈금이 8칸이므로 못의 길이는 5 cm 8 mm입니다.

5 디지털 시계가 나타내는 시각은 3시 25분 8초입니다.
초침이 1을 가리키면 5초를 나타내므로 1에서 작은 눈금으로 3칸 더 간 곳을 가리키도록 그립니다.

6 (1) 4분 30초=240초+30초=270초
(2) 320초=300초+20초=5분 20초

7 ④ 동화책 한 권을 읽는 시간은 15초가 아닌 15분이 알맞습니다.

8
```
        44     60
   8시   45분  30초
 - 3시   37분  51초
   5시간   7분  39초
```

9 ㉢ 4 km 73 m=4000 m+73 m=4073 m

11 ② 7 cm 5 mm=75 mm
③ 8 cm 1 mm=81 mm
따라서 86 mm>81 mm>75 mm>69 mm>48 mm이므로 길이가 가장 긴 것은 ④입니다.

12 1시 32분 45초에서 15초 뒤의 시각은 1시 33분입니다.
시침: 1과 2 사이
분침: 6(30분)에서 작은 눈금으로 3칸 더 간 곳
초침: 12

13 1 km 306 m=1306 m
따라서 1306 m>1027 m>978 m이므로 학교에서 집이 가장 먼 친구는 영하입니다.

14 ㉠ 11분 28초-3분 49초=7분 39초
㉡ 2분 17초+6분 35초=8분 52초

15
```
    ㉢시간  20분  ㉠초
 -  4 시간  ㉡분  46초
    7 시간  50분   9초
```
초 단위의 계산: ㉠-46=9, ㉠=9+46, ㉠=55

분 단위의 계산: $60+20-\bigcirc=50$, $80-\bigcirc=50$,
　　　　　　　$\bigcirc=80-50$, $\bigcirc=30$
시 단위의 계산: $\bigcirc-1-4=7$, $\bigcirc=7+5$, $\bigcirc=12$

16 (색 테이프 3장의 길이의 합)
　　$=8\,\text{cm}\,7\,\text{mm}+8\,\text{cm}\,7\,\text{mm}+8\,\text{cm}\,7\,\text{mm}$
　　$=24\,\text{cm}\,21\,\text{mm}$
　　$=26\,\text{cm}\,1\,\text{mm}$
　　(겹쳐진 부분의 길이의 합)
　　$=14\,\text{mm}+14\,\text{mm}$
　　$=28\,\text{mm}=2\,\text{cm}\,8\,\text{mm}$
　　➡ (이어 붙인 색 테이프의 전체 길이)
　　　$=26\,\text{cm}\,1\,\text{mm}-2\,\text{cm}\,8\,\text{mm}$
　　　$=23\,\text{cm}\,3\,\text{mm}$

17 하루는 24시간입니다.
　　(밤의 길이)$=24$시간-13시간 11분 27초
　　　　　　　$=10$시간 48분 33초
　　(낮의 길이와 밤의 길이의 차)
　　$=13$시간 11분 27초-10시간 48분 33초
　　$=2$시간 22분 54초
　　따라서 낮의 길이는 밤의 길이보다 2시간 22분 54초 더
　　길었습니다.

18 오늘 오전 7시부터 다음 날 오전 9시까지는 26시간입
　　니다. 1시간에 5초씩 늦어지므로 26시간 동안에는
　　$26\times5=130$(초), 즉 2분 10초 늦어집니다.
　　따라서 다음 날 오전 9시에 이 시계가 가리키는 시각은
　　오전 9시-2분 10초$=$오전 8시 57분 50초입니다.

서술형
19 ⑩ 현호의 키는 $132\,\text{cm}\,6\,\text{mm}$입니다.
　　(민아의 키)$=132\,\text{cm}\,6\,\text{mm}-3\,\text{cm}\,8\,\text{mm}$
　　　　　　　$=128\,\text{cm}\,8\,\text{mm}$

평가 기준	배점(5점)
현호의 키를 구했나요?	2점
민아의 키를 구했나요?	3점

서술형
20 ⑩ (진우가 요리를 한 시간)
　　$=$(요리를 끝낸 시각)$-$(요리를 시작한 시각)
　　$=7$시 3분 20초-4시 17분 43초
　　$=2$시간 45분 37초

평가 기준	배점(5점)
요리를 한 시간을 구하는 식을 세웠나요?	2점
요리를 한 시간을 구했나요?	3점

단원 평가 Level ❷　49~51쪽

1 (　) (○) (　)
2 ⓒ
3 4, 600
4 (선 잇기)
5 (○)
　(　)
　(○)
　(　)
6 (1) 5　(2) 2
7 7시 40분
8 ⓛ, ⓒ, ⓔ, ⓞ
9 아버지
10 ⓞ
11 2분 9초, 27초
12 22, 550
13 민지, 12분 45초
14 45분 5초
15 70 cm 2 mm
16 ⓛ 길
17 10시간 41분 47초
18 오후 12시 15분
19 450 m
20 3시 25분

1 • 학교 건물의 높이 ➡ m
　• 서울에서 강릉까지의 거리 ➡ km
　• 손가락의 길이 ➡ cm

2 ⓞ 냉장고의 높이는 2 m입니다.
　ⓛ 누나의 키는 150 cm입니다.

3 1 km를 눈금 10칸으로 나누었으므로 작은 눈금 한 칸
　의 크기는 100 m입니다.

4 $185\,\text{mm}=180\,\text{mm}+5\,\text{mm}=18\,\text{cm}\,5\,\text{mm}$
　$78\,\text{mm}=70\,\text{mm}+8\,\text{mm}=7\,\text{cm}\,8\,\text{mm}$
　$213\,\text{mm}=210\,\text{mm}+3\,\text{mm}=21\,\text{cm}\,3\,\text{mm}$

6 (1) 320초$=300$초$+20$초$=5$분 20초
　(2) 173초$=120$초$+53$초$=2$분 53초

7 8시 25분-45분$=7$시 40분

8 ⓞ 1 km 3 m$=1003$ m
　ⓛ 1 km 320 m$=1320$ m
　따라서 $1320\,\text{m}>1300\,\text{m}>1030\,\text{m}>1003\,\text{m}$이
　므로 길이가 긴 것부터 차례로 기호를 쓰면 ⓛ, ⓒ, ⓔ, ⓞ
　입니다.

정답과 풀이　**71**

9 27 cm 9 mm＝279 mm이므로
279 mm＞272 mm입니다.
따라서 발의 길이가 더 긴 사람은 아버지입니다.

10 ㉡ 9분 15초－3분 42초＝5분 33초

11 합:

```
         1
         51초
 +  1분  18초
───────────
    2분   9초
```

차:

```
        0    60
     1분   18초
 −        51초
───────────
         27초
```

12 34 km 300 m－11 km 750 m
＝33 km 1300 m－11 km 750 m
＝22 km 550 m

13 25분 48초＜38분 33초이므로 민지의 모형 자동차가
38분 33초－25분 48초＝12분 45초 더 빨리 들어왔
습니다.

14 운동을 시작한 시각: 3시 45분 10초
운동을 끝낸 시각: 4시 30분 15초
➡ (운동을 한 시간)
＝4시 30분 15초－3시 45분 10초
＝45분 5초

15 (철사 3개의 길이)＝24×3＝72 (cm)
겹친 부분은 2군데이므로 겹친 부분의 길이는
9×2＝18 (mm) ➡ 1 cm 8 mm입니다.
따라서 이어 붙인 철사의 전체 길이는
72 cm－1 cm 8 mm＝70 cm 2 mm입니다.

16 (㉮ 길)＝2 km 500 m＋3 km 800 m
＝6 km 300 m
(㉯ 길)＝4 km 100 m＋2 km 100 m
＝6 km 200 m
따라서 6 km 300 m＞6 km 200 m이므로 ㉯ 길로
가는 것이 더 가깝습니다.

17 오후 5시 57분 19초＝17시 57분 19초
따라서 낮의 길이는
17시 57분 19초－7시 15분 32초＝10시간 41분 47초
입니다.

18 (4교시 동안의 수업 시간과 쉬는 시간)
＝40분＋10분＋40분＋10분＋40분＋10분＋40분
＝190분
＝3시간 10분

➡ (4교시가 끝나는 시각)
＝9시 5분＋3시간 10분
＝오후 12시 15분

서술형
19 예 3260 m＝3 km 260 m입니다.
따라서 두 땅의 세로의 길이의 차는
3 km 260 m－2 km 810 m＝450 m입니다.

평가 기준	배점(5점)
두 땅의 세로의 길이를 같은 단위로 나타냈나요?	2점
두 땅의 세로의 길이의 차를 구했나요?	3점

서술형
20 예 (다해가 수학 공부를 끝낸 시각)
＝1시 38분＋1시간 47분
＝2시 85분＝3시 25분

평가 기준	배점(5점)
다해가 수학 공부를 끝낸 시각을 구하는 식을 세웠나요?	2점
다해가 수학 공부를 끝낸 시각을 구했나요?	3점

6 분수와 소수

🟦 서술형 문제

1⁺ 6개 **2⁺** 찬영

3 분수로 나타낼 수 없습니다. /
⑩ 전체를 똑같은 모양과 크기로 나누지 않았기 때문입니다.

4 소희 **5** 0.4

6 도서관 **7** 4개

8 ㉢ **9** ㉢, ㉡, ㉠

10 $\dfrac{1}{5}$, $\dfrac{1}{6}$, $\dfrac{1}{7}$ **11** $\dfrac{1}{4}$

1⁺ ⑩ 분모가 13으로 같으므로 분자가 클수록 큰 수입니다.
따라서 분자의 크기를 비교하면 2<□<9이므로 □ 안에 들어갈 수 있는 수는 3, 4, 5, 6, 7, 8로 모두 6개입니다.

단계	문제 해결 과정
①	□ 안에 들어갈 수 있는 수의 범위를 구했나요?
②	□ 안에 들어갈 수 있는 수는 모두 몇 개인지 구했나요?

2⁺ ⑩ (찬영이가 가지고 있는 막대의 길이)=11.6 cm
(민아가 가지고 있는 막대의 길이)=11.2 cm
따라서 11.6>11.2이므로 찬영이의 막대가 더 깁니다.

단계	문제 해결 과정
①	찬영이가 가지고 있는 막대의 길이를 구했나요?
②	누구의 막대가 더 긴지 구했나요?

3

단계	문제 해결 과정
①	분수로 나타낼 수 있는지 썼나요?
②	까닭을 썼나요?

4 ⑩ 단위분수는 분모가 작을수록 큰 수입니다.
5<8이므로 $\dfrac{1}{5}$>$\dfrac{1}{8}$입니다.
따라서 빵을 더 많이 먹은 사람은 소희입니다.

단계	문제 해결 과정
①	두 분수의 크기를 비교했나요?
②	빵을 더 많이 먹은 사람은 누구인지 구했나요?

5 ⑩ 은성이는 케이크 전체의 0.6을 먹었으므로 케이크 전체를 10조각으로 나눈 것 중의 6조각을 먹은 것입니다.
따라서 남은 케이크는 10조각 중 4조각이므로 $\dfrac{4}{10}$이고 소수로 나타내면 0.4입니다.

단계	문제 해결 과정
①	은성이가 먹은 케이크의 양을 이해했나요?
②	은성이가 먹고 남은 양을 소수로 나타냈나요?

6 ⑩ 0.8=$\dfrac{8}{10}$이므로 진성이네 집에서 학교까지의 거리는 $\dfrac{8}{10}$ km입니다.
$\dfrac{8}{10}$>$\dfrac{7}{10}$이므로 진성이네 집에서 더 가까운 곳은 도서관입니다.

단계	문제 해결 과정
①	진성이네 집에서 학교, 도서관까지의 거리를 분수나 소수 중 한 가지로 나타냈나요?
②	진성이네 집에서 더 가까운 곳은 어디인지 구했나요?

7 ⑩ 소수점 왼쪽 부분이 같으므로 소수 부분의 크기를 비교하면 3<□<8입니다.
따라서 □ 안에 들어갈 수 있는 수는 4, 5, 6, 7로 모두 4개입니다.

단계	문제 해결 과정
①	□ 안에 들어갈 수 있는 수의 범위를 구했나요?
②	□ 안에 들어갈 수 있는 수는 모두 몇 개인지 구했나요?

8 ⑩ ㉠ 0.1이 46개인 수 ➡ 4.6
㉡ $\dfrac{1}{10}$이 43개인 수 ➡ 0.1이 43개인 수 ➡ 4.3
㉢ 0.1이 49개인 수 ➡ 4.9
따라서 4.9>4.6>4.3이므로 가장 큰 수는 ㉢입니다.

단계	문제 해결 과정
①	㉠, ㉡, ㉢을 각각 소수로 나타냈나요?
②	가장 큰 수를 찾아 기호를 썼나요?

9 ⑩ ㉠ 0.1이 70개이면 7이므로 □=7입니다.
㉡ 0.1이 28개인 수는 2.8이므로 □=28입니다.
㉢ 3.4는 0.1이 34개이므로 □=34입니다.
따라서 34>28>7이므로 □ 안에 알맞은 수가 큰 것부터 차례로 기호를 쓰면 ㉢, ㉡, ㉠입니다.

단계	문제 해결 과정
①	□ 안에 알맞은 수를 각각 구했나요?
②	□ 안에 알맞은 수가 큰 것부터 차례로 기호를 썼나요?

10 예 단위분수 중에서 $\dfrac{1}{4}$보다 작은 분수는 $\dfrac{1}{5}$, $\dfrac{1}{6}$, $\dfrac{1}{7}$, $\dfrac{1}{8}$, ... 입니다.

이 중에서 분모가 8보다 작은 분수는 $\dfrac{1}{5}$, $\dfrac{1}{6}$, $\dfrac{1}{7}$입니다.

단계	문제 해결 과정
①	단위분수 중에서 $\dfrac{1}{4}$보다 작은 분수를 구했나요?
②	①에서 구한 분수 중에서 분모가 8보다 작은 분수를 구했나요?

11 예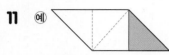

전체를 색칠한 부분과 똑같이 나누어 보면 전체는 4로 나누어집니다.
따라서 색칠한 부분은 전체를 똑같이 4로 나눈 것 중의 1이므로 전체의 $\dfrac{1}{4}$입니다.

단계	문제 해결 과정
①	전체를 색칠한 부분과 똑같이 나누어 보면 4로 나누어짐을 알았나요?
②	색칠한 부분은 전체의 얼마인지 단위분수로 나타냈나요?

6단원 단원 평가 Level ❶   56~58쪽

1 ㉡

2 0.7

3 예 (육각형 그림)

4 (1) >   (2) <

5 2.4, 4.8

6 ㉡

7 ③, ⑤

8 10.8 cm

9 ㉡

10 ㉡

11 0.6

12 연호

13 5개

14 2, 3, 4

15 ㉣

16 67

17 4, 5, 6

18 4일

19 노란색

20 3개

---

1 ㉠, ㉢은 전체를 넷으로 나누었지만 나눈 조각의 모양과 크기가 똑같지 않습니다.

2 색칠한 부분은 전체를 똑같이 10으로 나눈 것 중의 7이므로 $\dfrac{7}{10}$이고, 소수로 나타내면 0.7입니다.

3 6조각 중 4조각에 색칠합니다.

4 분모가 같은 분수는 분자가 클수록 큰 수입니다.

5 수직선에서 작은 눈금 한 칸은 0.1을 나타냅니다.
2와 0.4만큼: 2.4
4와 0.8만큼: 4.8

6 단위분수는 분모가 클수록 작은 수입니다.
㉡ 13>11이므로 $\dfrac{1}{13}$ < $\dfrac{1}{11}$입니다.

7 소수점 왼쪽 부분이 3보다 큰 소수는 ③ 4.1입니다.
소수점 왼쪽 부분이 3이고 소수 부분이 6보다 큰 수는 ⑤ 3.7입니다.

8 10 cm보다 8 mm 더 긴 길이는 10 cm 8 mm입니다.
10 cm 8 mm=10 cm+0.8 cm=10.8 cm

9 부분에 2조각을 붙여서 전체 모양이 되는 것은 ㉡입니다.

10 ㉠ 0.1이 51개인 수: 5.1
㉡ $\dfrac{1}{10}$이 53개인 수: 5.3
㉢ 0.1이 48개인 수: 4.8
➡ 5.3>5.1>4.8

11 사용하고 남은 테이프는 10−4=6(조각)입니다.
따라서 똑같이 10으로 나눈 것 중 6이 남았으므로 $\dfrac{6}{10}$이고, 소수로 나타내면 0.6입니다.

12 $\dfrac{6}{10}$=0.6이고, 0.6<0.8입니다.
따라서 연호의 털실이 더 짧습니다.

13 $\dfrac{7}{15}$보다 크고 $\dfrac{13}{15}$보다 작은 분수는 $\dfrac{8}{15}$, $\dfrac{9}{15}$, $\dfrac{10}{15}$, $\dfrac{11}{15}$, $\dfrac{12}{15}$로 모두 5개입니다.

14 단위분수는 분모가 작을수록 큰 수이므로 분모의 크기를 비교하면 □<5입니다.

따라서 □ 안에 들어갈 수 있는 수는 2, 3, 4입니다.

15 ㉠ 0.1이 68개인 수 ➡ 6.8

㉡ 1이 6개, 0.1이 8개인 수 ➡ 6.8

㉢ $\frac{1}{10}$이 68개인 수 ➡ 0.1이 68개인 수 ➡ 6.8

㉣ 7과 0.2만큼인 수 ➡ 7.2

16 1.3은 0.1이 13개입니다. ➡ ㉠=13

0.1이 54개인 수는 5.4입니다. ➡ ㉡=54

➡ ㉠+㉡=13+54=67

17 $0.3=\frac{3}{10}$이므로 $\frac{3}{10}<\frac{□}{10}<\frac{7}{10}$입니다.

분모가 같은 분수는 분자가 클수록 큰 수이므로 분자의 크기를 비교하면 3<□<7입니다.

따라서 □ 안에 들어갈 수 있는 수는 4, 5, 6입니다.

18 남은 주스는 전체의 $\frac{4}{9}$입니다.

$\frac{4}{9}$는 $\frac{1}{9}$이 4개이므로 남은 주스를 하루에 전체의 $\frac{1}{9}$씩 마시면 4일이 걸립니다.

서술형
19 예 도화지를 똑같이 12부분으로 나누면 파란색을 색칠한 부분은 12-7=5(부분)이므로 도화지 전체의 $\frac{5}{12}$입니다.

따라서 $\frac{7}{12}>\frac{5}{12}$이므로 더 많은 부분에 색칠한 색은 노란색입니다.

평가 기준	배점(5점)
파란색을 색칠한 부분은 전체의 얼마인지 구했나요?	3점
더 많은 부분에 색칠한 색은 무슨 색인지 구했나요?	2점

서술형
20 예 ■가 7인 경우: 7.9

■가 9인 경우: 9.4, 9.7

따라서 만들 수 있는 7.4보다 큰 소수는 7.9, 9.4, 9.7로 모두 3개입니다.

평가 기준	배점(5점)
만들 수 있는 소수를 구했나요?	4점
만들 수 있는 소수는 모두 몇 개인지 구했나요?	1점

1 (1) $\frac{3}{4}$ (2) $\frac{4}{6}$

2

3 예

4 (1) < (2) >

5 (1) 1 (2) 51

6 5.4 cm

7 3배

8 $\frac{6}{7}$, $\frac{1}{7}$

9 아람

10 9.5 cm

11 현철

12 5개

13 3, 4

14 12 cm

15 $\frac{1}{3}$

16 0.1

17 ㉣, ㉡, ㉠, ㉢

18 0.6

19 8개

20 0.3 m

1 (1) 전체를 똑같이 4로 나눈 것 중의 3 ➡ $\frac{3}{4}$

(2) 전체를 똑같이 6으로 나눈 것 중의 4 ➡ $\frac{4}{6}$

4 (1) $\underset{1<3}{1.8<3.1}$

(2) $\underset{4>2}{6.4>6.2}$

6 5 cm 4 mm=5 cm+0.4 cm=5.4 cm

7 남은 피자는 전체의 $\frac{6}{8}$입니다. $\frac{6}{8}$은 $\frac{1}{8}$이 6개이고, $\frac{2}{8}$는 $\frac{1}{8}$이 2개이므로 $\frac{6}{8}$은 $\frac{2}{8}$의 3배입니다.

따라서 남은 피자는 먹은 피자의 3배입니다.

8 분모가 같은 분수는 분자가 클수록 큰 수입니다.

➡ $\frac{6}{7}>\frac{2}{7}>\frac{1}{7}$

9 단위분수는 분모가 클수록 작은 수입니다. 분모의 크기를 비교하면 11>7>5이므로 $\frac{1}{11}<\frac{1}{7}<\frac{1}{5}$입니다.

따라서 철사를 가장 적게 사용한 사람은 아람입니다.

10 5 mm＝0.5 cm이므로 9와 0.5만큼인 9.5 cm입니다.

11 호연이의 수수깡 길이:

6 cm 7 mm＝6 cm＋0.7 cm＝6.7 cm

따라서 6.7＜6.9이므로 현철이가 더 긴 수수깡을 가지고 있습니다.

12 소수점 왼쪽 부분이 같으므로 소수 부분을 비교하면
□＜6입니다.

따라서 □ 안에 들어갈 수 있는 수는 1, 2, 3, 4, 5로 모두 5개입니다.

13 $\frac{1}{9}$이 2개이면 $\frac{2}{9}$, $\frac{1}{9}$이 5개이면 $\frac{5}{9}$이므로

$\frac{2}{9}＜\frac{□}{9}＜\frac{5}{9}$입니다. ➡ 2＜□＜5

따라서 □ 안에 들어갈 수 있는 수는 3, 4입니다.

14 전체의 $\frac{1}{4}$이 3 cm이면 전체 철사의 길이는 3 cm의 4배입니다.

➡ 3×4＝12 (cm)

15 분자가 1인 분수는 분모가 작을수록 큰 수입니다.

3＜5＜7＜9이므로 분자가 1인 가장 큰 분수는 $\frac{1}{3}$입니다.

16

가은이가 먹은 양은 전체의 $\frac{1}{10}$＝0.1입니다.

17 ㉠ 3.1 ㉡ 3.3 ㉢ 2.9 ㉣ 3.6

➡ 3.6＞3.3＞3.1＞2.9

18 0.2와 0.9 사이의 소수 ■.▲는 0.3, 0.4, 0.5, 0.6, 0.7, 0.8입니다.

이 중에서 0.5보다 큰 수는 0.6, 0.7, 0.8입니다.

0.6, 0.7, 0.8 중에서 $\frac{7}{10}$＝0.7보다 작은 수는 0.6입니다.

19 서술형 ㉠ 분자가 1인 분수는 분모가 작을수록 크므로 분모가 3보다 크고 12보다 작아야 합니다.

따라서 조건을 만족시키는 분수는 $\frac{1}{4}$, $\frac{1}{5}$, $\frac{1}{6}$, $\frac{1}{7}$, $\frac{1}{8}$,

$\frac{1}{9}$, $\frac{1}{10}$, $\frac{1}{11}$로 모두 8개입니다.

평가 기준	배점(5점)
조건을 만족시키는 분수의 분모의 범위를 구했나요?	2점
조건을 만족시키는 분수는 모두 몇 개인지 구했나요?	3점

20 서술형 ㉠ 남은 리본은 10－3－4＝3(조각)입니다.

따라서 남은 리본의 길이는 전체 리본 1 m를 똑같이 10으로 나눈 것 중의 3이므로 $\frac{3}{10}$ m이고, 소수로 나타내면 0.3 m입니다.

평가 기준	배점(5점)
남은 리본의 조각 수를 구했나요?	2점
남은 리본의 길이는 몇 m인지 소수로 나타냈나요?	3점